Energie und Rohstoffe

Peter Kausch   Martin Bertau
Jens Gutzmer   Jörg Matschullat
(Herausgeber)

Energie und Rohstoffe

Gestaltung unserer nachhaltigen Zukunft

Mit einem Geleitwort von
Sabine Freifrau von Schorlemer

Herausgeber:
Prof. Dr. Martin Bertau
Institut für Technische Chemie
Technische Universität Bergakademie Freiberg
Leipziger Straße 29
09599 Freiberg
martin.bertau@chemie.tu-freiberg.de

Prof. Dr. Jens Gutzmer
Institut für Mineralogie
Technische Universität Bergakademie Freiberg
Brennhausgasse 14
09599 Freiberg
jens.gutzmer@mineral.tu-freiberg.de

Prof. Dr. Peter Kausch
Mühlenbach 90
50321 Brühl
peter@kausch-net.de

Prof. Dr. Jörg Matschullat
Interdisziplinäres Ökologisches Zentrum (IÖZ)
Technische Universität Bergakademie Freiberg
Brennhausgasse 14
09599 Freiberg
joerg.matschullat@ioez.tu-freiberg.de

Weitere Informationen zum Buch finden Sie unter www.spektrum-verlag.de/978-3-8274-2797-7

Wichtiger Hinweis für den Benutzer
Der Verlag die Herausgeber und die Autoren haben alle Sorgfalt walten lassen, um vollständige und akkurate Informationen in diesem Buch zu publizieren. Der Verlag übernimmt weder Garantie noch die juristische Verantwortung oder irgendeine Haftung für die Nutzung dieser Informationen, für deren Wirtschaftlichkeit oder fehlerfreie Funktion für einen bestimmten Zweck. Der Verlag übernimmt keine Gewähr dafür, dass die beschriebenen Verfahren, Programme usw. frei von Schutzrechten Dritter sind. Die Wiedergabe von Gebrauchsnamen, Handelsnamen, Warenbezeichnungen usw. in diesem Buch berechtigt auch ohne besondere Kennzeichnung nicht zu der Annahme, dass solche Namen im Sinne der Warenzeichen- und Markenschutz-Gesetzgebung als frei zu betrachten wären und daher von jedermann benutzt werden dürften. Der Verlag hat sich bemüht, sämtliche Rechteinhaber von Abbildungen zu ermitteln. Sollte dem Verlag gegenüber dennoch der Nachweis der Rechtsinhaberschaft geführt werden, wird das branchenübliche Honorar gezahlt.

Bibliografische Information der Deutschen Nationalbibliothek
Die Deutsche Nationalbibliothek verzeichnet diese Publikation in der Deutschen Nationalbibliografie; detaillierte bibliografische Daten sind im Internet über http://dnb.d-nb.de abrufbar.

Springer ist ein Unternehmen von Springer Science+Business Media
springer.de

© Spektrum Akademischer Verlag Heidelberg 2011
Spektrum Akademischer Verlag ist ein Imprint von Springer

11 12 13 14 15   5 4 3 2 1

Das Werk einschließlich aller seiner Teile ist urheberrechtlich geschützt. Jede Verwertung außerhalb der engen Grenzen des Urheberrechtsgesetzes ist ohne Zustimmung des Verlages unzulässig und strafbar. Das gilt insbesondere für Vervielfältigungen, Übersetzungen, Mikroverfilmungen und die Einspeicherung und Verarbeitung in elektronischen Systemen.

Planung und Lektorat: Merlet Behncke-Braunbeck, Dr. Christoph Iven
Satz: Graphics for Science, Anne Marie de Grosbois, Freiberg
Herstellung: Crest Premedia Solutions (P) Ltd, Pune, Maharashtra, India
Umschlaggestaltung: SpieszDesign, Neu-Ulm; Bildcollage: Graphics for Science, Anne Marie de Grosbois;
Umschlagphotos © 2010 Jörg Matschullat
Fotos/Zeichnungen: von den Autoren, wenn in den Abbildungsunterschriften nichts anderes angegeben ist

ISBN 978-3-8274-2797-7

Geleitwort

Prof. Dr. Dr.
Sabine Freifrau
von Schorlemer

Wissen schafft die Grundlagen für Nachhaltigkeit in Wirtschaft und Gesellschaft. Zu diesen Grundlagen gehört auch der effiziente und sichere Umgang mit Rohstoffen und Energie, denn nur mit diesen Ressourcen — Wasser eingeschlossen — ist Leben und Wirtschaften auf der Erde überhaupt möglich.

Ich habe deshalb sehr gern der Bitte entsprochen, die Schirmherrschaft über das Symposium *Freiberger Innovation* zu übernehmen. Es gehört zu meinen wichtigsten forschungs- und technologiepolitischen Zielen, die Hochschulen und außeruniversitären Forschungseinrichtungen zu bestärken, über eigene Forschungsleistungen das Forschungs- und Entwicklungspotenzial in der Wirtschaft voranzubringen sowie insbesondere den Know-how-Transfer zwischen Wissenschaft und Unternehmen zu intensivieren. Seit wir Ende 2009 Forschungs- und Technologieförderung im Wissenschaftsministerium vereint haben, gelingt dies noch besser. Neue Förderinstrumente, etwa die sächsische „InnoPrämie" helfen zudem, auch solche Unternehmen an den Innovationsprozess heranzuführen, die bislang noch keine Forschung und Entwicklung betrieben haben. Dies alles dient dem Ziel, die Innovationskraft im Freistaat Sachsen weiter zu erhöhen.

Sachsen ist aber nicht nur ein traditioneller und innovativer Industriestandort. Seit Jahrhunderten steht auch das Thema „Bildung" im Mittelpunkt sächsischer Identität. Die erste öffentliche Schule wurde 1256 in Leipzig neben der bestehenden Klosterschule für Thomaner gegründet. 1409 folgte die Gründung der Universität Leipzig. Die Rohstoffe des Erzgebirges bescherten Sachsen schon früh Reichtum und Glanz, führten zur Gründung der Bergakademie Freiberg im Jahr 1765. Sie ist heute die am längsten bestehende montanwissenschaftliche Hochschule der Welt. 1992 in Technische Universität Bergakademie Freiberg umbenannt, konnte sie ihre fachliche Spitzenstellung seither nicht nur erhalten, sondern kontinuierlich ausbauen.

Die Bewältigung künftiger Herausforderungen kann nur interdisziplinär erfolgen. Damit meine ich nicht nur die unterschiedlichen Wissenschaftsdisziplinen, sondern auch das gemeinsame Engagement von Akteuren unterschiedlicher Institutionen. Dort, wo Wirtschaft, Wissenschaft, Politik und Verwaltung eng zusammenarbeiten, ist auch der Nährboden für Innovation besonders gut. Das Symposium *Freiberger Innovation* trägt wirkungsvoll zu diesem Anliegen bei.

Sabine von Schorlemer
Sächsische Staatsministerin für Wissenschaft und Kunst

Vorwort der Herausgeber

Rohstoffe und Energie — kaum ein anderes Thema ist in den letzten Jahren so nachhaltig in die öffentliche Diskussion gerückt wie dieses. Viel wird spekuliert, mögliche Zukunftsszenarien werden entworfen, Ängste werden geschürt, Emotionen entfacht. Je weiter man die gegenwärtige Diskussion verfolgt, desto mehr stellt man fest, wie sehr gerade Letztere das öffentliche Meinungsbild dominieren. Das muss nicht unbedingt nachteilig sein, wie sich bei einem Blick ins Erzgebirge erkennen lässt, wo das seit vielen Jahren beschworene „Berggeschrey" tatsächlich wieder einsetzt. Eine Rückbesinnung auf alte Tugenden erfolgt in einem Land, das als eines der rohstoffärmsten unter den Industrienationen zählt — zählte, denn in Wahrheit, und das zeigen moderne wissenschaftliche Methoden, ist das Erzgebirge eine an metallischen Rohstoffen besonders reiche Zone. Plötzlich tun sich dank neuer Techniken, erhöhter Rohstoffpreise und neuer Denkprozesse Chancen auf. Der Blick wird nach vorn gewandt, eine wahre Goldgräberstimmung keimt auf; und hier setzt das vorliegende Buch an.

Im April 2010 veranstalteten vier Wissenschaftler der Technischen Universität Bergakademie Freiberg ein zweitägiges Symposium, auf dem Redner aus Industrie, Politik und Wissenschaft zu Wort kamen, mit der Maßgabe, die gegenwärtige Umbruchsituation kritisch zu beleuchten, vielleicht auch einen Blick in die Vergangenheit zu wagen oder Zukunftsperspektiven zu entwickeln. So unterschiedlich die Redner waren, so unterschiedlich ihr beruflicher Hintergrund war, so unterschiedlich waren auch ihre Herangehensweisen.

Sicher, es gibt sehr gravierende Herausforderungen; der globale Kontext wird uns zwingen, Lösungen zu finden, die noch vor wenigen Jahren als undenkbar galten. Es gelang den Vortragenden, genau dieses Spannungsfeld aus dem Risiko des Umbruchs und den sich daraus ergebenden Potentialen in einer Weise zu beleuchten, die es uns erlaubt, mit Zuversicht nach vorn zu schauen.

Es ist dieser eigenwillige Mix aus Sachlichkeit und Emotion, der dieses Symposium getragen hat und den wir mit diesem Buch transportieren wollen. Auch nach Fukushima gibt es daran nichts zu modifizieren; dieses Buch sieht deutlich über den Tag hinaus.

Hatten wir uns zunächst vorgenommen, mit dem Symposium „*Freiberger Innovationen 2010 — Rohstoffe und Energie*" eine Sachanalyse vorzulegen und Empfehlungen für die Zukunft abzuleiten, entwickelte sich schnell eine Eigendynamik, die zeigte, wie wichtig es ist, den Dingen auf den Grund zu gehen; denjenigen nämlich, die so häufig in der Öffentlichkeit als vermeintliche Sachverhalte dargestellt werden, die jedoch in der technischen Wirklichkeit völlig anders aussehen. Man kann nicht für die Zukunft planen, wenn die Grundlagen dafür nicht erforscht, bekannt und nutzbar sind. Wie gerne wird übersehen, welche Anforderungen das allgemeine Interesse an die Rohstoff- und Energieversorgung stellt? Sauber, bezahlbar, sicher und nachhaltig sind da nur die Schlagwörter, hinter denen sich der wahre Umstand verbirgt: Die Sicherung unseres allgemeinen Lebensstandards und des staatlichen Wohlfahrtgedankens. Paradoxerweise geraten ausgerechnet solche Implikationen in Zeiten, die von einer wachsenden Rauhigkeit des Wirtschaftslebens geprägt sind, in den Hintergrund — und doch sind diese sozioökonomischen Aspekte in Anbetracht des gesellschaftlichen Wandels ein wichtigerer Diskussionspunkt denn je. Das Ziel einer nachhaltigen Rohstoff- und Energiewirtschaft muss stets eine funktionierende Wirtschaft sein.

Welch anderer Ort, welch andere Universität wäre also geeigneter gewesen, diese Fragen zu thematisieren als die älteste montanwissenschaftliche Universität der Welt, heute Deutschlands ressourcenwissenschaftliches Zentrum in der altehrwürdigen Bergstadt Freiberg, von der aus im Gefolge des Silberfundes im Jahre 1186 ein wirtschaftlicher und technologischer Umbruch des Landes Sachsen einsetzte, der bis in die heutige Zeit wirkt? Der Nachhaltigkeitsgedanke, 1713 durch den damaligen Oberberghauptmann Hannß Carl von Carlowitz erstmals formuliert und zu seiner Zeit revolutionär, nahm von hier aus seinen Weg. Alexander von Humboldt erhielt hier 1791/92 seine Ausbildung unter Abraham Gottlob Werner; die Basis seiner Reisen nach Lateinamerika und Russland. 1863 wurde das Element Indium entdeckt, 1886 Germanium. Heute sind es moderne Technologien, die am Standort entwickelt werden, wie die Umwandlung von Sonnenlicht in elektrischen Strom, die Gewinnung von Lithium aus heimischen Rohstoffen oder die Etablierung einer Kohlenstoff-Kreislaufwirtschaft. Die TU Bergakademie Freiberg ist heute eine besonders forschungsintensive und innovative Universität, die in der Welt der Rohstoffe einen internationalen Spitzenplatz einnimmt.

Das Symposium bot 15 herausragende Vorträge in drei aufeinander aufbauenden Themenkomplexen, die in dieser Sequenz auch im vorliegenden Band dokumentiert sind:

Teil 1   Bestandsaufnahme: Wo stehen wir heute?
Teil 2   Bewertung von Konzepten
Teil 3   Das Zeitalter nach Öl und Gas

Die Beiträge zeigen konkrete Ansätze für intelligente Lösungen auf und setzen klare Akzente in der aktuellen Energie- und Rohstoffdebatte. In diesem Sinne wünschen wir allen Lesern eine anregende Lektüre und hoffen, mit dieser Publikation einen Beitrag für ein besseres Verständnis der Herausforderungen und Chancen im Rohstoff- und Energiebereich leisten zu können.

Danksagungen

Das Freiberger Symposium und das vorliegende Buch wären ohne die großzügige Unterstützung verschiedener Sponsoren nicht möglich gewesen. Deshalb danken die Herausgeber an dieser Stelle sehr herzlich (und in alphabetischer Reihenfolge) der Deutschen Solar AG, der Verbundnetz Gas AG, dem Verein der Freunde und Förderer der TU Bergakademie Freiberg, Herrn Hermann Josef Werhahn aus Neuss und der Wissenschaftsförderung der Sparkassen-Finanzgruppe e.V.

Freiberg, im Juni 2011

Jörg Matschullat, Martin Bertau, Jens Gutzmer und Peter Kausch

Inhaltsverzeichnis

Geleitwort. v
Vorwort der Herausgeber vii
Autorenverzeichnis xi

Teil I Bestandsaufnahme: Wo stehen wir heute? 1

1 Rohstoff- und Kreislaufwirtschaft — eine volkswirtschaftliche Chimäre? . . 3
   1.1   Zur Rolle von Rohstoffen 3
   1.2   Rohstoffpolitik in Deutschland 4
   1.3   Rohstoffpolitik der Europäischen Union 5
   1.4   Heimische Rohstoffpotentiale 5
   1.5   Recycling und Rohstoffversorgung 6
   1.6   Technologie und Effizienz. 6
   1.7   Fazit 7

**2 Status und Aussichten der weltweiten Öl- und Gas-Produktion.
Welt-Energie-Prognose bis 2030** 9
   2.1   Das Unternehmen ExxonMobil 9
   2.2   Energieprognose. 9
   2.3   Welche Rolle spielt hierbei ExxonMobil? 14
   2.4   Fazit 24

3 Situation der Energierohstoffe — Retrospektive und Ausblick 27
   3.1   Aktueller Energiebedarf 27
   3.2   Erdöl. 29
   3.3   Erdgas 31
   3.4   Hartkohle 33
   3.5   Weichbraunkohle 34
   3.6   Kernbrennstoffe 35
   3.7   Fazit 36

4 Industrieanforderungen an eine sichere Rohstoffversorgung 41
   4.1   Die Rohstoffsituation in Deutschland 41
   4.2   Welche Bedeutung haben Rohstoffe für die Industrie? 44
   4.3   Risiken der Rohstoffversorgung und -verfügbarkeit 47
   4.4   Die Anliegen der Industrie 52
   4.5   Fazit 55

Teil II Bewertung von Konzepten   59

**5   Klimawandel und Energieeffizienz — Kosten und Nutzen
     für die Wirtschaft** 61
   5.1   Steigender weltweiter Rohstoff- und Energiebedarf fordern eine
        Energieffizienz Revolution 61
   5.2 CO_2 Reduktion ist technisch möglich 62
   5.3 CO_2-Reduktion spart Geld 64
   5.4   Umsetzung der CO_2-Maßnahmen schafft Arbeitsplätze 65
   5.5   Energieeffizienz-Revolution bietet auch grosse Chancen für Unternehmen im Export.. 68

**6   Die Zukunft der Photovoltaik — ihre Einbindung in die
     Rohstoff- und Energiewirtschaft** 71
   6.1   Der Weg zur Photovoltaik 71
   6.2   Warum Photovoltaik? 72
   6.3   Status der Photovoltaik 75
   6.4   Zukunft der Photovoltaik 80
   6.5   Fazit 83

7   Nachhaltige Nutzung der Kernenergie 87
   7.1   Die Entwicklung der Kernenergietechnik 87
   7.2   Nachhaltigkeit der Kernenergie 88
   7.3   Modulare HTR-Anlagen zur dezentralen Strom- und Wärmebereitstellung 92
   7.4   Sicherheitsaspekte von HTR-Anlagen 93

8   Von natürlichen Kohlenwasserstoffen zu Produkten 97
   8.1   Air Liquide 97
   8.2   Vom Kohlenwasserstoff zum Produkt 98
   8.3   Anwendungsbausteine 99
   8.4   Wohin führt der Weg nach Methanol? 101
   8.5   Fazit 104

9   Die Einführung der Euro-Kraftstoffe in die Soziale Marktwirtschaft ... 107
   9.1   Zukunft aus Tradition 107
   9.2   Gespannkultur als Gegenmodell und Korrektiv 109
   9.3   Soziale Marktwirtschaft, Energiepolitik und Euro-Kraftstoffe 110
   9.4   Grüne Kerntechnik 111
   9.5   Fazit 113

Teil III Das Zeitalter nach Öl und Gas 117

10 Biobrennstoffe und grüne Energie 119
  10.1 Einleitung 119
  10.2 Rahmenbedingungen 119
  10.3 Chancen des Energiepflanzenanbaues 121
  10.4 Ökonomische Aspekte 129
  10.5 Zusammenfassung 131

11 CO_2 — ein Rohstoff mit großer Zukunft 135
  11.1 Die Rolle des Kohlenstoffs 135
  11.2 Die Notwendigkeit zum Handeln 136
  11.3 CO_2 — Rohstoff für Basischemikalien 137
  11.4 Wasserstoff 138
  11.5 Die Kohlenstoff-Kreislaufwirtschaft 140
  11.6 Produkte der Kohlenstoff-Kreislaufwirtschaft 143
  11.7 Woher kommt der Wasserstoff? 145
  11.8 Das Potential der Biomasse 146
  11.9 Fazit 147

12 Optionen einer nachhaltigen Energietechnik 151
  12.1 Die Pioniere 151
  12.2 Neue Herausforderungen 151
  12.3 Das zweite Pionierzeitalter der Elektrotechnik 152
  12.4 Das Energiesystem im Wandel 153
  12.5 Regenerative Energie 154
  12.6 Smart Grids 157
  12.7 Transformation 158
  12.8 Das neue Stromzeitalter 160
  12.9 Dezentralität 164
  12.10 Fazit 164

13 Verfügbarkeit von Rohstoffen mit Blick auf Zukunftstechnologien 169
  13.1 Die weltweite Rohstoffsituation 169
  13.2 Rohstoffsituation Deutschlands 172
  13.3 Hightech-Rohstoffe und zukünftige Rohstoffpotenziale 175

Fazit 181

Sachverzeichnis 183

Autorenverzeichnis

Asbeck, Dr. Frank H.
  Gründungs-Unternehmer und
  Vorstandsvorsitzender der SolarWorld AG
  SolarWorld AG
  Martin-Luther-King-Straße 24
  D-53175 Bonn
  http://www.solarworld.de

Bertau, Prof. Dr. Martin
  Direktor des Instituts für Technische Chemie
  Institut für Technische Chemie
  Technische Universität Bergakademie Freiberg
  Leipziger Straße 29
  D-09599 Freiberg
  martin.bertau@chemie.tu-freiberg.de

Buchholz, Dr. Peter
  Deutsche Rohstoffagentur (DERA) in der
  Bundesanstalt für Geowissenschaften und
  Rohstoffe (BGR)
  Stilleweg 2
  D-30655 Hannover
  peter.buchholz@bgr.de

Dauke, Detlef
  Ministerialdirektor
  Bundesministerium für Wirtschaft und
  Technologie (BMWi)
  Scharnhorststraße 34–37
  D-10115 Berlin
  detlef.dauke@bmwi.bund.de

Elsner, Dr. Harald
  Deutsche Rohstoffagentur (DERA) in der
  Bundesanstalt für Geowissenschaften und
  Rohstoffe (BGR)
  Stilleweg 2
  D-30655 Hannover
  harald.elsner@bgr.de

Gutzmer, Prof. Dr. Jens
  Professur für Lagerstättenlehre und
  Petrologie
  Institut für Mineralogie
  Technische Universität Bergakademie Freiberg
  Brennhausgasse 14
  D-09599 Freiberg
  jens.gutzmer@mineral.tu-freiberg.de

Heißenhuber, Prof. Dr. Dr. h.c. Alois
Lehrstuhl für Wirtschaftslehre des Landbaus
Technische Universität München
Alte Akademie 14
D-85350 Freising-Weihenstephan
heissenhuber@wzw.tum.de

Heitzmann, Dr. Martha
Former Vice-President Research &
Development of the Air Liquide Group*
Senior Executive Vice President for Research
& Innovation of the Areva Group
Areva (Head Office)
33 rue La Fayette
75009 Paris
France
martha.heitzmann@areva.com

*Kontakt beim Air Liquide:
Ochs, Andreas
Director, Air Liquide Forschung und
Entwicklung GmbH
andreas.ochs@airliquide.com

Hurtado, Prof. Dr.-Ing. Antonio
Direktor des Instituts für Energietechnik
Professur für Wasserstoff- und
Kernenergietechnik,
Institut für Energietechnik
Technische Universität Dresden
George-Bähr-Straße 3b
D-01062 Dresden
antonio.hurtado@tu-dresden.de

Kalkoffen, Dr. Gernot
Vorstandsvorsitzender der ExxonMobil
Central Europe Holding GmbH
Kapstadtring 2
D-22297 Hamburg

Kausch, Prof. Dr. Peter
Honorar Professor für Environmental &
Resource Management
Technische Universität Bergakademie Freiberg
D-09599 Freiberg
peter@kausch-net.de

Kümpel, Prof. Dr. Hans-Joachim
Präsident der Bundesanstalt für Geowissen-
schaften und Rohstoffe (BGR)
GeoZentrum Hannover
Stilleweg 2
D-30655 Hannover
kuempel@bgr.de

Matschullat, Prof. Dr. Jörg
Direktor Interdisziplinäres Ökologisches
Zentrum (IÖZ)
Professur für Geochemie und Geoökologie
Institut für Mineralogie
Technische Universität Bergakademie Freiberg
Brennhausgasse 14
D-09599 Freiberg
joerg.matschullat@ioez.tu-freiberg.de

Müller, Prof. Dr. Armin
Sunicon AG
Vorstandmitglied und Technischer Leiter
Alfred - Lange - Str. 15
D-09599 Freiberg
armin.mueller@sunicon.de

Rolle, Dr. Carsten
Leiter der Abteilung Energie und Rohstoffe
Bundesverband der Deutschen Industrie e.V.
Breite Str. 29
D-10178 Berlin
c.rolle@bdi.eu

Steinbach, Dr. Volker
  Leiter der Deutschen Rohstoffagentur (DERA) in der Bundesanstalt für Geowissenschaften und Rohstoffe (BGR)
  Stilleweg 2
  D-30655 Hannover
  volker.steinbach@bgr.de

Weinhold, Dr. Michael
  Chief Technology Officer (CTO)
  Leiter der Stabsabteilung Technik und Innovation Siemens AG, Energy Sector
  Postfach 32 20
  D-91050 Erlangen
  michael.g.weinhold@siemens.com

Werhahn, Hermann Josef
  Unternehmer und Politikberater
  Grimmlinghauser Brücke 52
  Quirinusstr. 15
  D-41460 Neuss
  hejower@t-online.de

Wilken, Dr. Hildegard
  Stellvertretende Leiterin der Deutschen Rohstoffagentur (DERA) in der Bundesanstalt für Geowissenschaften und Rohstoffe (BGR)
  Stilleweg 2
  D-30655 Hannover
  hildegard.wilken@bgr.de

Ziegler, Dr. Marco
  Principal
  McKinsey & Company
  P.O. Box
  8060 Zürich Airport
  Switzerland
  Marco_Ziegler@mckinsey.com

Teil 1

Bestandsaufnahme: Wo stehen wir heute?

Bildquellen der vorangehenden Seite
Großes Bild links: ASTER Satellitenbild der Escondida Mine in Chile;
zur Verfügung gestellt von der NASA GSFC, MITI, ERSDAC, JAROS, und dem U.S./Japan ASTER Science Team.
Quelle: NASA Visible Earth website http://visibleearth.nasa.gov
Inset oben: Kraftwerk in Namibia und unten: Goldexploration in Namibia. Photos: Jörg Matschullat

1 Rohstoff- und Kreislaufwirtschaft — eine volkswirtschaftliche Chimäre?

Detlef Dauke

Rohstoff- und Kreislaufwirtschaft als Chimäre, werden in diesem Beitrag verstanden als

- ein bedrohlich erscheinendes Fabelwesen,
- oder ein Mischwesen verschiedener genetischer Abstammung,
- oder einfach nur ein Trugbild einer zukunftsweisenden Rohstoffpolitik?

Nirgendwo in Deutschland weiß man es besser als in der traditionsreichen Bergbau- und Universitätsstadt Freiberg, dass beides zusammen gehört und dass Rohstoff- und Kreislaufwirtschaft zwei Seiten einer Medaille sind. Ohne Rohstoffe gibt es keine Kreislaufwirtschaft und ohne Kreislaufwirtschaft gibt es keine nachhaltige Rohstoffwirtschaft. Dass dieses Thema plakativ am Beginn dieses Bandes zu Innovationen in den Bereichen Energie und Ressourcen steht, wird vom Bundesministerium für Wirtschaft und Technologie besonders gern gesehen; denn hier gibt es noch sehr viel zu tun.

1.1 Zur Rolle von Rohstoffen

Kaum ein Tag vergeht, an dem sich nicht Meldungen in den Medien finden, die das weiter steigende Interesse an Rohstoffen dokumentieren. Jüngstes Beispiel: der Duisburger Appell in Nordrhein-Westfalen im Hinblick auf Erze und die damit verbundenen Kosten. Das wird zukünftig noch deutlicher werden. Mit Rohstoffen und ihrer Nutzung beginnt jede wirtschaftliche Wertschöpfung. Rohstoffe waren, sind und bleiben die unverzichtbare Grundlage für die industrielle Produktion. Die Entwicklung von Angebot und Nachfrage sorgt in einer marktwirtschaftlichen Ordnung für stabile Verhältnisse und für Versorgungssicherheit. Das ist ebenfalls eine unverzichtbare Grundlage. Diese in den letzten Jahrzehnten bewährte Balance wird allerdings zunehmend gestört, zuletzt durch die beispiellose Rohstoffpreis-Hausse von 2004 bis zur Finanz- und Wirtschaftskrise.

Angebot und Nachfrage waren in der Zeit bis zur Wirtschaftskrise aus dem Gleichgewicht geraten. Die Rohstoffpreise erreichten in Folge der riesigen Nachfrage, insbesondere aus China und Indien, bis jetzt nicht bekannte Höchststände. Nach der Krise gehen Experten davon aus, dass die Rohstoffpreise bei anhaltendem Wachstum wieder erheblich anziehen werden; in einigen Bereichen geschieht dies bereits. Aufgrund der demographischen und wirtschaftlichen Entwicklung rechnen Fachleute in den nächsten 30 Jahren mit einer Verdopplung des weltweiten Ressourcenbedarfs.

1.2 Rohstoffpolitik in Deutschland

Damit ist klar, dass für die deutsche Wirtschaft die Sicherung der Rohstoffversorgung ein wichtiger Standortfaktor ist. Deutschland als führende Industrienation und High-Tech-Standort ist nicht nur bei Energierohstoffen sondern auch bei Metallen fast ausschließlich von Importen abhängig (▶ Kap. 3, 4, 13). Für die Energie- und Rohstoffpolitik der Bundesregierung spielt neben Wirtschaftlichkeit und Umweltverträglichkeit gerade die Versorgungssicherheit eine zentrale Rolle. Wie in allen Bereichen der Wirtschaftspolitik legt sie dabei den Leitgedanken der Nachhaltigen Entwicklung zugrunde.

Rohstoffpolitik ist integraler Bestandteil der Wirtschaftspolitik. Dafür ist innerhalb der Bundesregierung das BMWi federführend. Rohstoffpolitik tangiert natürlich auch viele andere Politikbereiche, wie zum Beispiel

- die Außenwirtschafts-, die Europa- und die Handelspolitik, die
- Energie-, Forschungs- und Technologiepolitik und nicht zuletzt
- die Umwelt- und Entwicklungspolitik.

Damit ist Rohstoffpolitik zugleich eine Querschnittsaufgabe, die effektiv nur im engen Schulterschluss mit der Wirtschaft möglich ist. Das zeigt der Dialog mit der Wirtschaft besonders deutlich, den die Bundesregierung seit dem 1. Rohstoffgipfel des Bundesverbandes der deutschen Industrie (BDI) im Jahre 2005 intensiv führt. Gremium zur Koordinierung der deutschen Rohstoffinteressen ist der von der Bundeskanzlerin Angela Merkel im Jahr 2007 eingesetzte Interministerielle Ausschuss Rohstoffe (IMA Rohstoffe). Dort ist neben den zuständigen Bundesressorts auch der BDI vertreten. Dieser Ausschuss bündelt die Fragen und Probleme der Industrie gegenüber der Bundesregierung und erarbeitet Lösungen. Seine Arbeit steht auch im Mittelpunkt des Berichts über die Rohstoffpolitik, den die Bundesregierung im März 2009 dem Wirtschaftsausschuss des deutschen Bundestages vorgelegt hat. Die Bilanz orientiert sich an den Elementen der Rohstoffstrategie, die die Bundesregierung 2007 als Rahmen für ihren Beitrag einer nachhaltigen und international wettbewerbsfähigen Rohstoffversorgung abgesteckt hatte. Diese Bilanz kann sich sehen lassen:

- Die Bundesregierung hat auch auf EU-Ebene eine längst fällige Diskussion über eine gemeinsame Strategie zur Versorgung mit nicht-energetischen Rohstoffen angestoßen,
- Sie hat das außenwirtschaftliche Garantie-Instrumentarium dahingehend verbessert, dass bei Auslandsinvestitionen neben dem politischen auch das wirtschaftliche Risiko abgesichert werden kann,
- Die deutsche Wirtschaft wird durch die Gründung weiterer Delegiertenbüros in Afrika bei der Rohstoffsicherung unterstützt und
- Mit zahlreichen Förderprogrammen wird zur Erhöhung der Material- und Ressourceneffizienz beigetragen,

um nur einige Beispiele zu nennen. Es ist klar zu ersehen, dass die Bundesregierung nicht untätig war. Was zukünftig gemeinsam mit der Wirtschaft getan werden kann, wurde 2010 von Bundesminister Brüderle in einem Spitzengespräch mit der deutschen Wirtschaft ausgelotet. Eines ist dabei klar: Diese Aufgabe bleibt primär eine Aufgabe der Wirtschaft. Der Staat kann flankieren.

1.3 Rohstoffpolitik der Europäischen Union

Deutschland hat auf EU-Ebene maßgeblich mitgestaltet, diese Ziele zu verfolgen, wie zum Beispiel:

- die Senkung des Primärrohstoffverbrauchs in der EU,
- den diskriminierungsfreien Zugang zu Rohstoffen auf dem Weltmarkt und
- die dauerhafte Versorgung von Rohstoffen aus europäischen Quellen.

Dies sind die drei Säulen der EU-Rohstoffinitiative. Mit diesem umfassenden Ansatz kommt die EU-Strategie unserer Forderung nach einer kohärenten EU-Rohstoffpolitik nach. Die EU-Initiative ist somit eine sinnvolle Ergänzung unserer deutschen Rohstoffstrategie. Die EU-Handelspolitik hat dabei für die sichere Rohstoffversorgung eine besondere Bedeutung. Die wichtigste Aufgabe ist der Abbau von Steuern und anderen Abgaben auf Exporte. Exportsteuern sind das größte Handelshemmnis im Rohstoffbereich. Die Bundesregierung unterstützt daher die EU-Kommission ausdrücklich bei Verhandlungen zur Doha-Runde mit dem Ziel, auf die Eindämmung von protektionistischen Maßnahmen hinzuwirken. Dieses Ziel wird auch in WTO-Beitrittsverhandlungen mit rohstoffreichen Ländern sowie in Verhandlungen der EU zu bilateralen Freihandelsabkommen verfolgt. Und hier zeigen sich erste Erfolge: beispielsweise wird die Ukraine bei Inkrafttreten des bilateralen Freihandelsabkommen auf Exportzölle verzichten (▶ Kap. 4).

1.4 Heimische Rohstoffpotentiale

Der Blick ins Ausland darf uns die Sicht auf unsere heimischen Rohstoffpotentiale nicht verstellen. Deutschland ist keinesfalls ein „rohstoffarmes Land", wie immer wieder kolportiert wird. Bei Kalisalz, Braunkohle und Spezialtonen haben hiesige Bergbaubetriebe eine weltweite Spitzenposition. Und der Bergbau in Deutschland steht heute gewissermaßen vor einer Renaissance: Die erste Bohrung in Spremberg zur Erkundung von Lausitzer Kupfererz ist abgeteuft worden. In 1052 m Tiefe hat sie ein mächtiges Kupferschieferflöz angetroffen. Auch in Sachsen, Thüringen, Sachsen-Anhalt, Hessen und Niedersachsen wurden den zuständigen Behörden in jüngster Zeit Erlaubnisanträge für Explorationsarbeiten vorgelegt — viele wurden bereits bewilligt.

Gerade die Nutzung heimischer Rohstoffe ist für die Volkswirtschaft von großer Bedeutung. Denn die Versorgung aus heimischen Lagerstätten sichert und verbessert die Wirtschaftsstruktur, schafft und erhält Arbeitsplätze.

Das Bundeswirtschaftsministerium begrüßt es deshalb ausdrücklich, dass in Freiberg gerade auf diesem Gebiet wissenschaftliche Expertise in einem Helmholtz-Institut für Ressourcentechnologien (HIF) gebündelt wird. In diesem Zusammenhang ist hervorzuheben, dass die Leitung der TU Bergakademie Freiberg entsprechende Konzepte frühzeitig nicht nur mit der Forschungsverwaltung, sondern auch mit den bestehenden Forschungseinrichtungen und den für Bergbau und Rohstoffe zuständigen Stellen abgestimmt hat. Hier ist insbesondere die Bundesanstalt für Geowissenschaften und Rohstoffe (BGR) zu nennen. Der

Beitrag des Präsidenten Prof. Kümpel in diesem Band weist auf die enge Kooperation hin (▶ Kap. 3). Nur so können sachgerechte Strukturen gefunden und teure Überschneidungen vermieden werden.

1.5 Recycling und Rohstoffversorgung

Zur dauerhaften Versorgung aus europäischen Quellen gehört auch die Nutzung von Sekundärrohstoffen, d. h. eine ordentliche Kreislaufwirtschaft (▶ Kap. 4). Dies wird auch von der EU-Rohstoffinitiative gefordert. Sekundärrohstoffe haben nicht nur den Vorteil, dass sie sozusagen „heimische Rohstoffe" sind; ihre Gewinnung ist in der Regel auch wesentlich energieeffizienter und kostengünstiger. Deutschland nimmt hier international eine Vorreiterrolle ein, die wir vor allem der Verpackungsverordnung und dem Kreislaufwirtschafts- und Abfallgesetz zu verdanken haben. Zusammen mit anderen produktbezogenen Regelungen für Elektroaltgeräte, Batterien, Altholz, Altautos und Bioabfälle bilden sie den regulativen Rahmen für ein rohstoffeffizientes Wirtschaften.

Bei einigen Materialien, z. B. Kupfer (Cu) hat Deutschland mit 54% die höchste Recyclingquote weltweit. Aber auch die Raten anderer wichtiger Rohstoffe können sich sehen lassen. Sie betragen beispielsweise

- 35% bei Aluminium (Al),
- 59% bei Blei (Pb),
- 90% bei Stahl und
- 20–25% bei Cobalt (Co).

Die Verwertungsquoten der Hauptabfallströme liegen sämtlich deutlich über 60%. Altfahrzeuge werden zu 90%, grafisches Altpapier zu 86% verwertet. Bei Bau- und Abbruchabfällen erreicht die Wiederverwertung 88%. Das sind beachtliche Erfolge, die nicht nur durch Gesetze und Verordnungen, sondern vor allem durch das Engagement der Recyclingbranche erreicht werden konnten. Bausteine dafür sind vor allem das Vorhandensein effizienter und wirtschaftlicher Technologien.

1.6 Technologie und Effizienz

Der Grad der Energie- und Rohstoffeffizienz wird letztlich bestimmt vom Entwicklungsstadium der eingesetzten Technologien. Also von Innovationen. Wegen dieser naheliegenden Erkenntnis unterstützt die Bundesregierung die Anstrengungen, Technologien zu entwickeln, die kostengünstig sind und mit dem Material optimal eingesetzt und genutzt werden kann. Die Technologiepolitik setzt damit einen Schwerpunkt bei der Einführung von Schlüsseltechnologien. Wichtige Beispiele sind: Energietechnologien, Werkstoff- und Nanotechnologien, optische Technologien und die Umwelttechnik. Darüber hinaus erhalten Unternehmen des verarbeitenden Gewerbes durch verschiedene Programme und Netzwerke Anreize, um die Materialeffizienz zu steigern. Hier steht das Wirtschaftsministerium an der vordersten Front.

Beispielhafte Lösungen für die Erhöhung der Materialeffizienz werden vom Bundesministerium für Wirtschaft und Technologie jedes Jahr mit dem Deutschen Materialeffizienzpreis ausgezeichnet. Erstmalig wurde im Jahr 2009 dieser Preis nicht nur an vier Unternehmen, sondern auch an eine Forschungseinrichtung verliehen! Denn die enge Partnerschaft von anwendungsnaher Forschung mit der Wirtschaft ist der Schlüssel zur Lösung vieler Probleme.

Ein wichtiger Schwerpunkt dabei ist, die Weichen bereits im Produktions-Entwicklungsstadium für die Verwertung und Entsorgung von Produkten zu stellen. Ziel muss sein, dass Produkte am Ende ihrer Funktionszeit effizient und umweltverträglich aufarbeiten werden können. Danach sollten die enthaltenen Rohstoffe, wenn möglich zu 100%, wieder verwendet werden. Rohstoffe können so erneut in den Wirtschaftskreislauf gebracht werden.

Realistisch gesehen wird es keine 100%ige Kreislaufwirtschaft zu ökonomisch vertretbaren Bedingungen geben. Aber jede Erhöhung des Wirkungsgrades mindert unsere Abhängigkeit von Primärrohstoffen: also je mehr Recycling, desto besser. Zur Versorgungssicherheit leistet das Konzept der Kreislaufwirtschaft daher einen bedeutenden Beitrag. Das Recycling wichtiger Industrierohstoffe ist heute ein nicht mehr wegzudenkender Teil einer integrativen Ressourcenwirtschaft.

1.7 Fazit

„Rohstoff- und Kreislaufwirtschaft — eine Chimäre?" lautete das Thema. Die klare Antwort dazu: Nein. Im Gegenteil, beide fördern volkswirtschaftliche Potentiale und Synergien zu Tage und sind zwei Seiten einer Medaille. An der ständigen Optimierung beider Aspekte zu arbeiten, ist eine Herausforderung für die Akteure in der Rohstoffwirtschaft und in der Rohstoffpolitik. Deutschland will und muss Industriestandort bleiben. Dafür brauchen wir Rohstoffgewinnung, Zugang zu Rohstoffen, effiziente Rohstoffverarbeitung und eine funktionierende Kreislaufwirtschaft. Und dies wird der Bundesminister für Wirtschaft und Technologie auch weiterhin forschungs- und technologiepolitisch unterstützen. Eine sichere, umweltfreundliche und kostengünstige Energieversorgung gehört allerdings ebenfalls zu diesem Konzept.

Kernaussagen

- In den nächsten 30 Jahren wird sich der weltweite Ressourcenbedarf verdoppeln.

- Die Sicherung der Rohstoffversorgung ist ein wichtiger Standortfaktor.

- Die Nutzung heimischer Rohstoffe ist für die Volkswirtschaft von großer Bedeutung.

- Die Kreislaufwirtschaft muss weiter gestärkt werden.

- Die Materialeffizienz ist zu erhöhen und entspechende Technologieentwicklung ist zu unterstützen.

2 Status und Aussichten der weltweiten Öl- und Gasproduktion. Welt-Energie-Prognose bis 2030

Gernot Kalkoffen

Seit den 1950er Jahren erstellt ExxonMobil jährlich eine Energieprognose. Sie unterscheidet sich nicht wesentlich von den Analysen anderer Institutionen. Doch gibt es kein zweites Unternehmen, das eine Energieprognose in solcher Substanz und Breite erarbeitet. Diese Vorausschau basiert auf Daten von mehr als 100 Ländern, die systematisch aufbereitet werden. ExxonMobil benutzt sie als Grundlage für die eigenen langfristigen Planungen und Investitionsentscheidungen.

2.1 Das Unternehmen ExxonMobil

ExxonMobil ist seit über 125 Jahren im Energiegeschäft tätig. Langfristiges Denken und Handeln, sowie eine strategische Ausrichtung auf die Zukunft kennzeichnen die Aktivitäten. ExxonMobil arbeitet weltweit auf fünf Kontinenten in über 160 Ländern. Das Tätigkeitsspektrum des vollintegrierten Unternehmens deckt den gesamten Produktzyklus ab — von der Exploration der Rohstoffe über deren Förderung, Verarbeitung und Veredlung bis hin zur chemischen Industrie (Upstream, Downstream und Chemical). Das Unternehmen beschäftigt rund 80.000 Mitarbeiter und erreicht mit seinen Marken Esso, Mobil und ExxonMobil im Schnitt rund 10 Millionen Kunden pro Tag. Die Investitionen liegen jährlich bei 25 bis 30 Mrd. US-Dollar — und zwar unabhängig von den Schwankungen des Ölpreises. Unsere Investitionen haben typischerweise eine Vorlaufzeit von zehn Jahren und eine Amortisationsphase von 40–50 Jahren. Ein Chemiewerk, eine Raffinerie oder eine Plattform beispielsweise haben eine produktive „Lebenszeit" von etwa 50 Jahren. Bei derart langen Zyklen ist der jeweils aktuelle Ölpreis irrelevant.

2.2 Energieprognose

Zunächst ein Blick zurück: Abbildung 2.1 zeigt den Energiemix des letzten Jahrhunderts. Lassen Sie mich drei Dinge hervorheben:
1. Das Spektrum der Energieträger nimmt mit der Zeit zu; am Anfang des 20. Jahrhunderts war unser Energiemix noch relativ einfach. Er bestand im Wesentlichen aus Holz und Kohle. Heute ist dieser Energiemix deutlich vielfältiger geworden.
2. Wesentliche Veränderungen ergaben sich in diesem Zeitfenster z. B. durch den wachsenden Anteil von Erdöl. Interessant ist hier der lange Zeitraum, bevor sich der neue Energieträger substanziell durchsetzt. Öl gab es schon vor 100 Jahren, doch bis es wirklich dominant wurde, vergingen mehrere Jahrzehnte.
3. Der relative Holzanteil ist heute viel kleiner geworden, doch in absoluten Zahlen wird heute mehr Holz genutzt als vor 100 Jahren.

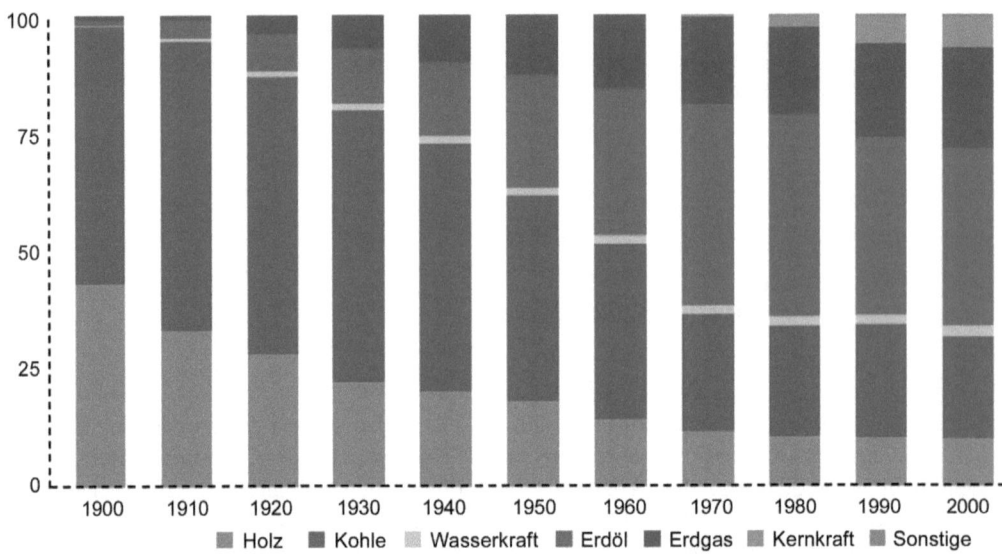

Abb. 2.1 Anteil der Energieträger der letzten 100 Jahre. Quelle: ExxonMobil

Die Energienachfrage und der Energiemarkt sind groß (Abb. 2.2). Der gesamte Energieverbrauch beläuft sich auf ungefähr 250 Mio Barrel pro Tag. Würde man diese Energieäquivalente in Kesselwagen transportieren, dann wäre ein Tankzug in einer Länge nötig, der von Freiberg in Sachsen bis nach Washington, D.C., reichen würde — und das jeden Tag.

Ein anderes Charakteristikum unseres Energiemarktes ist die Volatilität des Ölpreises, der als Marker für viele andere Energiepreise gilt.

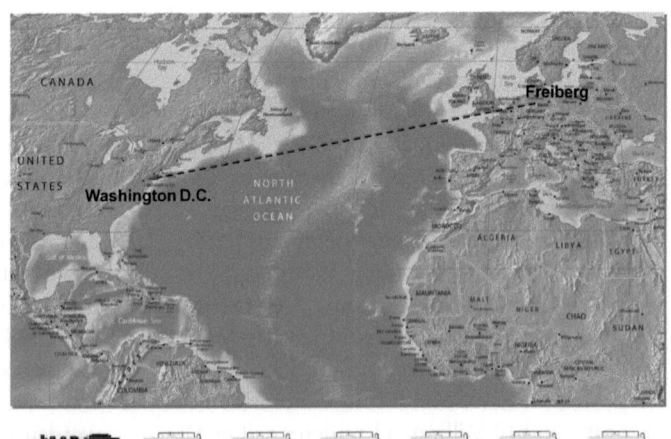

Abb. 2.2 Tägliche globale Energienachfrage. Quelle: ExxonMobil

Abbildung 2.3 stellt die Ölpreis-Entwicklung der letzten elf Jahre dar. Die rote Kurve zeigt den Jahresdurchschnitt und die schwarzen senkrechten Balken die Schwankungsbreite im entsprechenden Jahr. Vor 20 Jahren lag der Ölpreis bei 20 US$ pro Barrel und niedriger. Zu erkennen ist ein kontinuierlicher Anstieg des Ölpreises bis zum Jahr 2008, das wegen seiner extremen Volatilität aus dem Rahmen fällt. Im August war der Ölpreis pro Barrel mit knapp 150 $ auf einem Allzeit-Hoch, doch rutschte er im selben Jahr auf nur 34 US$. Derzeit (Anfang 2010) oszilliert der Preis um die 80 US$. ExxonMobil gehört zu den wenigen Firmen weltweit, die keine Mutmaßungen über die Ölpreisentwicklung anstellen: Niemand kann seriös voraussagen oder gar wissen, wo der Ölpreis morgen, in zwölf Monaten, in drei oder fünf Jahren liegt. Deshalb werden bei ExxonMobil die Investitionsentscheidungen weitestgehend unabhängig von einer Vorhersage des Ölpreises getroffen. Als Basis für Entscheidungen dienen stattdessen: Technologische Entwicklungen, Kostenabschätzungen, Wettbewerbsfähigkeit und Alternativbetrachtungen.

Grundlage unserer detaillierten Energieprognose ist die Entwicklung von drei elementaren Faktoren:

1. Bevölkerungswachstum
2. Bruttosozialprodukt
3. Energienachfrage

Abbildung 2.4 zeigt das Wachstum der Bevölkerung (links), die Entwicklung des Bruttoinlandsproduktes (BIP; Mitte) und die resultierende Prognose für die Energienachfrage (rechts) in dem Zeitraum von 1980 bis 2030. Die Prognose für das Jahr 2030 lässt knapp 8 Mrd Menschen erwarten. Von 1980 bis 2030 hat sich demnach die Anzahl der Menschen von 4 auf 8 Mrd verdoppelt. Derzeit (2010) leben ungefähr 6,8 Mrd Menschen auf der Erde. In einem Zeitraum von 50 Jahren wurden 4 Mrd Menschen zusätzlich geboren. Möglicherweise ist das ein Einmaligkeitsmerkmal der Gegenwart, denn von einem Abflachen der Bevölkerungskurve wird allgemein ausgegangen. Diese Besonderheit charakterisiert unsere Zeit und es sind damit ganz bestimmte Implikationen

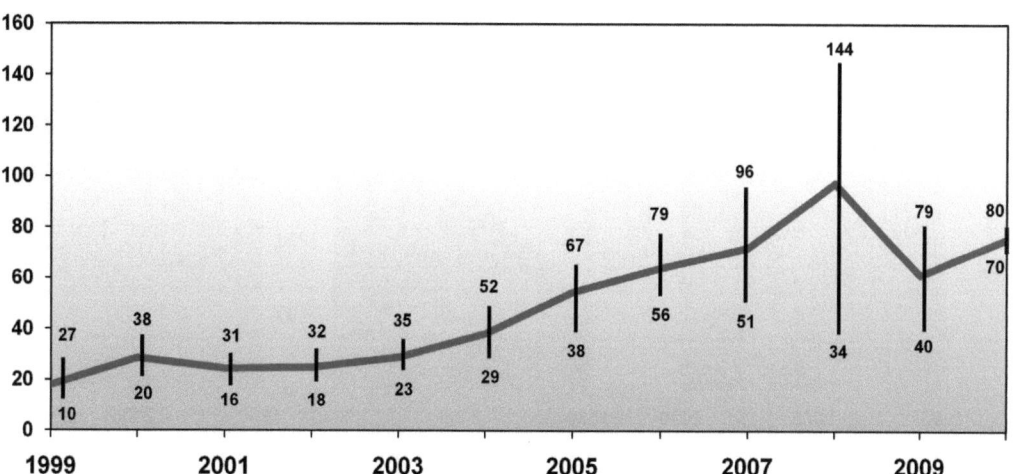

Abb. 2.3 Ölpreisentwicklung 1999–2010, US-Dollar pro Barrel. Quelle: ExxonMobil

verbunden, die sich auf Energie, Rohstoffe und energiepolitische Themen beziehen.

Um so vielen Menschen einen guten Lebensstandard zu ermöglichen und soziale Konflikte meistern zu können, erscheint uns ein durchschnittliches Wirtschaftswachstum von 2 bis 3% pro Jahr notwendig. Diese Wachstumsrate, die sich auch an den Entwicklungen der Vergangenheit orientiert, unterstellen wir global in unserer Energieprognose. Ein kleiner Knick um das Jahr 2009 herum — als Ergebnis der weltweiten Finanzkrise — erscheint nur als eine kurz- oder mittelfristige Korrektur. Für den Zeitraum 2005 bis 2030 rechnen wir mit einem Wachstum von jährlich 2,7% mit großen Unterschieden zwischen OECD und Nicht-OECD Ländern.

Wirtschaftswachstum braucht Energie, aber weniger als früher. Wir gehen daher von einem Anstieg der Energienachfrage in einer Größenordnung von knapp über 1% aus. Durch verbesserte Energieeffizienz, die wir mit einer jährlichen Steigerung um 1,5% annehmen, werden Wirtschaftswachstum und Energienachfrage zunehmend entkoppelt.

Abbildung 2.5a zeigt für das Jahr 2005 als Basis unserer Prognose, wie sich der Energiemix gestalten wird. Konventionelle Energieträger befriedigen den überwiegenden Teil der Nachfrage: Insbesondere Kohlenwasserstoffe wie Öl, Kohle und Gas decken über 80%. Biomasse ist in dieser Darstellung nicht etwa modernes Biogas sondern im Wesentlichen Holz oder Dung, die noch in vielen Entwicklungsländern genutzt werden. Dazu kommen Kernkraftwerke sowie Wasser-, Wind- und Solarenergienutzung. Wind- und Sonnenenergie sowie Biokraftstoffe haben im Jahr 2005 einen noch so geringen Anteil, dass sie kaum erkennbar sind.

In unserer Prognose bis 2030 sehen wir für Öl ein jährliches Wachstum von knapp unter

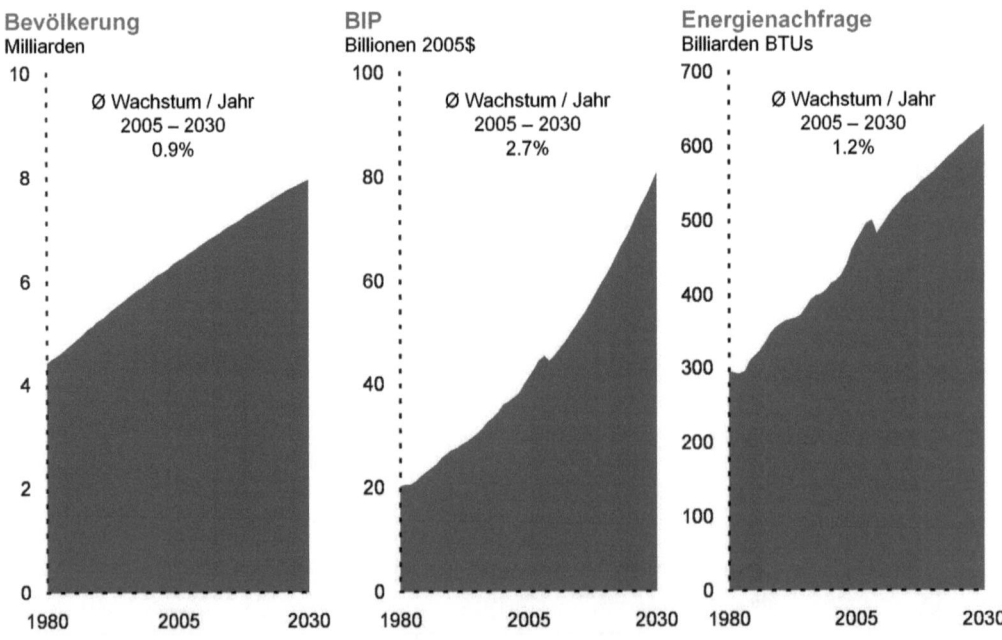

Abb. 2.4 Weltwirtschaft und Energie 1980 bis 2030. Quelle: ExxonMobil

Energieprognose

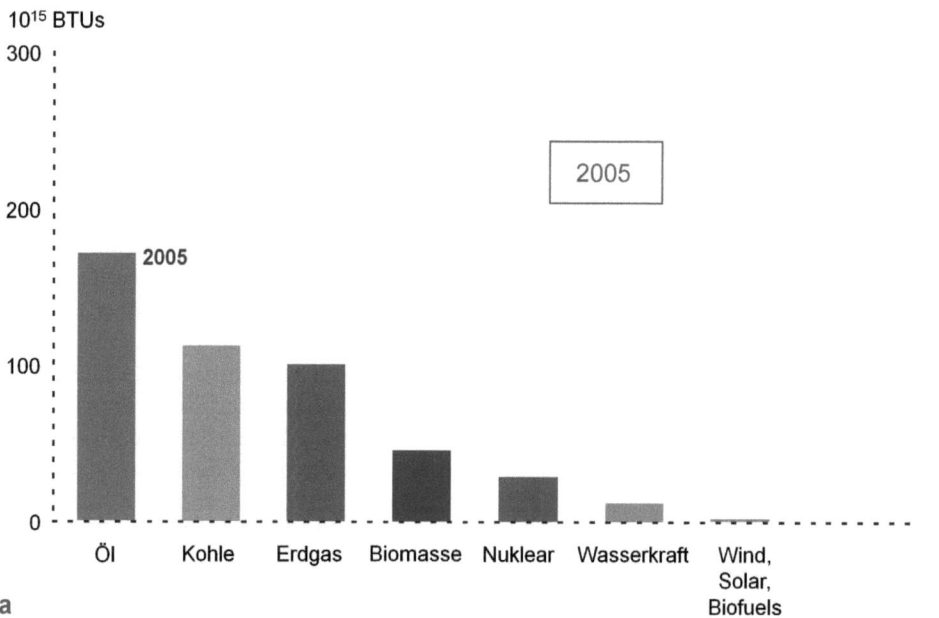

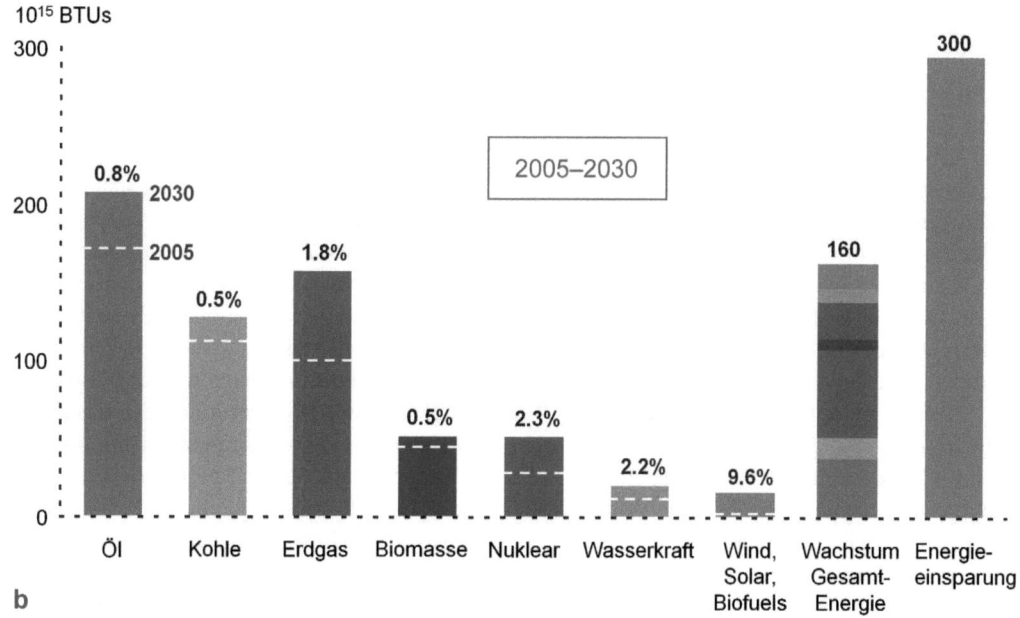

Abb. 2.5a–b Energieangebot und -nachfrage **a)** mit dem Jahr 2005 als Basis (*oben*). **b)** Exxon's Prognose zum Energiemix im Jahr 2030 mit dem Bedarfszuwachs bei allen Energieträgern sowie der Energieeffizienz über den Prognosezeitraum (*unten*). Quelle: ExxonMobil

1%, Kohle liegt ungefähr bei 0,5% (Abb. 2.5b). Unter den Kohlenwasserstoffen wächst Erdgas am stärksten: Im Vergleich zur Kohle emittiert Gas nur die Hälfte der CO_2-Emissionen pro Energieeinheit und wird deshalb verstärkt in der Stromerzeugung eingesetzt werden. Die konventionelle Biomasse bleibt konstant. Ein relativ starkes Wachstum der Kernenergie, mit Größenordnungen von zusätzlich knapp 200 Kernkraftwerken wird wesentlich durch den Kapazitätsaufbau in Asien getrieben. Es folgen Wasser und die erneuerbaren Energien Wind, Solar und Biobrennstoffe. Mit knapp 10% pro Jahr weisen sie die stärkste Wachstumsrate auf, doch sind sie von einer relativ kleinen Basis gestartet. Da der Prognosezeitraum nur bis 2030 reicht, bleibt ihr Anteil noch gering, würde sich aber bei einem noch weiteren Blick in die Zukunft — beispielsweise bis 2040 oder 2050 — entsprechend vergrößern.

Für die nächsten Jahrzehnte haben wir deshalb keine andere Option als die Energienachfrage überwiegend mit herkömmlichen Kohlenwasserstoffen zu decken. Dabei ist die Umsetzung entscheidend, um sowohl so effizient als auch so umweltschonend wie möglich zu arbeiten. Dabei geht es hauptsächlich um CO_2-Emissionen, doch zugleich auch um Ressourcenschonung sowie die Brückenfunktion der konventionellen Energieträger, damit diese lange und wirksam genutzt werden können. Es gilt, Öl nicht einfach nur zu verbrennen, sondern es hochwertig einzusetzen im Transport- und Chemiebereich.

Addiert man den Bedarfszuwachs bei allen Energieträgern, ergibt sich für das Jahr 2030 eine Größenordnung wie in Abbildung 2.5b dargestellt. Daneben steht zum Vergleich der größte virtuelle Energieträger in diesem Zeitraum: die Energieeffizienz. Die damit verbundene Einsparung ist ungefähr doppelt so groß wie der Zuwachs aller Energieträger über den Prognosezeitraum. Hierbei zeigt sich, wie notwendig es ist, dass wir bei der Energieeinsparung, also der Energieeffizienz, global entscheidende Fortschritte machen.

2.3 Welche Rolle spielt hierbei ExxonMobil?

Abbildung 2.6 zeigt einige der wesentlichen Explorationsvorhaben von ExxonMobil, die dazu beitragen werden, dass die Welt mit genügend Öl und Gas versorgt wird. Die Explorationsbohrungen, die wir in den Jahren 2010 und 2011 geplant haben, sind über die ganze Welt verteilt: in Nordamerika on- und offshore, im Golf von Mexiko oder in Brasilien, offshore in Westafrika, Nordafrika mit Libyen und im Fernen Osten. Die wichtigen Explorationsaktivitäten aus deutscher Sicht liegen im Inland, interessant sind aber auch Erkundungen in Polen und im Schwarzen Meer. In Deutschland wird insbesondere nach unkonventionellem Gas gesucht.

2.3.1 Neue Technologische Entwicklung

ExxonMobil hat im Jahre 2009 die Reservenbasis um 3,9 Milliarden Barrel Öläquivalent (BOEB) erhöht (Abb. 2.7) und arbeitet intensiv daran, sie mit technologischen Durchbrüchen weiter zu vergrößern (Abb. 2.8). Diese Darstellung zeigt die Bedeutung technologischer Entwicklungen in den Phasen „Chancen und Potentiale erkennen", „Evaluation" und „kommerzieller Erfolg" (Abb. 2.8). Zur Identifizierung potentieller Felder werden beispielsweise die nächsten Generationen der seismischen Bildgebung (next-generation-seismic-imaging) und der Voraussage der Reservoirleistungen (reservoir-performance-prediction) angewendet. Das sind nicht mehr Seismik oder akustische Wellen, mit denen man normalerweise heute operiert, sondern elektromagnetische Wellen. Damit sind bessere Möglichkeiten gegeben, Kohlenwasserstoffe, also Öl und Gas, in der Erde zu identifizieren. Hinzu kommen elektromagnetische Wellen, die vor allem im tieferen Offshore-Bereich eine interessante Variante

Welche Rolle spielt hierbei ExxonMobil?

Abb. 2.6 Aktuelle ausgewählte Explorationsvorhaben von ExxonMobil. Quelle: ExxonMobil

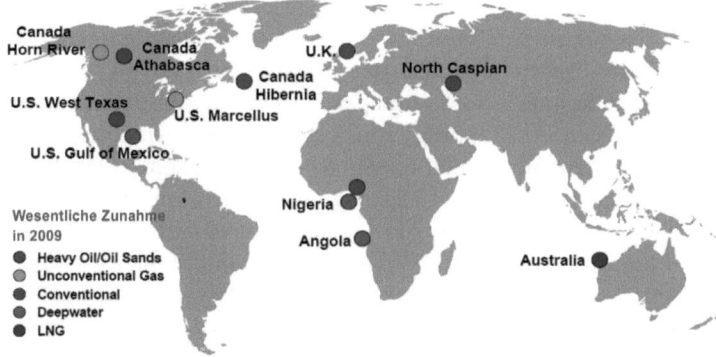

Abb. 2.7 ExxonMobil fügte seiner Ressourcenbasis in 2009 weitere 3,9 Milliarden Barrel Ölequivalente zu. Dies basierte auf dem kontinuierlichen Erfolg, unentwickelte Ressourcen aufzudecken und zusätzlich höhere Ausbeuten zu erzielen. Quelle: ExxonMobil

Chancen und Potenziale erkennen → Evaluation → kommerzieller Erfolg

- Next-generation seismic imaging
- Rapid reservoir performance prediction

- Economic recovery from thin bitumen reservoirs
- Shale oil recovery

- Unlocking tight gas (MZST)
- Advanced hydrocarbon detection (R³M^SM)

Abb. 2.8 Technologische Entwicklungen im Upstream (Suche, Erschließung und Förderung von Erdgas und Erdöl). Quelle: ExxonMobil

sind, um eine höhere Auflösung und damit treffsicherere Vorhersagemöglichkeiten zu erhalten.

Es schließen Techniken wie das Elektrofracken (electro-frac) an. Dies ist ein ganz neues Verfahren zur Verbesserung der Ölschieferausbeute (oil-shale-recovery), mit dem elektrische Energie in die Erde gebracht wird, wo sie unterirdische Störungen erzeugt. So wird das Öl fließfähiger gemacht, um es mit weniger Energieaufwand als heute fördern zu können.

Neben der technologischen Entwicklung in der Öl- und Gasförderung haben wir ein Projekt zur Erstellung von Biokraftstoffen aus Algen ins Leben gerufen. Dazu wurde im Jahr 2009 ein Joint Venture mit der Firma Synthetic Genomics gegründet. In den nächsten Jahren planen wir dort bis zu 600 Mio US$ zu investieren um zu prüfen, ob Algen eine sinnvolle Basis für Biokraftstoffe sein können. Algen haben einige sehr gute Eigenschaften: Sie brauchen zum Wachsen nur Sonnenlicht, CO_2 und Wasser, das weder Trinkwasserqualität haben muss, noch rein zu sein braucht, sondern Brackwasser sein kann (Abb. 2.9). Insofern entsteht keine Konkurrenz zu Nahrungsmitteln. Der Flächenverbrauch bei Algen zur Biokraftstoffherstellung ist darüber hinaus sehr viel geringer als bei den herkömmlichen Biorohstoffen wie Mais oder Soja. Über molekulares Engineering wollen wir erreichen, dass genetisch veränderte Algen kontinuierlich ein ölhaltiges Sekret abgeben. Da die Molekularstruktur des Algenöls' vergleichbar ist mit den heutigen Einsatzprodukten in unseren Raffinerien, können wir es dort weiterverarbeiten und schließlich die nachgefragten Produkte erzeugen. Als Idee ist das spannend, doch stehen wir hier ganz am Anfang, so dass wir in den nächsten zehn Jahren noch keine Auswirkung auf die Ergebnisse unserer Energieprognose sehen.

Lassen Sie uns nun etwas genauer auf den Gasbereich eingehen (Abb. 2.10). Dargestellt ist der Zeitraum von 2000 bis 2030, jeweils für die Regionen USA, Europa und Asien-Pazifik. Das Gasangebot ist aufgeteilt in konventionelles, nicht-konventionelles, per Pipeline transportiertes Gas und LNG (liquified natural gas = verflüssigtes Erdgas). Für Amerika bedeuten LNG und per Pipeline transportiertes Gas Importe, denn dort hat so etwas wie eine stille Revolution stattgefunden: Das konventionelle Gas ist rückläufig, was durch unkonventionelles Gas zunehmend kompensiert wird. Bei unkonventionellen Vorkommen sitzt das Gas in so dichten Reservoirs, dass seine Fließfähigkeit stark eingeschränkt ist. In der Konsequenz sind mehrere technische Maßnahmen nötig, um solche Reserven wirtschaftlich fördern zu können. In den USA ist es mit technologischen Fortschritten gelungen, die Gewinnung von unkonventionellem Erdgas über die Wirtschaftlichkeitsschwelle zu heben. Die USA sind nunmehr

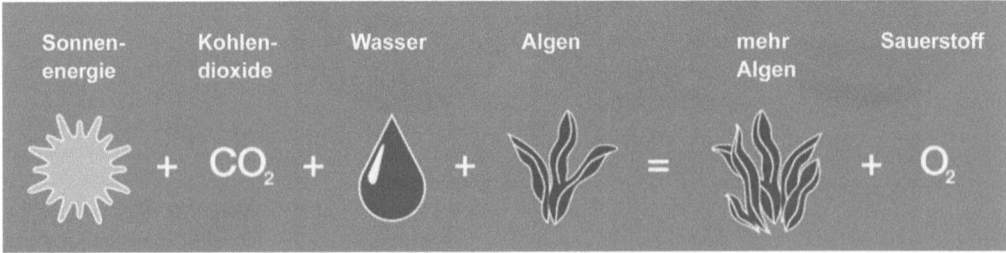

Abb. 2.9 Biokraftstoffe aus Algen. Quelle: ExxonMobil

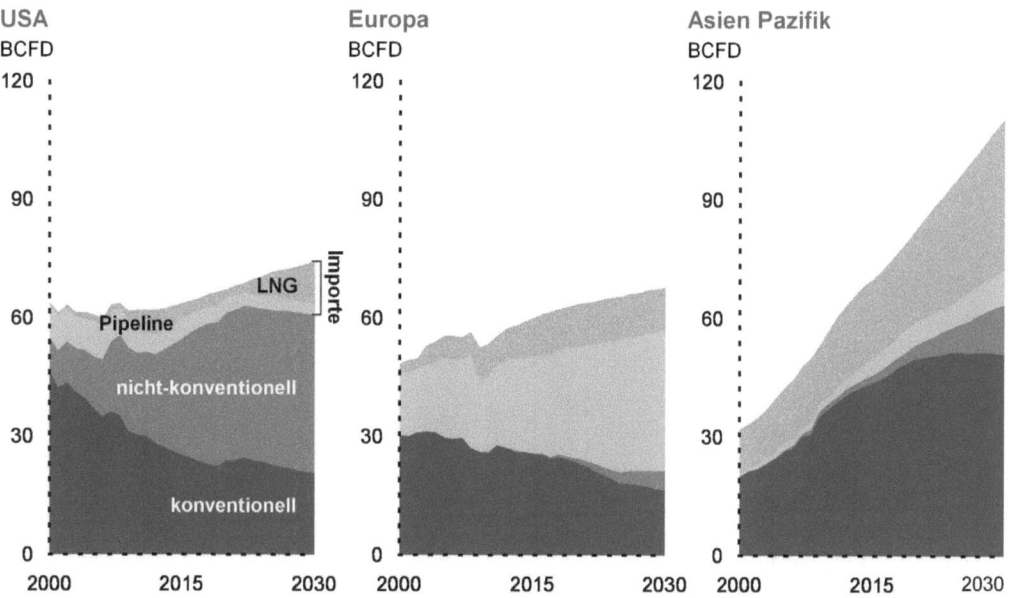

Abb. 2.10 Angebot und Nachfrage nach Gas (BFCD = billion cubic feet per day [Milliarden Kubikfuß pro Tag]; LNG: Liquefied Natural Gas [Flüssigerdgas]) Quelle: ExxonMobil

in der glücklichen Lage, bei Erdgas Selbstversorger (self-sufficient) zu sein. Damit hat sich die noch vor fünf Jahren vorausgesagte Notwendigkeit für ein hohes Importvolumen beispielsweise per LNG nicht verwirklicht. Auch in der Energieprognose, die ExxonMobil vor zehn Jahren herausgegeben hat, ist diese Entwicklung bei unkonventionellem Gas in den USA in diesem Maße nicht vorhergesehen worden. In Europa ist die Förderung von unkonventionellem Gas noch relativ gering, doch ExxonMobil hofft, seinen Anteil vergrößern zu können. Für Europa würde dies eine erhebliche Verbesserung des gesamten Energie-Portfolios bedeuten, gerade unter dem Aspekt der Versorgungssicherheit, denn die konventionelle Gasförderung ist auch hier rückläufig. In Europa wird daher der Pipeline-Import (gelb) zunehmen, der insbesondere aus Russland kommt oder über das Nabucco-Projekt, das Gas aus dem Kaspischen Raum bringt.

Abbildung 2.11 zeigt in den USA die Entwicklung der Anteile von konventionellem (hellgrün) und unkonventionellem Erdgas (dunkelgrün). Dessen Anteil wächst, und ist auch schon in den letzten Jahren gestiegen.

Die Prognosen von ExxonMobil und verschiedenen anderen Instituten weisen für das Jahr 2020 aus, dass in schon zehn Jahren deutlich über die Hälfte der gesamten Gasproduktion in den USA aus unkonventionellen Vorkommen stammen wird. Zu laufenden Preisen decken die Vorkommen von Schiefer/Tight Gas und Coal Bed Methane (CBM) die Nachfrage in USA von rund hundert Jahren ab (Abb. 2.12).

Anhand der Produktionswerte des texanischen Barnett Shale Felds in der Nähe von Fort Worth soll die Entwicklung beispielhaft verdeutlicht werden. Bereits vor fast 30 Jahren wurde man in dem großen unkonventionellen Gasfeld fündig, ohne dass in den nächsten

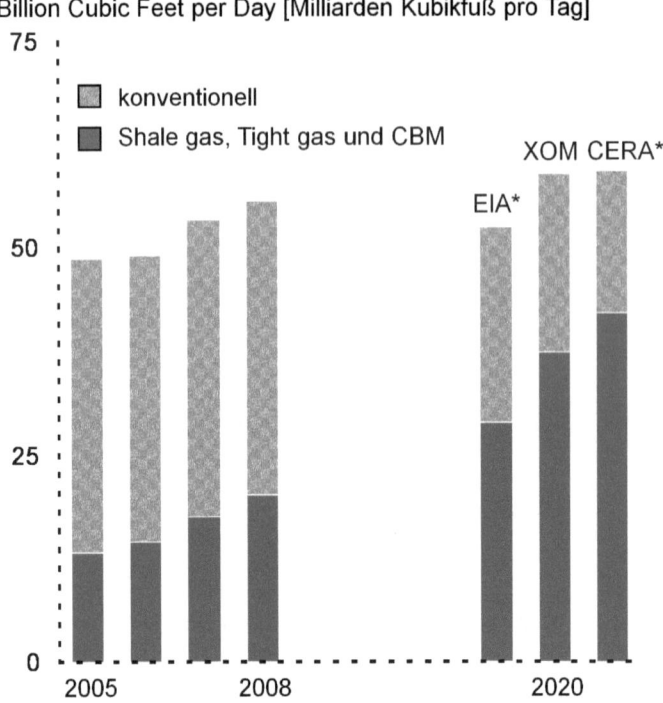

Abb. 2.11 Erdgasversorgung der USA. Produktionsprognose 2005–2020 von ExxonMobil (XOM), Energy Information Administration (EIA) und Cambridge Energy Research Associates (CERA). * Prognose enthält nicht die Alaska Pipeline.

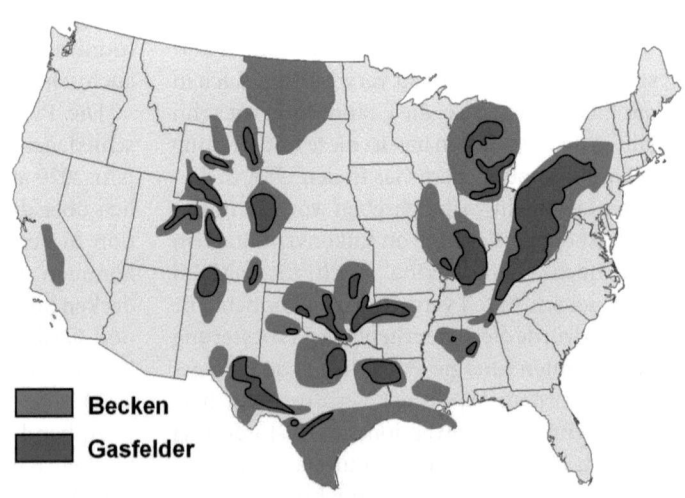

Abb. 2.12 Erdgasversorgung in den USA von Coal Bed Methane (CBM). Quelle: ExxonMobil.

U.S.-Vorräte von Erdgas werden voraussichtlich ein Jahrhundert lang den heutigen Bedarf decken

20 Jahren weitere Entwicklungen angestrengt worden wären (Abb. 2.13). In den 1990er Jahren wurden mit technologischen Entwicklungen wie Horizontalbohrverfahren und Multi-Fracs Voraussetzungen geschaffen, die Wirtschaftlichkeit zu erhöhen, so dass die Produktion deutlich anstieg.

Ein anderes Beispiel ist das Piceance Becken (Colorado). Abbildung 2.14 zeigt den Anstieg der Bohrungen. Anfangs waren es ganz wenige, bis plötzlich in den letzten Jahren tausende von Bohrungen abgeteuft wurden. Vielleicht gelingt eine ähnliche Entwicklung in Europa.

Während unkonventionelles Erdgas neue Fördertechniken voraussetzt, beschreibt LNG eine neue Art, Erdgas zu transportieren. LNG ist „verflüssigtes Erdgas", das auf etwa -160°C heruntergekühlt wird. Es hat dann ungefähr ein Sechshundertstel seines Volumens und lässt sich wie jede andere Flüssigkeit in speziellen Kühlschiffen transportieren. Auf diese Weise kann Gas ähnlich wie Öl an jeden Ort der Welt

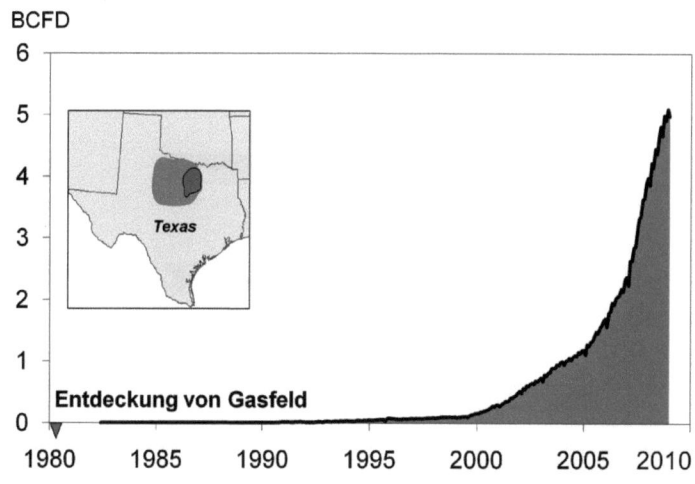

Abb. 2.13 Produktionswachstum von Barnett Shale Gas (billion cubic feet per day = BCFD) aus dem Bend Arch-Fort Worth Becken. Quelle: Daten der IHS Energy, ihrer Tochterfirmen und Datenpartner (© 2009)

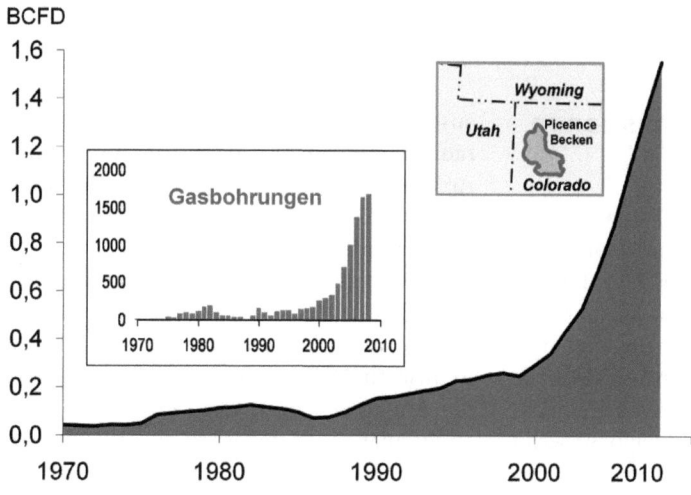

Abb. 2.14 Produktionswachstum von Gas aus dem Piceance Becken (billion cubic feet per day = BCFD). Quelle: Daten der IHS Energy, ihrer Tochterfirmen und Datenpartner (© 2009)

gebracht werden, unabhängig von Pipelines. Wir erwarten, dass ungefähr 15% des Welterdgasmarktes im Jahr 2030 per LNG versorgt wird. Eine ganz wesentliche Voraussetzung sind jedoch Schiffe, auf die ungefähr 30% der Kosten in der LNG-Kette entfallen. Abbildung 2.15 zeigt die Größenentwicklung der LNG-Tankschiffe im Laufe der Zeit. Zwischen 1970 und 1995 hat sich wenig an den Ausmaßen geändert. Erst in den letzten fünf bis zehn Jahren gab es einen technologischen Durchbruch. Heute kann ein sogenanntes Q-Max-Schiff 260.000 m³ transportieren und damit doppelt so viel wie die Tankschiffe der 1970er und 1980er Jahre. Die Q-Max-Modelle sind etwa 350 m lang. Die Herausforderung beim Bau dieser Schiffe besteht darin, Material zu entwickeln, das einerseits isoliert, andererseits die thermischen Spannungen aushält (-160°C) und gleichzeitig stabil ist. Wenn die Flüssigkeiten im Schiff hin und her schwappen, treten extreme Kräfte auf. Bei einer Isolierkanne beispielsweise ist das Isolationsmaterial leicht, aber nicht besonders stabil. Stahl hingegen ist sehr stabil aber isoliert nicht besonders gut. Also ist materialseitig etwas zu entwickeln, was sowohl Steifigkeit als auch Isolierfähigkeit aufweist. 15 bis 20 Jahre wurde geforscht, bis ein Material entwickelt werden konnte, das uns heute erlaubt, solche Schiffe zu bauen.

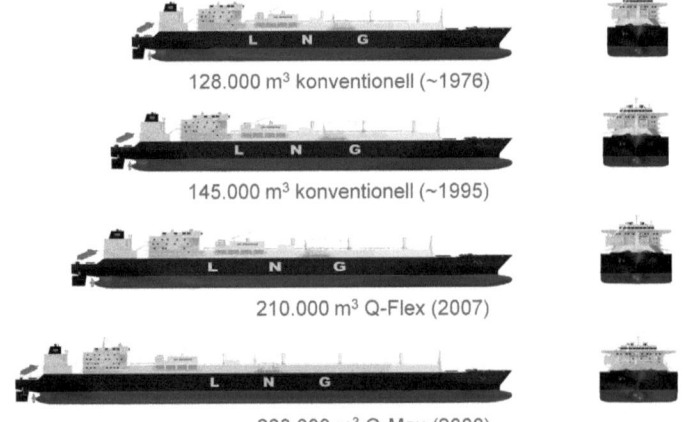

Abb. 2.15 Economies of scale — Größenentwicklung der Tankschiffe zum Transport von verflüssigtes Erdgas (LNG: liquified natural gas) Quelle: ExxonMobil

128.000 m³ konventionell (~1976)

145.000 m³ konventionell (~1995)

210.000 m³ Q-Flex (2007)

260.000 m³ Q-Max (2008)

2.3.2 Kohlendioxid-Emissionen

In den Abbildungen 2.16 und 2.17 sind die CO_2-Emissionen auf Basis unserer Energieprognose dargestellt. Die Minimierung von CO_2-Emissionen hat global Priorität, was von ExxonMobil unterstützt wird. Auf Basis des eingangs prognostizierten Energiebedarfs und der Anteile der jeweiligen Energieträger lässt sich berechnen, dass der CO_2-Anstieg auf knapp 30 Mrd t pro Jahr anwachsen wird. In Konzentrationen ausdrückt, steigt sie über den Prognosezeitraum um ungefähr 2 bis 3 ppm_v pro Jahr. Im April 2010 lag der globale Durchschnittswert bei etwa 392 ppm_v. Am Ende unseres Prognosezeitraums wird er ungefähr 450 ppm_v betragen. Wird das Ziel angestrebt, im Jahr 2030 die CO_2-Konzentration bei 450 ppm_v stabil zu halten, sind größere Anstrengungen nötig, als in unseren Analysen unterstellt wurde, obwohl die Annahmen in unseren Prognosen bereits einigermaßen aggressiv sind: Alle regenerativen Energieträger steigen weltweit mit 10%

pro Jahr an. Das mag in einigen Ländern mehr sein, doch muss die globale Sicht auch China, Indien und Brasilien berücksichtigen. Zugleich wurde weltweit eine knapp 50% höhere Energieeffizienz unterstellt als wir sie in den letzten Jahren erfahren haben.

Selbstverständlich spiegeln Prognosen nicht die Wirklichkeit, sondern dienen als Leitlinien und Orientierungshilfen bei Entscheidungsfindungen. Unsere Prognose ist auf einer konsistenten Basis durchgerechnet und die Abbn. 2.16 und 2.17 zeigen die Ergebnisse. Unterteilt man in Nicht-OECD Länder, also Entwicklungsländer, und entwickelte Länder, dann sieht der Trend logischerweise anders aus. Mittlerweile emittieren die Nicht-OECD Länder mehr CO_2 als die OECD-Länder. Bei der Darstellung von Emissionen pro Kopf der jeweiligen Bevölkerungen wird deutlich, dass wir bei uns viel mehr Energie verbrauchen und damit höhere Emissionen verursachen als es in den Entwicklungsländern der Fall ist. Für 2030 zeigt die Prognose, dass die entwickelten Länder energieeffizienter werden und damit pro Kopf weniger emittieren. Doch der Nicht-OECD Anteil steigt wegen der dort lebenden größeren Anzahl von Menschen an. Als Folge vervielfachen sich die Emissionen.

Bezieht man die Emissionen auf das Bruttosozialprodukt, beispielsweise pro 1.000 US$, erweisen sich die OECD-Länder als sehr viel effizienter im Vergleich zu den Nicht-OECD Ländern (Abb. 2.17). Bei uns steht mehr Kapital zur Verfügung, um Energieeffizienz einzuführen. Schließlich ist Effizienz nichts anderes als der Ersatz von Energie durch Kapital. Nicht-OECD-Länder verfügen über dieses Kapital eben nicht. Wird die globale Klimapolitik analysiert, wird klar, dass beispielsweise die Verlagerung unserer Produktion in Nicht-OECD Länder keinen Vorteil bringt: Wird ein Produkt, das wir in Deutschland nicht mehr produzieren in Nicht-OECD Ländern hergestellt, steigt die Emission um das Vierfache. Ein solches Resultat kann keine angestrebte Lösung sein.

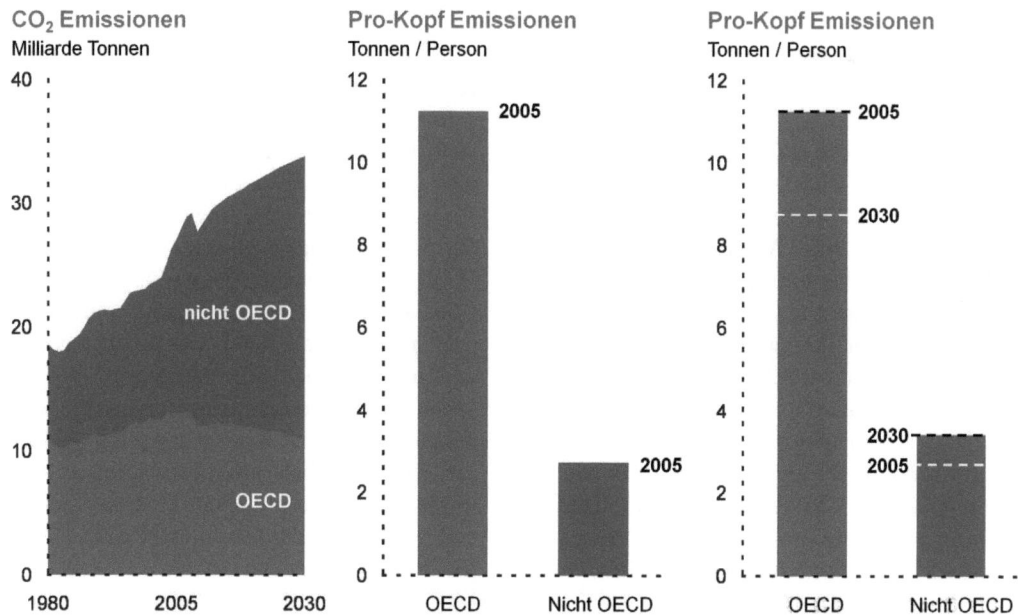

Abb. 2.16 Globale CO_2 Emissionen 1980–2030 (links), pro Kopf Emissionen 2005 (Mitte) und 2030 (rechts) jeweils auf Basis der Energieprognose von ExxonMobil. Quelle: ExxonMobil

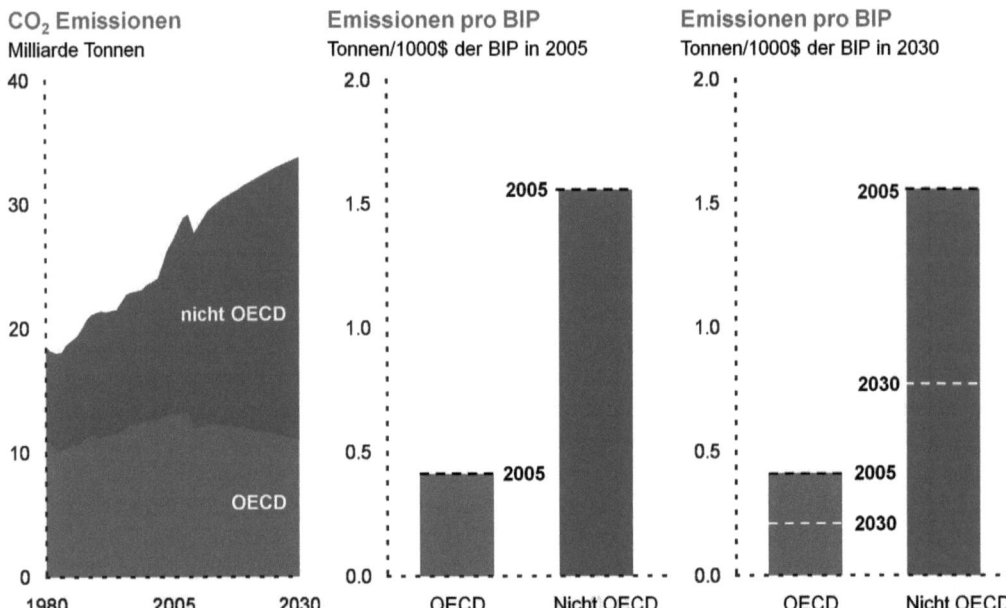

Abb. 2.17 Globale CO_2 Emissionen 1980–2030 (*links*), Emissionen pro Bruttoinlandsprodukt 2005 (*Mitte*) und 2030 (*rechts*) jeweils auf Basis der Energieprognose von ExxonMobil. Quelle: ExxonMobil

2.3.3 Elektrizität

Abschließend einige Gedanken zur Elektrizität (▶ Kap. 12). Ungefähr ein Drittel des Energiebedarfs wird heute von der Stromindustrie nachgefragt. Dieser Anteil steigt weltweit auf ungefähr 40% bis zum Jahr 2030. Deshalb ist es wichtig zu wissen, in welcher Form und Menge Elektrizität zur Verfügung stehen wird, welche Energieträger dazu beitragen können und welche Kosten damit verbunden sind. Abbildung 2.18a–c zeigen die Kosten in Cent pro kWh für ein Grundlast-Kraftwerk in Europa in den Jahren 2020 bis 2025 über seine gesamte Laufzeit. Darin enthalten sind sowohl die Brennstoff- als auch die Investitionskosten, differenziert nach Kohle, Gas, Nuklear, Wind, Solar sowie Kohle und Gas mit CCS (carbon capture and storage). Wenn man keine CO_2-Kosten unterstellt, bewegen sich Kohle und Gas in etwa auf dem gleichen Niveau, obwohl von Gaspreisen ausgegangen wird, die ungefähr das Doppelte der Kohle betragen. Nuklear ist etwas teurer, Wind ist ein bisschen teurer, aber Kohle mit CCS sowie Solar sind deutlich teurer. Wenn jetzt an dem Parameter CO_2-Kosten gedreht wird und beispielsweise 30 US$ pro Tonne CO_2 angenommen werden, dann wird Kohle weniger günstig als Gas, weil sie doppelt so viel CO_2 pro Energieeinheit emittiert. Nuklear bleibt unverändert. Dieses „Spiel" lässt sich beliebig ausweiten, beispielsweise indem man 60 US$ pro Tonne CO_2 ansetzt.

Kosten für ein Grundlast-Kraftwerk in Europa, Anfang 2025

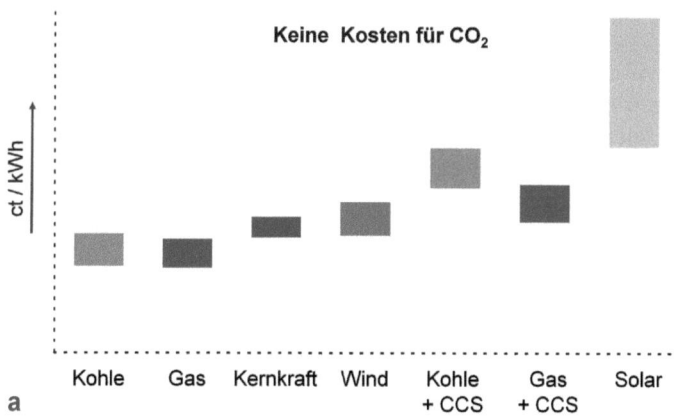

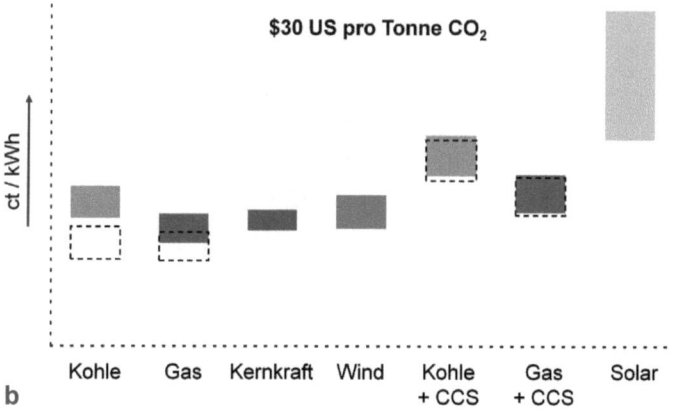

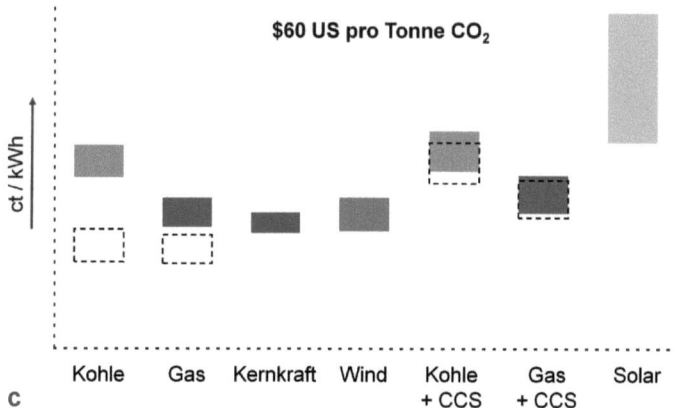

Abb. 2.18a–c Stromkosten in Cent pro kWh für ein Grundlast-Kraftwerk in Europa in den Jahren 2020–2025, a) wenn man keine CO_2-Kosten unterstellt, b) wenn 30 US\$ pro Tonne CO_2 angenommen werden, und c) wenn man 60 US\$ pro Tonne CO_2 ansetzt. (CCS= carbon capture and storage, Kohlenstoffbindung und -speicherung)
Quelle: ExxonMobil

2.4 Fazit

Als Fazit lässt sich ziehen, dass wir alle Energieträger brauchen. Wir benötigen einen integrierten Ansatz für unsere Energielösungen (Abb. 2.19). Integration läuft über Technologien, um die Nachfrage zu reduzieren, die Effizienz zu steigern, die Versorgungsbasis auszubauen. Wir brauchen alle Energieträger kurz-, mittel- und langfristig, und müssen intelligent damit umgehen, damit wir am Ende des Tages Emissionen senken und langfristig eine nachhaltigere und umweltfreundlichere Energieversorgung aufbauen können.

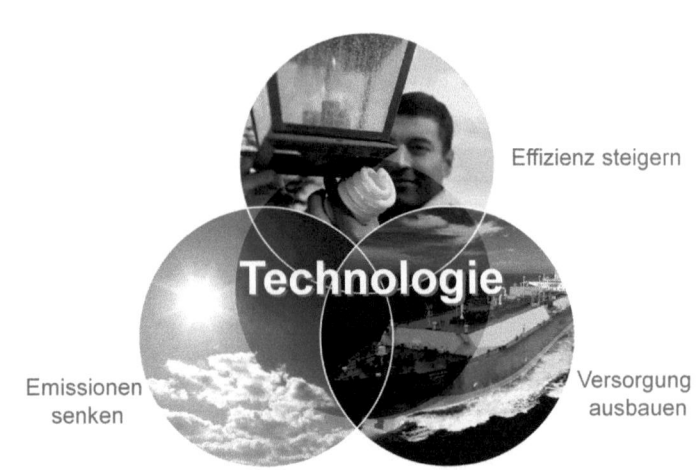

Abb. 2.19 Integrierte Energielösungen

Kernaussagen

- Der globale Energiemarkt wird weiter wachsen. Alle Energieträger werden gebraucht. Dabei geht es nicht um die Konkurrenz zwischen ihnen, sondern auf absehbare Zeit um ihre intelligente Kombination und gegenseitige Ergänzung.

- Auch wenn die weitere Verbesserung der Energieeffizienz ein ganz wesentlicher Faktor ist, wird 2030 bei einem durchschnittlichen Wirtschaftswachstum von 2–3% pro Jahr rund ein Drittel mehr Energie benötigt als heute.

- Der hierfür erforderliche Kapitalbedarf ist enorm hoch, was sich auf die monetäre Seite ebenso bezieht wie insbesondere auf das technische Know-How.

- Der Schlüssel zum Erfolg ist Technologie — sowohl auf der Angebots- als auch auf der Nachfrageseite.

3 Situation der Energierohstoffe — Retrospektive und Ausblick

Hans-Joachim Kümpel

Die in Hannover ansässige Bundesanstalt für Geowissenschaften und Rohstoffe veröffentlicht jährlich Daten und Fakten zur allgemeinen Rohstoffsituation und kommentiert diese im globalen Kontext. Die im Folgenden aufgeführten Angaben zur Situation der Energierohstoffe sind überwiegend der aktuellen Kurzstudie „Reserven, Ressourcen und Verfügbarkeit von Energierohstoffen" (BGR, 2010) entnommen. Die letzte umfassende Energierohstoffstudie der BGR wurde ein Jahr zuvor erstellt (BGR, 2009).

3.1 Aktueller Energiebedarf

Der Weltenergiebedarf wird derzeit überwiegend aus fossilen Energieträgern gedeckt, also aus Erdöl, Erdgas und Kohle. Weiterer bedeutender Energielieferant ist die Kernkraft. Ein deutlicher Zuwachs ist in den letzten Jahren bei den erneuerbaren Energiequellen zu verzeichnen. Hierzu gehören die Nutzung von Biomasse, Wasserkraft, Windkraft, Photovoltaik, Solarthermie und von Erdwärme. Da für den gleichen Zeitraum auch Erdgas, Kohle und Kernkraft große Zuwachsraten aufweisen, hat sich der Anteil der erneuerbaren Energieträger bei relativer Betrachtungsweise in den vergangenen Jahrzehnten global nicht wesentlich verändert.

Der weltweite Energiebedarf ist in den letzten drei Jahrzehnten merklich gestiegen. Von einem generellen Anhalten dieses Trends, wenn auch in unterschiedlicher Weise für die verschiedenen Energieträger, ist auszugehen. Abbildung 3.1 zeigt den Verlauf des globalen Primärenergieverbrauchs der verschiedenen Energiequellen von 1980 bis 2009 und die Projektion für diese Energieträger nach Schätzung der von der OECD betriebenen International Energy Agency (IEA) bis zum Jahr 2035. Der Rückgang beim Verbrauch der fossilen Energieträger um das Jahr 2008 herum ist der Finanz- und Wirtschaftskrise geschuldet und dürfte nur kurzfristiger Natur sein.

Das hier dargestellte New Policy Scenario der IEA geht von der Annahme der Umsetzung bestimmter geplanter oder angekündigter politischer Maßnahmen der Energie- und Klimapolitik aus. Die Auswirkungen zeigen sich besonders am prognostizierten Erreichen eines Plateaus der Kohlenutzung bei 4 Gtoe um etwa 2015 (1 Gtoe = 1 Gigatonne = 1 Milliarde Tonnen Öl-Äquivalent).

Deutschland ist trotz insgesamt rückläufigen Energieverbrauchs in zunehmendem Maße vom Energierohstoff-Import abhängig. Dies zeigt ein Vergleich der importierten Energierohstoffmengen mit den Mengen heimisch geförderter Energierohstoffe bzw. inländisch genutzter Energiequellen für die Jahre 1999 und 2009 (Abb. 3.2). Der Rückgang im

Abb. 3.1 Globaler Primärenergieverbrauch in Milliarden Tonnen bzw. Gigatonnen Erdöl-Äquivalent (Gtoe) durch Nutzung der fossilen Energieträger Erdöl, Erdgas und Kohle, durch Kernenergie sowie durch Biomasse, Wasserkraft und andere erneuerbare Energien von 1980 bis 2009 (*links*) und bis 2035 laut Projektion der International Energy Agency (*rechts*).

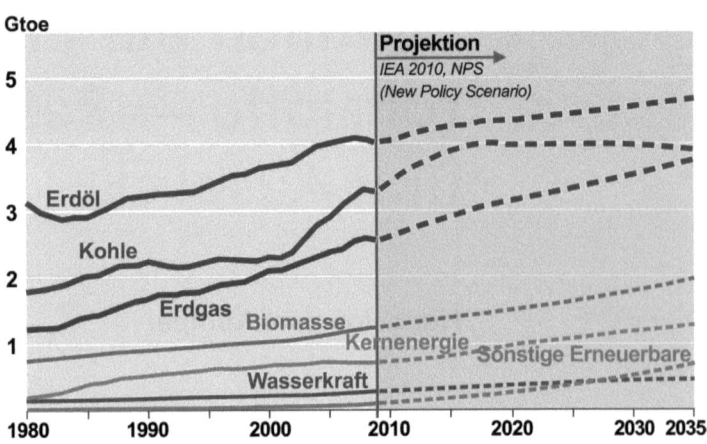

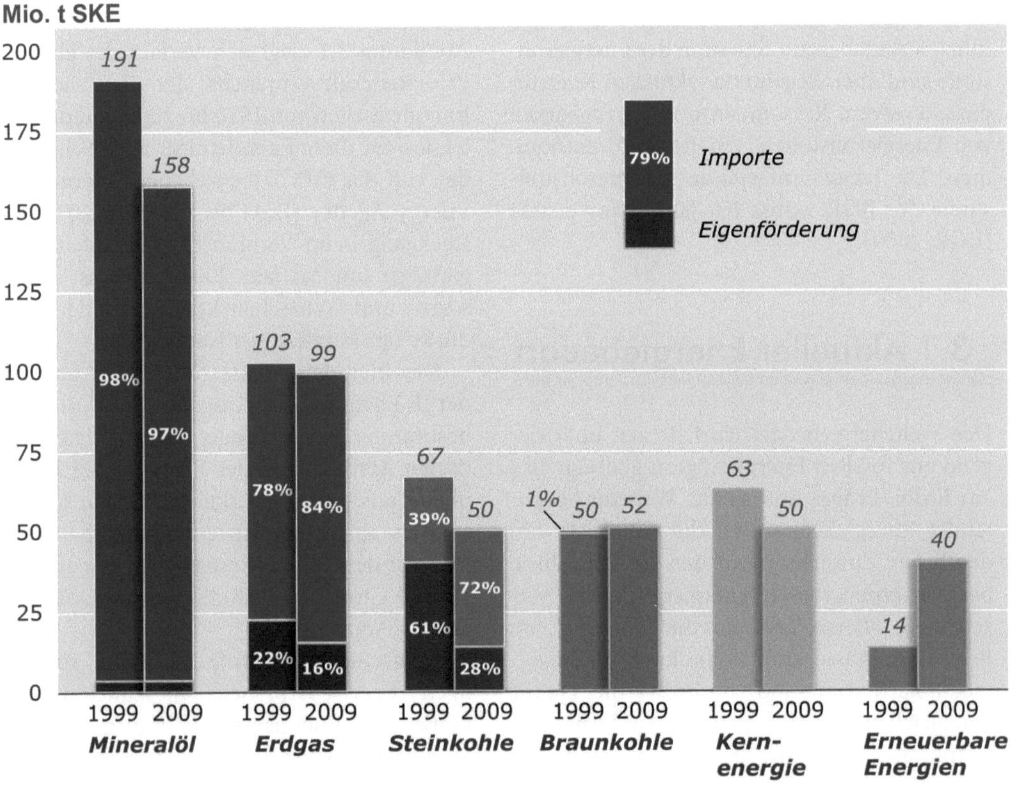

Abb. 3.2 Vergleich der Versorgung Deutschlands durch Eigenförderung (*jeweils unten*) bzw. Importe (*jeweils oben*) der Energieträger Mineralöl (Erdölprodukte), Erdgas, Stein- und Braunkohle, Kernenergie und Beiträge erneuerbarer Energien am Gesamtenergieverbrauch in Steinkohle-Einheiten (SKE) anhand der Verbrauchszahlen für 1999 und 2009.

Gesamtverbrauch um 39 Millionen Tonnen Steinkohleeinheiten (SKE) ist im Wesentlichen auf Energieeffizienzmaßnahmen zurückzuführen (1 Tonne SKE entspricht dem Energiegehalt von 0,70 toe, Tonnen Öl-Äquivalente, bzw. 770,7 m^3 Erdgas oder 29,3 Mrd. Joule). Die Zunahme der Importabhängigkeit zeigt sich bei den wichtigen Energieträgern Erdgas und Steinkohle; bei Mineralöl besteht die hohe Importabhängigkeit trotz deutlich niedrigeren Verbrauchs gegenüber 1999 fort. Bei Braunkohle ist Deutschland Selbstversorger. Kernbrennstoffe dagegen werden vollständig importiert.

Aufgrund der starken Importabhängigkeit bei Energierohstoffen hat Deutschland, wie viele andere Länder auch, ein großes Interesse an Daten über die weltweite Vorratssituation und an Kenntnissen über gegebenenfalls bestehende Versorgungsrisiken. Hier lohnt sich ein differenzierter Blick auf die einzelnen Energieträger und deren jeweils regionale Vorkommen. Im Vordergrund stehen dabei einerseits die nach heutigem Stand der Technik bekannten und wirtschaftlich gewinnbaren Vorräte (Reserven), sodann die bekannten oder aber nach geologisch plausiblen Annahmen vermuteten, derzeit jedoch (noch) nicht wirtschaftlich gewinnbaren Mengen (Ressourcen), weiterhin die bisher insgesamt geförderten Rohstoffmengen einzelner Energieträger (kumulierte Förderung) und schließlich deren aktuelle Jahresproduktion.

3.2 Erdöl

Mit einem Anteil von etwa 35% am Primärenergieverbrauch ist Erdöl weltweit der derzeit wichtigste Energieträger. Die Abbildung 3.3 zeigt das Gesamtpotenzial für konventionelles Erdöl am Ende des Jahres 2009, untergliedert in Reserven, Ressourcen und kumulierte Förderung. Beim Blick auf die kumulierte Förderung fällt beispielsweise auf, dass in Nordamerika bereits deutlich mehr als die Hälfte der

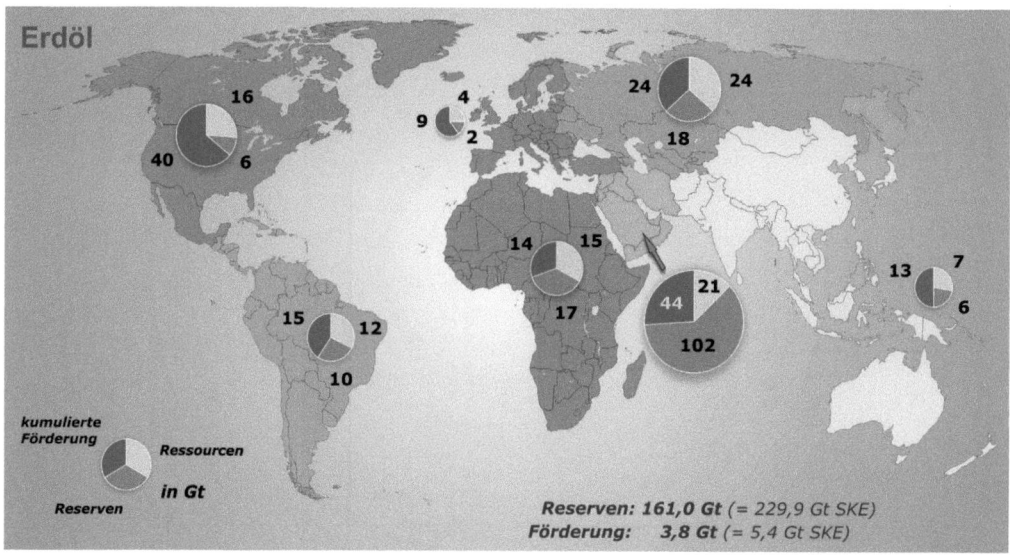

Abb. 3.3 Globale Situation der Reserven, Ressourcen und bereits erfolgter Förderung konventionellen Erdöls in Milliarden Tonnen bzw. Gigatonnen (Gt), Ende 2009. Eine Gt Erdöl entspricht 1,428 Gt Steinkohle-Einheiten (SKE). 2009 wurden weltweit etwa 3,8 Gt Erdöl gefördert, die Reserven werden auf 161 Gt geschätzt.

Gesamtvorräte verbraucht wurden. Das weltweite Gesamtpotenzial von Erdöl wird auf 419 Gt geschätzt, davon sind 161 Gt Reserven. Im Jahr 2009 betrug die weltweite Förderung 3,8 Gt.

Die Abbildung 3.4 gibt die historische Entwicklung der Erdölförderung für konventionelles und nicht-konventionelles Erdöl seit 1945 wieder, ebenso eine Projektion der geologisch möglichen Entwicklung bis zum Jahr 2050. Separat aufgeführt sind der Anteil von sogenanntem Kondensat (> 45° API; API-Grad ist eine v.a. in den USA gebräuchliche Dichteeinheit für Rohöle. Öl über 31° API gilt als leicht) und der Beitrag nicht-konventionellen Erdöls (Schwerstöl und Bitumen aus Ölsanden), der künftig weiter steigen dürfte. Insgesamt könnte die globale Erdölförderung unter Annahme optimaler Bedingungen nach BGR-Projektion noch bis 2035 auf bis zu 4,5 Gt a^{-1} zunehmen. Für die Zeit danach ist ein Rückgang der Förderung wahrscheinlich.

Somit kann aus geologischer Sicht festgestellt werden, dass für die kommenden Jahre bei einem moderaten Anstieg des Erdölverbrauchs die Versorgung mit Erdöl gewährleistet ist. In den kommenden Jahrzehnten wird der Anteil des Erdöls aus den OPEC-Ländern (insbesondere aus den OPEC-Staaten der Golf-Region) zunehmen und laut World Energy Outlook 2010 (IEA 2010) bis 2035 auf über 50% ansteigen. Der Marktanteil an nicht-konventionellem Erdöl (insbesondere Ölsande aus Kanada und

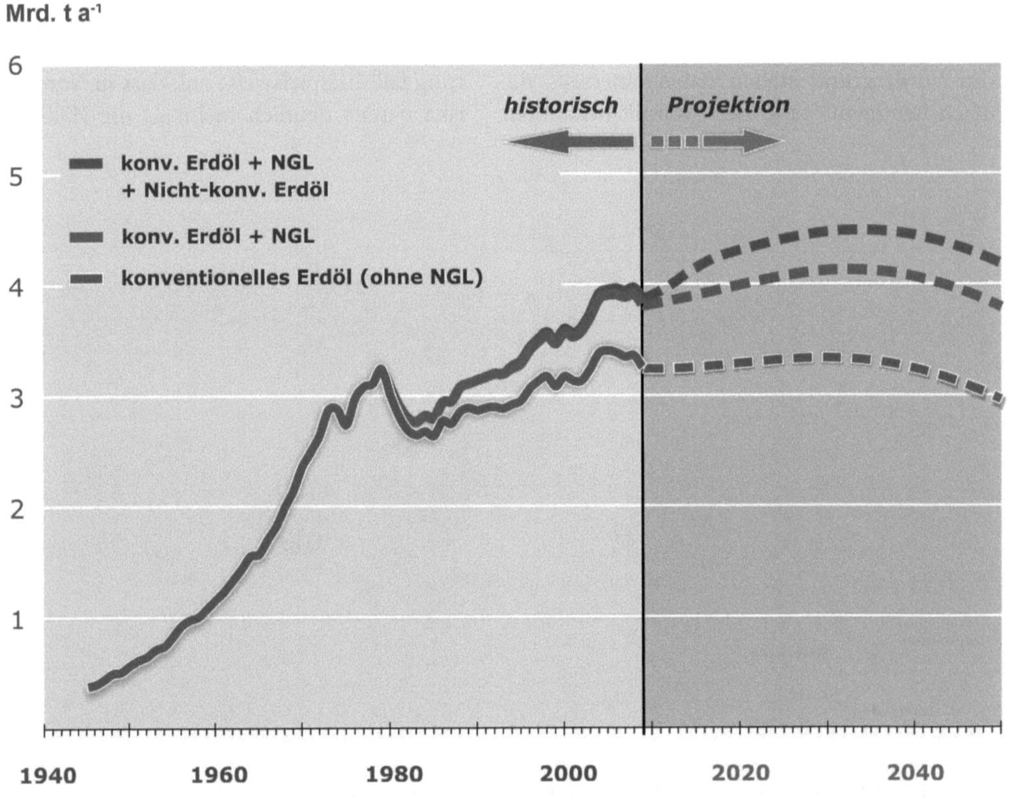

Abb. 3.4 Globale Jahresförderung von Erdöl in Milliarden Tonnen (Gt) bis 2009 und als BGR-Projektion bis 2050; dargestellt sind Entwicklungen für konventionelles Erdöl, für Kondensat (Natural Gas Liquid, NGL) und für nicht-konventionelles Erdöl.

Schwerstöle aus Venezuela) wird beim momentanen Ölpreisniveau in den nächsten Jahren weiter zunehmen und könnte bis zum Jahr 2035 einen Anteil von fast 10% an der Gesamtförderung erreichen. Dennoch ist Erdöl der einzige Energierohstoff, bei dem bereits in den kommenden Jahrzehnten eine steigende Nachfrage nicht mehr gedeckt werden kann. Angesichts der langen Zeiträume, die für eine Umstellung auf dem Energiesektor erforderlich sind, ist deshalb der Ausbau alternativer Energiesysteme notwendig.

3.3 Erdgas

Die Aussichten beim Erdgas stellen sich günstiger dar. Abbildung 3.5 zeigt die Situation für das Gesamtpotenzial an konventionellem Erdgas am Ende des Jahres 2009, wieder untergliedert in kumulierte Förderung, Reserven und Ressourcen. Das Gesamtpotenzial beträgt 525 Bill. m³, davon sind knapp 192 Bill. m³ Reserven. Im Jahr 2009 betrug die weltweite Förderung 3,0 Bill. m³. Der erfolgreiche Einstieg in die Produktion nicht-konventioneller Vorkommen in den USA im Verlauf des vergangenen Jahrzehnts hat die Aussichten im Erdgassektor maßgeblich erweitert. Hier sind vor allem Erdgasvorkommen in dichten Formationen (Tight Gas), als Flözgas in Kohle (Coal Bed Methane, CBM) und als Schiefergas (Shale Gas) zu nennen. Mit welchen nicht-konventionellen Erdgasressourcen global gerechnet werden kann, ist in Abbildung 3.6 dargestellt. Allein Nordamerika verfügt demnach über Ressourcen, die die Menge der globalen Reserven an konventionellem Erdgas übertreffen.

Zwei weitere Quellen nicht-konventionellen Erdgases sind dabei noch nicht berücksichtigt, nämlich Vorkommen als Aquifergas und solche als Gashydrat. Die Abbildung 3.7 zeigt die Mengenverhältnisse konventionellen und

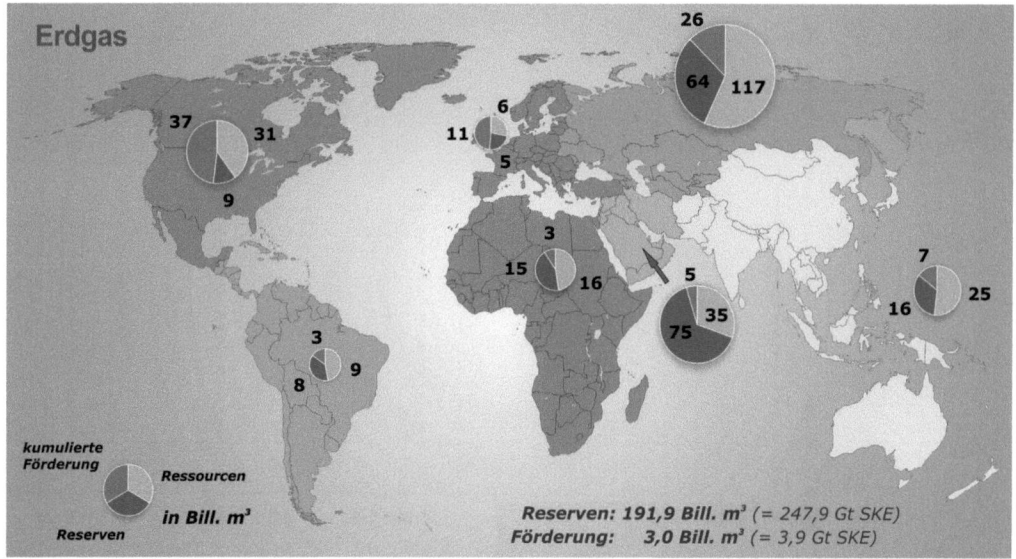

Abb. 3.5 Globale Situation der Reserven, Ressourcen und bereits erfolgter Förderung von konventionellem Erdgas in Billionen Kubikmetern (Bill. m³), Ende 2009. Eine Bill. m³ Erdgas entspricht 1,297 Gt Steinkohle-Einheiten (SKE). 2009 wurden weltweit etwa 3 Bill. m³ Erdgas gefördert, die Reserven werden auf 192 Bill. m³ geschätzt.

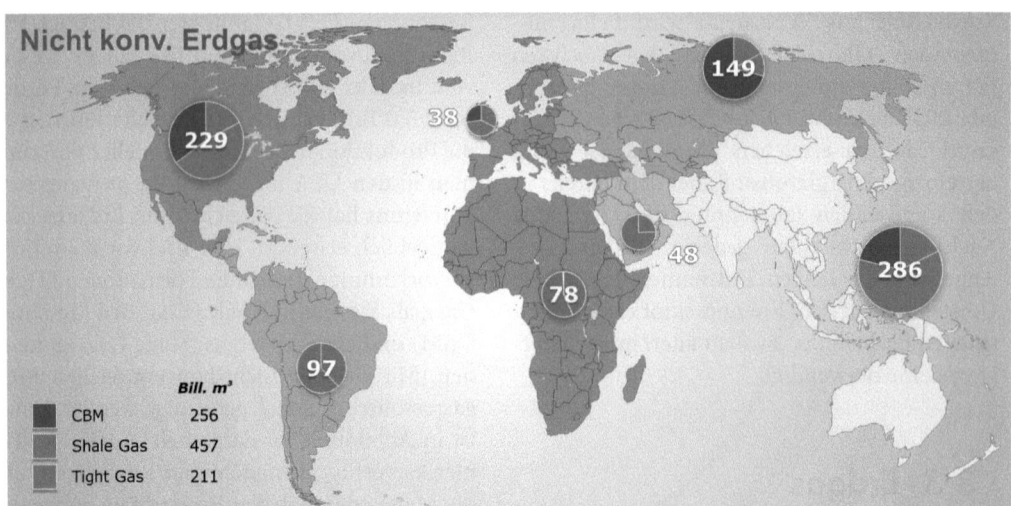

Abb. 3.6 Globale Situation der nicht-konventionellen Erdgas-Ressourcen unterschieden nach Kohleflözgas (Coal Bed Methane, CBM), Schiefergas (Shale Gas) und Erdgas in dichten Formationen (Tight Gas) in Billionen Kubikmeter (Bill. m³), Ende 2009.

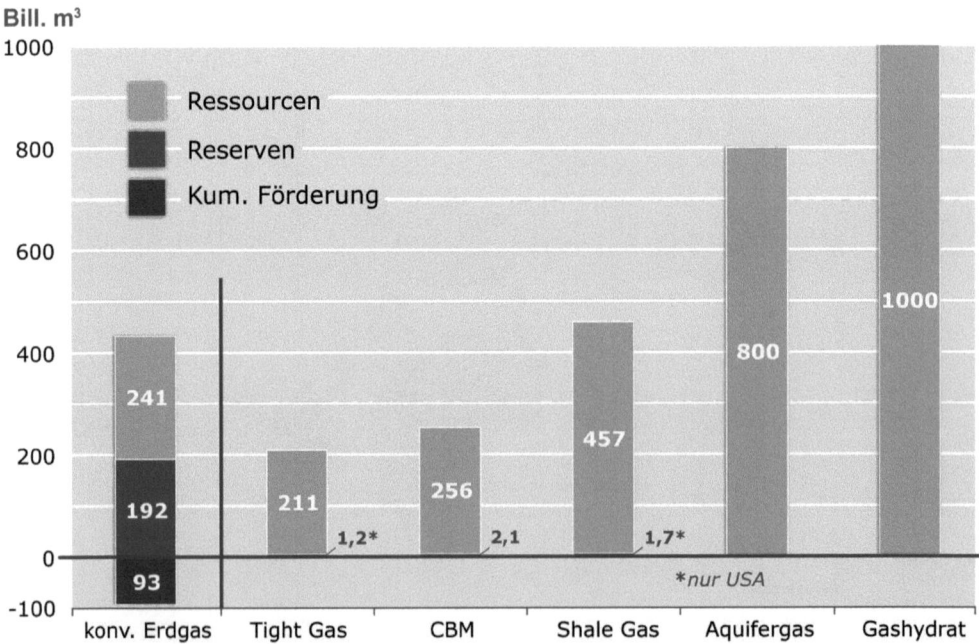

Abb. 3.7 Vergleich der globalen Mengen konventionellen Erdgases (bereits gefördert, Reserven und Ressourcen; *links*) und geschätzter nicht-konventioneller Erdgasressourcen in dichten Formationen (Tight Gas), als Kohleflözgas (Coal Bed Methane, CBM), als Schiefergas (Shale Gas), Erdgas in wasserführenden Formationen (Aquifergas) und als Gashydrat, Stand 2009. Angegeben sind ebenfalls Erdgasreserven in dichten Formationen und als Schiefergas (nur USA) und als Kohleflözgas (global).

nicht-konventionellen Erdgases insgesamt, wobei bekanntlich erst konventionelles Erdgas in nennenswerten Mengen gefördert wurde und bisher auch erst die Reserven von konventionellem Erdgas ausgewiesen sind. Auch sind die Abschätzungen der nicht-konventionellen Erdgasressourcen mit größeren Unsicherheiten behaftet als die konventionellen Erdgases.

Erdgas ist somit aus geologischer Sicht in ausreichender Menge vorhanden, um noch über viele Jahrzehnte auch bei absehbar steigendem Bedarf die globale Nachfrage zu decken. Eine rezessionsbedingt gesunkene Nachfrage und der zügige Ausbau von Shale Gas in den USA führten 2009 zu einem Überangebot an Erdgas und zu einem Nachlassen der Erdgaspreise. Mit abnehmender Förderung in Europa wird die Abhängigkeit von Gasimporten aus den GUS-Ländern, Afrika und dem Mittleren Osten zunehmen. Die Erschließung nicht-konventioneller Erdgasressourcen in Europa würde die Versorgungssicherheit erhöhen. Die Schaffung neuer Produktions- und Transportkapazitäten wird die langfristige Bindung großer Finanzmittel erfordern.

3.4 Hartkohle

Für Kohle werden weltweit im Vergleich der Energierohstoffe die größten Reserven und Ressourcen ausgewiesen. Im Gegensatz zu der häufig angewendeten Unterteilung von Kohle in Weichbraun-, Hartbraun- und Steinkohle sowie Anthrazit wird Kohle hier nur in Hartkohle und Weichbraunkohle unterschieden. Hartkohle mit einem Energieinhalt von > 16.500 kJ kg^{-1} umfasst Hartbraunkohle, Steinkohle und Anthrazit. Diese sind günstig zu transportieren und werden weltweit gehandelt. Dagegen wird Weichbraunkohle (Energieinhalt < 16.500 kJ kg^{-1}) aufgrund des geringen Energie- und hohen Wassergehaltes in erster Linie für eine lagerstättennahe Verstromung eingesetzt.

Abbildung 3.8 zeigt das Gesamtpotenzial für Hartkohle am Ende des Jahres 2009, untergliedert in Reserven, Ressourcen und kumulierte Förderung. Das Gesamtpotenzial wird auf knapp 18.000 Gt geschätzt, davon 723 Gt Reserven. Im Jahr 2009 betrug die weltweite

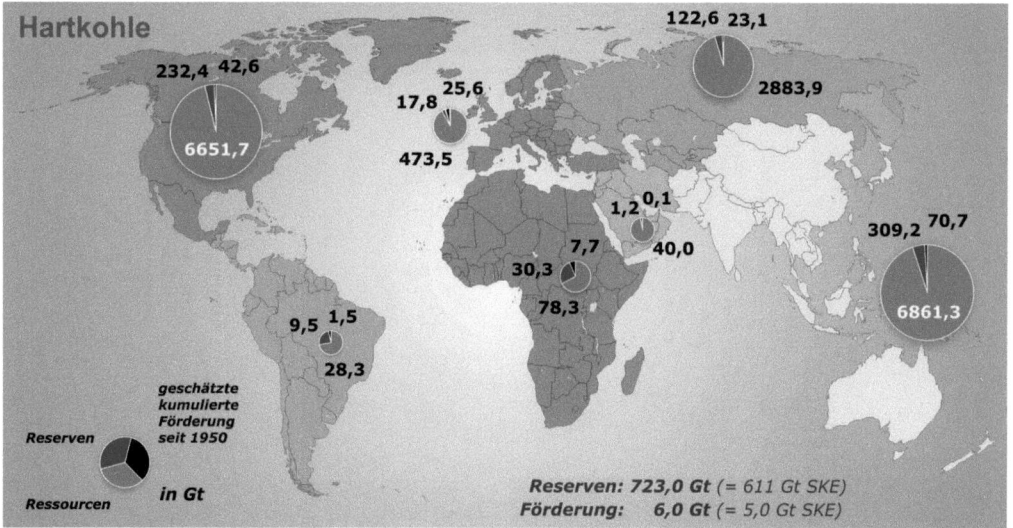

Abb. 3.8 Globale Situation der Reserven, Ressourcen und bereits erfolgter Förderung von Hartkohle seit 1950 in Gigatonnen (Gt), Ende 2009. Weltweit wurden 2009 etwa 6 Gt Hartkohle gefördert, die Reserven werden auf 723 Gt geschätzt.

Förderung 6,0 Gt. Über die größten Vorkommen an Hartkohle verfügen die Regionen Austral-Asien (7.171 Gt), Nordamerika (6.884 Gt) und die GUS-Länder (3.006 Gt). In Deutschland betragen die bis 2018 subventioniert förderbaren Mengen (Reserven) rund 0,07 Gt Hartkohle. Während China und Indien 2009 ihre Produktion um rund 11% bzw. 8% steigerten, verringerte sie sich in den USA um rund 9%. Eine zunehmende Abhängigkeit von wenigen Lieferregionen, wie bei konventionellem Erdöl und Erdgas, ist bei Hartkohle nicht absehbar.

3.5 Weichbraunkohle

Abbildung 3.9 stellt die Situation für Weichbraunkohle dar. Die Region Nordamerika weist das größte verbleibende Potenzial an Weichbraunkohle auf, gefolgt von den GUS-Ländern und Austral-Asien. Von den 2009 weltweit bekannten 277,5 Gt an Weichbraunkohlereserven lagert mit 91,4 Gt (inklusive Hartbraunkohle) rund ein Drittel in Russland, in der Rangliste gefolgt von Deutschland, Australien und den USA. Bei den Weichbraunkohleressourcen besitzen die USA mit 1.368 Gt die größten Vorräte vor Russland (inklusive Hartbraunkohle) und China. Aus nur elf von 37 Förderländern wurden 2009 rund 81% der Weltförderung in Höhe von 988,2 Mt erbracht. Deutschland war mit einem Anteil von 17,2% (169,9 Mt) der größte Weichbraunkohleproduzent vor China (12,1%) und der Türkei (7,1%).

Auf Hart- und Weichbraunkohle entfielen 2009 insgesamt rund 29% des globalen Primärenergieverbrauchs. Auch künftig wird Kohle eine bedeutende Rolle bei der weltweiten Energieversorgung einnehmen. Von allen nichterneuerbaren Energierohstoffen verfügt Kohle mit einem Anteil von rund 53% (721 Gt SKE) an Reserven und rund 78% (16.233 Gt SKE) an Ressourcen über das größte Potenzial. Die verbleibenden Vorräte an Hartkohle und Weichbraunkohle sind ausreichend, um den absehbaren Bedarf für viele Jahrzehnte zu decken. Aus Klimaschutzgründen wird das Thema CCS (Carbon Capture and Storage) daher zunehmend an Bedeutung gewinnen.

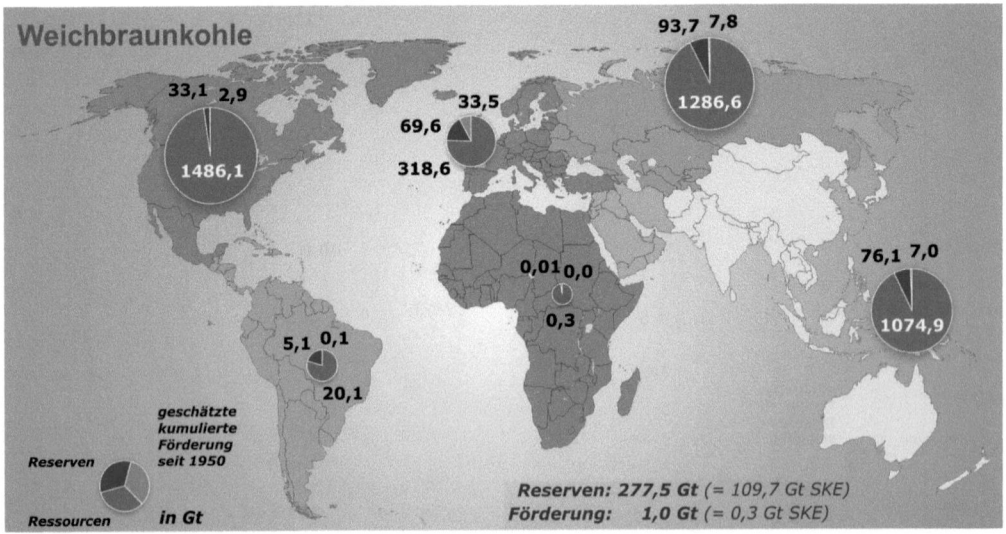

Abb. 3.9 Globale Situation der Reserven, Ressourcen und bereits erfolgter Förderung von Weichbraunkohle seit 1950 in Gigatonnen (Gt), Ende 2009. Weltweit wurde 2009 etwa 1 Gt Weichbraunkohle gefördert, die Reserven werden auf 277,5 Gt geschätzt.

3.6 Kernbrennstoffe

Weltweit ist ein zunehmendes Interesse am Ausbau der Kernenergie als Antwort auf einen steigenden Energiebedarf und zur Vermeidung von CO_2-Emissionen erkennbar. Ende 2009 befanden sich 55 Kernkraftwerke in 14 Ländern im Bau, darunter in China, Russland, Südkorea, Indien, Japan und Finnland. Mit einer Gesamt-Bruttoleistung von 391,5 GWe (Gigawatt elektrisch; DATF 2010) verbrauchten 2009 insgesamt 437 Kernkraftwerke rund 68.646 t Natururan, wovon 50.773 t aus der Bergwerksproduktion stammten. Die Differenz zwischen der jährlichen Förderung und dem tatsächlichen Verbrauch wird aus zivilen und militärischen Lagerbeständen gedeckt. Mit Uranreserven von etwa 2,5 Mt (Kostenkategorie bis 80 USD kg^{-1} U) stehen dabei aus geologischer Sicht selbst bei einem absehbar steigenden Bedarf für die nächsten Jahrzehnte ausreichende Mengen an Kernbrennstoffen zur Verfügung.

Im Unterschied zu anderen Energierohstoffen werden Uran-Vorräte nach Gewinnungskosten unterteilt. Anders als bei früheren Studien der BGR wurde die Kostengrenze für die Reserven auf die Kostenkategorie < 80 USD kg^{-1} U festgelegt. Dies ist unter anderem dadurch bedingt, dass wichtige Förderländer wie Australien, Namibia, Niger und Russland aufgrund nachhaltig gestiegener Marktpreise eine Neueinstufung ihrer Reserven und Ressourcen in höhere Kostenkategorien vorgenommen haben und keine Vorratsangaben mehr für die niedrigste Kostenkategorie < 40 USD kg^{-1} U ausweisen. Auch der aktuelle Uranpreis (Stand Ende November 2010: 156 USD kg^{-1} U) und die erwartete Entwicklung des Preises sprechen für eine Festlegung auf eine höhere Kostenkategorie. Dadurch bedingt erhöhen sich die Reservenangaben und betragen für 2009 jetzt 2.516 kt (< 80 USD kg^{-1} U).

Uranvorkommen sind nahezu über die ganze Welt verteilt (Abb. 3.10). Dennoch sind die derzeit ausgewiesenen Reserven an Uran auf relativ wenige Länder konzentriert. So liegen 96% der insgesamt 2,5 Mt Reserven in nur elf Ländern, in der Rangliste angeführt von Australien, gefolgt von Kanada, Kasachstan, Brasilien

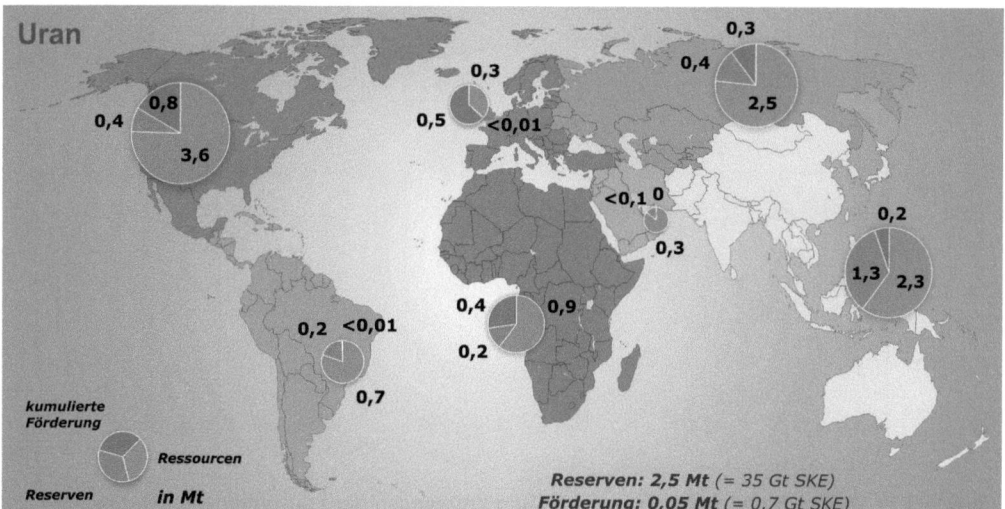

Abb. 3.10 Globale Situation der Reserven, Ressourcen und bereits erfolgter Förderung von Uran in Millionen Tonnen bzw. Megatonnen (Mt), Ende 2009. Eine Mt Uran entspricht 14 Gt Steinkohle-Einheiten (SKE), bei hohem Ausnutzungsgrad bis 23 Gt. In 2009 wurden weltweit etwa 0,05 Mt Uran gefördert, die Reserven werden auf 2,5 Mt geschätzt.

und Südafrika. Allein in diesen fünf Ländern befinden sich nach aktuellem Datenstand bereits etwa 81% der Weltreserven. Bedingt durch einen steigenden Bedarf und hohe Uranpreise wird die weltweite Explorationstätigkeit auch in Ländern ohne bisherige Förderung zunehmen. In Zukunft kann daher mit einer größeren Zahl von Produzentenländern gerechnet werden.

Thorium als mögliche Alternative zum Uran wird derzeit nicht für die Energieerzeugung genutzt, da weltweit keine mit Thorium gespeisten kommerziellen Reaktoren in Betrieb sind (▶ Kap. 7). Thorium-Vorkommen werden dennoch durch die in den letzten Jahren zunehmende Exploration nach anderen Elementen (Uran, Seltene Erden, Phosphat) erfasst und bewertet. So werden für Thorium derzeit mehr als 0,8 Mt Reserven und 5 Mt Ressourcen ausgewiesen.

3.7 Fazit

Die Angebotssituation fossiler Energierohstoffe ist in Abbildung 3.11 noch einmal zusammenfassend dargestellt. Aus dem Vergleich der Reserven, der Ressourcen und des von der IEA in ihrem New Policy Szenario modellierten Verbrauchs bis 2035 (IEA 2010) geht hervor, dass

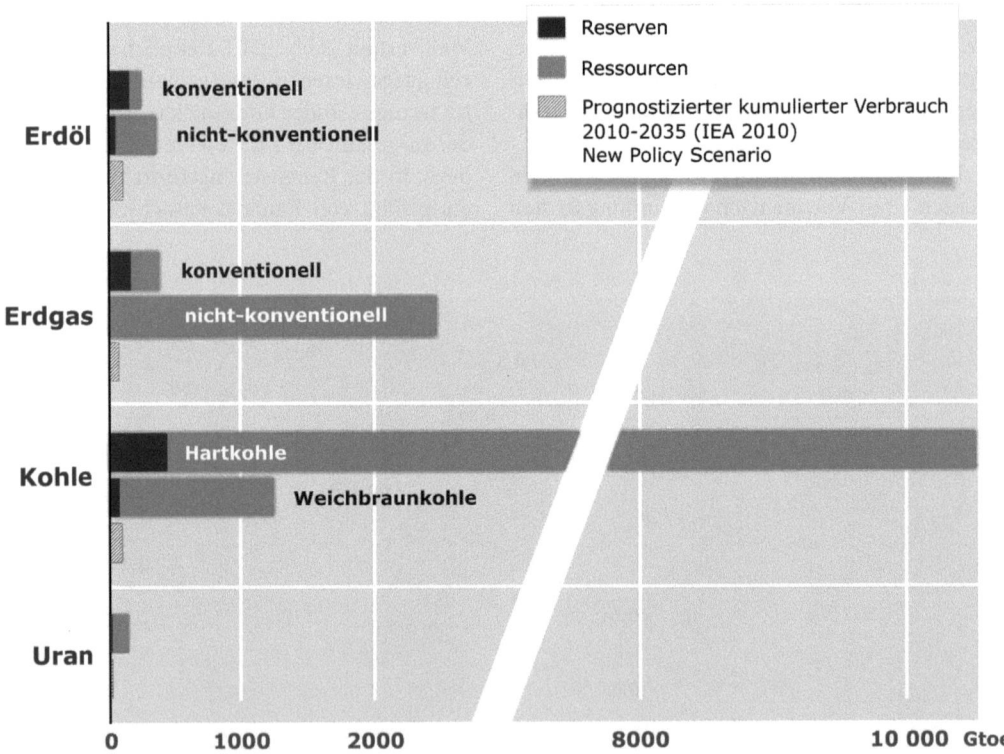

Abb. 3.11 Vergleich der globalen Reserven und Ressourcen der konventionellen und nicht-konventionellen Energieträger Erdöl und Erdgas, ebenso der Reserven und Ressourcen von Hartkohle und Weichbraunkohle und von Uran, Ende 2009, sowie des geschätzten Verbrauchs der Jahre 2010 bis 2035 laut International Energy Agency (IEA), in Gigatonnen Erdöl-Äquivalent (Gtoe). Man beachte den Schnitt in der Mengenangaben-Achse zwischen 2 000 und 8 000 Gtoe.

Kohle der Energierohstoff mit den weltweit größten Vorräten ist. Nach dem IEA-Szenario wäre bis 2035 ein Großteil der heute ausgewiesenen Erdölreserven verbraucht. Vor dem Hintergrund der erfolgreichen Erschließung nicht-konventioneller Erdgaslagerstätten, insbesondere in den USA, wird in diesem Vergleich zudem die Bedeutung von Erdgasressourcen in nicht-konventionellen Vorkommen deutlich.

Die Abbildung 3.12 zeigt die globale Vorratssituation in einer anderen Darstellung. Werden sämtliche Energieträger zusammen betrachtet, zeigt sich eine komfortable Situation der Reserven und Ressourcen im Vergleich zu der 2009 insgesamt produzierten Energiemenge von 457 EJ. Letztere verhält sich zu den Mengen der Reserven und Ressourcen etwa wie 1:87:1342. Damit lassen die globalen Vorräte an Energierohstoffen aus geologischer Sicht grundsätzlich eine ausreichende Deckung des künftigen Energiebedarfes erwarten. Ein differenzierender Blick auf die verschiedenen Energieträger macht dagegen die schon genannten Unterschiede deutlich. Der Energieinhalt der Ressourcen nicht-erneuerbarer Energierohstoffe betrug Ende 2009 rund 613.200 EJ. Hier dominiert Kohle mit einem Anteil von knapp 78% noch ausgeprägter als bei den Reserven. Gut 18% betragen die aggregierten Ressourcen des konventionellen und nicht-konventionellen Erdgases. Dabei sind die Ressourcen an nicht-konventionellem Erdgas bislang nur sehr vage

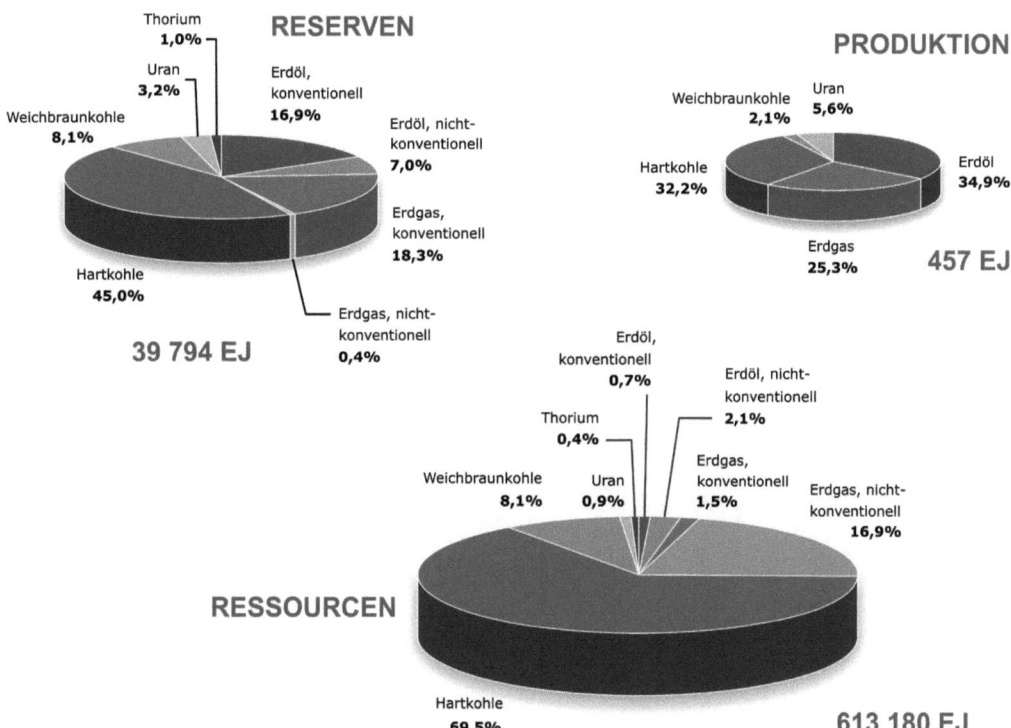

Abb. 3.12 Derzeitige globale Situation der Reserven und Ressourcen im Vergleich zu der im Jahr 2009 erfolgten Förderung von Erdöl, Erdgas (Reserven und Ressourcen jeweils auch für nicht-konventionelle Energieträger), Hartkohle und Weichbraunkohle sowie für Uran und Thorium (nur Reserven und Ressourcen) in Exajoule (EJ). Die Größe der Kreisscheiben entspricht nicht den Gesamtenergiebeträgen 457 EJ, 39.794 EJ und 613.180 EJ.

auf 2.720 Bill. m³ geschätzt, was mehr als dem Zehnfachen der konventionellen Ressourcen entspricht (241 Bill. m³). Der Anteil von Erdöl an den Ressourcen beträgt knapp 3%, Kernbrennstoffe halten einen Anteil von gut 1%.

Welche beträchtlichen Verschiebungen es im Energiemix des Primärenergieverbrauchs Deutschlands seit 1950 gegeben hat, zeigt Abbildung 3.13. Waren in den 1950er Jahren zunächst Braun- und Steinkohle, etwas später auch Mineralöl die klar dominierenden Energieträger, nimmt derzeit — wenn auch zurückgehend — Mineralöl gefolgt von Erdgas den größten Anteil ein. Der Beitrag der erneuerbaren Energien ist mittlerweile sehr signifikant. Dennoch stellen die fossilen Energieträger mit der Kernenergie und auch der Kohle weiterhin den Großteil unserer Energieversorgung.

Quellenverzeichnis

AGEB (2010) Arbeitsgemeinschaft Energiebilanzen e.V. – www.ag-energiebilanzen.de.

BGR (Hrsg, 2009) Energierohstoffe 2009 – Reserven, Ressourcen, Verfügbarkeit. Studie 2009; 286 S., zzgl. Tabellenteil, www.bgr.bund.de, Hannover.

BGR (Hrsg, 2010) Reserven, Ressourcen und Verfügbarkeit von Energierohstoffen. Kurzstudie 2010, 88 S., www.bgr.bund.de, Hannover.

DATF (2010) Kernenergie Weltreport 2009. Atw-Internationale Zeitschrift für Kernenergie 54, 4: 271-275, www.kernenergie.de/kernenergie/documentpool/Apr/atw2010_04_ kernenergie-weltreport-2009.pdf.

IEA (2010) World Energy Outlook 2010. International Energy Agency, Paris; 731 S.

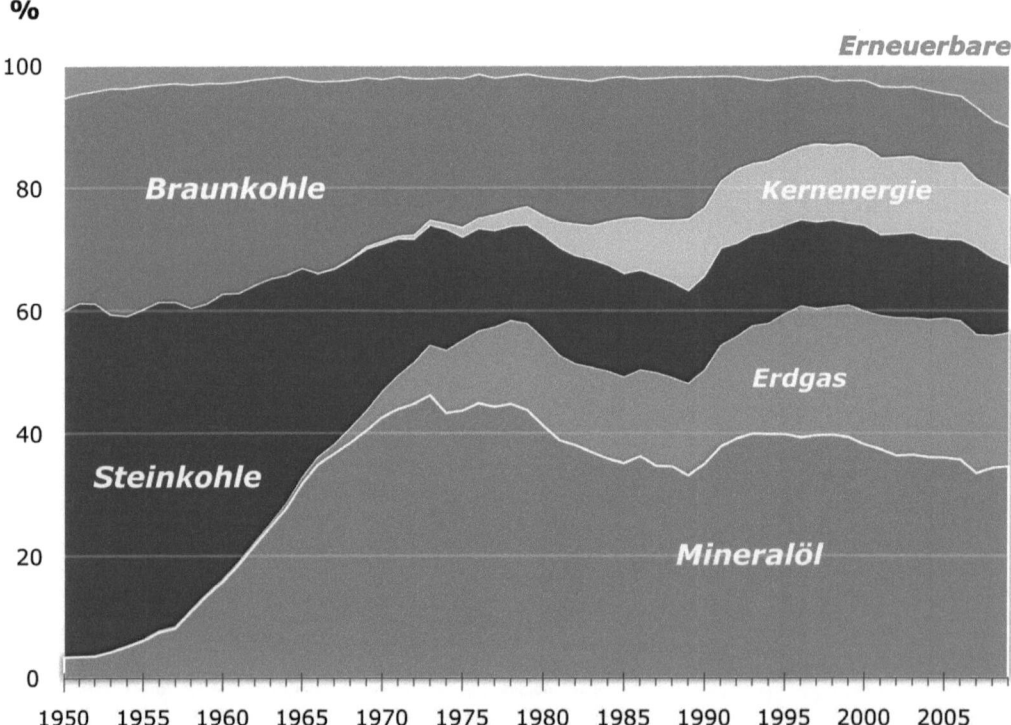

Abb. 3.13 Prozentuale Anteile der Energieträger Mineralöl (Erdölprodukte), Erdgas, Steinkohle (Hartkohle), Braunkohle (Weichbraunkohle), Kernenergie und erneuerbare Energien von 1950 bis 2009 am Primärenergieverbrauch in Deutschland; laut Arbeitsgemeinschaft Energiebilanzen e.V. (AGEB 2010).

Kernaussagen

- Die Verfügbarkeit von ausreichend Energie — als Strom, für den Wärmebedarf, den Transportsektor und für die industrielle Produktion — ist ein Grundpfeiler unserer modernen Industriegesellschaft.

- In der Vergangenheit hat es national wie international deutliche Verschiebungen bei der Nutzung verschiedener Energiequellen gegeben. Angesichts sich ständig wandelnder Rahmenbedingungen in einer sich dynamisch entwickelnden Weltgemeinschaft wird dies auch künftig der Fall sein. In diesem Zusammenhang stellt sich die Frage, welche Energieträger uns in den nächsten Jahrzehnten in welchem Maße zur Verfügung stehen werden.

- Zu Beginn der 2010er Jahre stellt sich die Situation wie folgt dar: Die Förderung von konventionellem Erdöl wird sich kaum weiter steigern lassen. Beiträge von nicht-konventionellem Erdöl werden diese Situation nicht grundlegend ändern können. Beim Erdgas bietet der Einsatz neuer Gewinnungsverfahren Möglichkeiten, große Mengen von Erdgas aus nicht-konventionellen Lagerstätten zu erschließen. Kohle ist global gesehen der nach wie vor mengenreichste geologisch verfügbare fossile Energierohstoff der Erde. Bei Kernbrennstoffen ist aus geologischer Sicht kein Engpass abzusehen.

4 Industrieanforderungen an eine sichere Rohstoffversorgung

Carsten Rolle

Energetische wie nicht-energetische Rohstoffe spielen für die industrielle Wertschöpfung eine zentrale Rolle. Doch ist das Bewusstsein nicht nur im politischen Bereich, sondern auch in der breiten Öffentlichkeit zum Thema Energierohstoffe deutlich weiter voran geschritten als bei den nicht-energetischen Rohstoffen. Fragt man, vielleicht nicht gerade im sächsischen Freiberg — das mag eine Sondersituation sein — doch in den meisten anderen Städten Deutschlands, was die Bürger mit Themen wie Molybdän, Tantal, usw. verbinden, und ob diese Elemente für sie persönlich eine Bedeutung haben, dann bekommen Sie nicht viele Antworten, ganz im Gegensatz zu Fragen nach Öl und Gas. Deshalb bemühte sich der BDI in den letzten Jahren sehr eindringlich darum, ein Verständnis gerade auch im politischen Raum dafür zu wecken, welche Bedeutung diese Rohstoffe für uns als Industriestandort haben.

Die rasche wirtschaftliche Erholung Deutschlands nach der jüngsten Finanzkrise hängt vermutlich mit seiner starken Industriestruktur zusammen. So liegt der Anteil der deutschen Industrie an der gesamten europäischen Industrieproduktion bei über 25% — größer als der von Großbritannien und Frankreich, oder Frankreich und Italien zusammen genommen. Deutschland spielt dank der noch starken Industrie eine gewisse Sonderrolle. Dabei haben wir den Vorteil, ganze Wertschöpfungsketten im Land zu haben. Dieses Ineinandergreifen der einzelnen Glieder der Wertschöpfungsketten, wir nennen das manchmal „System-Kopf", spielt eine sehr wichtige Rolle. Die Kontrolle über diese Wertschöpfungsketten von Beginn an zu erhalten ist für uns von zentraler Bedeutung. Denn in dieser Kontrolle liegen einige der zentralen Wettbewerbsvorteile begründet, die wir in Deutschland haben. Es gilt, diese zu erhalten, um flexibel auf den Markt reagieren zu können — und damit kommt die Rohstoffpolitik ins Spiel.

Einem kurzen Überblick über die Rohstoffsituation in Deutschland und ihrer Bedeutung für die Industrie folgt die Diskussion der wirtschaftspolitischen Implikationen. Dazu gehören die Risiken, die sich mit dieser Rohstoffsituation verbinden sowie die Wünsche und Erwartungen, die wir als Industrie im Hinblick auf Flankierungen und den Rahmen für eine sichere Rohstoffversorgung in Richtung Politik formulieren.

4.1 Die Rohstoffsituation in Deutschland

Zunächst ein kurzer Blick auf die Rohstoffimporte in Deutschland (Abb. 4.1). Rund ein Drittel der Rohstoffimporte beziehen sich auf nicht-

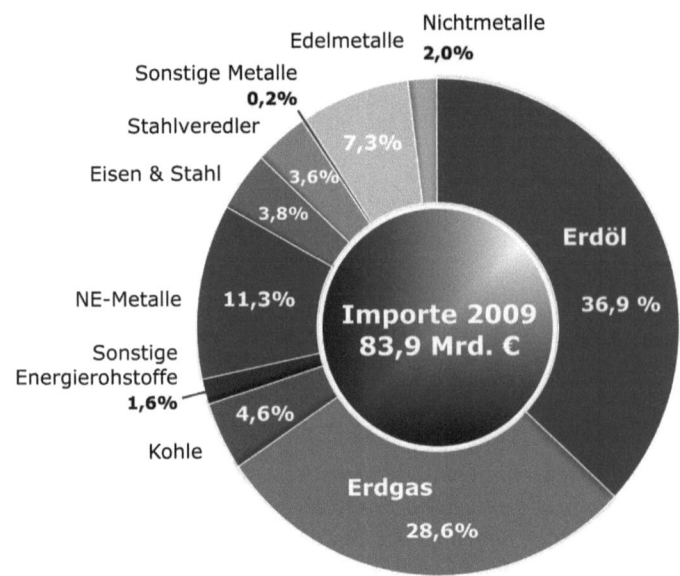

Abb. 4.1 Struktur der deutschen Rohstoffimporte 2009, Anteile am Gesamteinfuhrwert in %. Quelle: BGR (2010)

energetische, vor allem metallische Rohstoffe. Diese haben eine ganz zentrale Rolle vor allem für die Industrie. In der Abbildung sind links die metallischen und nicht-metallischen Industrierohstoffe dargestellt, gefolgt unten von Kohle und vor allem Gas als ganz zentrale Inputgrößen. Öl (rechts) spielt vor allem in der Mobilität und damit in Privathaushalten eine größere Rolle. Der unbekanntere Teil der Industrierohstoffe soll etwas genauer betrachtet und diskutiert werden, einschließlich der Frage, was zu welchen Anteilen woher kommt.

Die Abbildung 4.2 zeigt die Import- und Exportanteile am Netto-Verbrauch und damit Importabhängigkeit und Selbstversorgungsgrad. Es gibt tatsächlich einige Rohstoffe, die wir in großem Umfang exportieren, insbesondere Kalisalze und Schwefel sowie Gips und Anhydrit für die Bauindustrie. Doch gerade hinsichtlich der Metalle sehen wir sehr hohe Importquoten von ungefähr 40 bis 100% (in der Abbildung als Metallerze und Konzentrate zusammen genommen). Blei (Pb) und Kupfer (Cu) lagen bei Importanteilen über 40%, Zink (Zn) bei ca. 60% und Aluminium (Al) bei etwa 65%. Der Anteil der Eigenproduktion wird über zum Teil vergleichsweise sehr gute Recyclingquoten gedeckt. Dennoch ist Deutschland bei der Primärgewinnung von Metallen ganz wesentlich auf Importe angewiesen (▶ Kap. 13).

Diese Rohstoffe werden vor allem in Produkten verarbeitet, die anschließend wieder exportiert werden (Abb. 4.3). Sie werden also nicht in Deutschland konsumiert, sondern zu fast 80% wieder den Weltmärkten zur Verfügung gestellt.

Ein Blick auf die Preisentwicklung (Abb. 4.4) zeigt zwei Indizes, den Rohstoffpreisindex des HWWI, der auch die energetischen Rohstoffe mit einschließt, und daneben den Metallpreisindex CRB. Beide Kurven verlaufen mit und ohne energetische Rohstoffe relativ parallel. Zu sehen ist ein Teil der langen Rohstoffzyklen, hier im Jahr 2003 beginnend mit dem Höhepunkt Mitte 2008, dann der bekannte Crash der Finanzkrise und seit Ende 2008/Anfang 2009 wieder ein deutlicher Anstieg. Für die Industrie ist weniger die Höhe der Rohstoffpreise relevant. Viel wichtiger für uns, als im Wettbewerb stehende Industrie, sind die relativen Preise

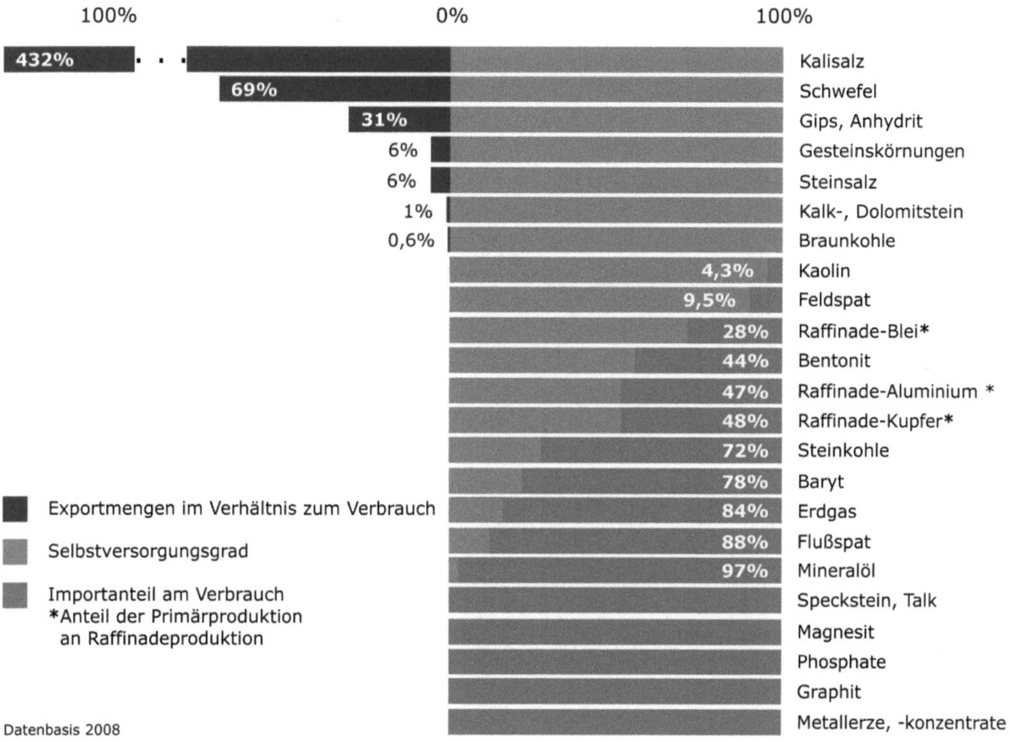

Die Rohstoffsituation in Deutschland

100%		0%		100%	
432%	...				Kalisalz
	69%				Schwefel
		31%			Gips, Anhydrit
		6%			Gesteinskörnungen
		6%			Steinsalz
		1%			Kalk-, Dolomitstein
		0,6%			Braunkohle
				4,3%	Kaolin
				9,5%	Feldspat
				28%	Raffinade-Blei*
				44%	Bentonit
				47%	Raffinade-Aluminium *
				48%	Raffinade-Kupfer*
				72%	Steinkohle
				78%	Baryt
				84%	Erdgas
				88%	Flußspat
				97%	Mineralöl
					Speckstein, Talk
					Magnesit
					Phosphate
					Graphit
					Metallerze, -konzentrate

■ Exportmengen im Verhältnis zum Verbrauch
▨ Selbstversorgungsgrad
▨ Importanteil am Verbrauch
*Anteil der Primärproduktion an Raffinadeproduktion

Datenbasis 2008

Abb. 4.2 Importabhängigkeit und Selbstversorgungsgrad Deutschlands. Datenbasis 2008. Quelle: BGR (2010)

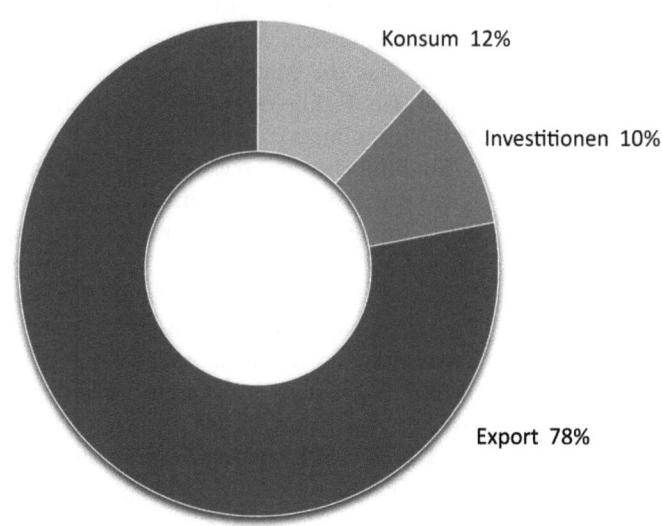

Konsum 12%
Investitionen 10%
Export 78%

Abb. 4.3 Input der Primär- und Sekundärrohstoffe für die Komponenten des Bruttoinlandsproduktes. Quelle: BDI auf Basis Energy Environment Forecast Analysis (EEFA) GmbH (2007)

Abb. 4.4 Rohstoffpreisentwicklung 01/2003–02/2010. HWWI-Rohstoffpreisindex und CRB-Metallpreisindex. Quelle: BDI auf Basis der Daten von BGR und Hamburgisches WeltWirtschafts Institut.

und damit auch die Bedingungen, zu denen sich andere Länder mit Rohstoffen versorgen können. Hinzu kommen Aspekte des Entzugs von Kaufkraft in Industrieländern und der Abfluss von Kaufkraft in rohstoffproduzierende Länder. Letzteres spielt für die rohstoffexportierenden Länder noch eine wesentlich größere Rolle. Sieht man nach Russland oder in andere rohstoffreiche Staaten hinein, so wird deutlich, wie stark sie im Grunde genommen auf diese Exporterlöse angewiesen sind.

4.2 Welche Bedeutung haben Rohstoffe für die Industrie?

Am Beispiel der Halbleiterindustrie soll die Anzahl verschiedener Elemente, die in der Industrie verarbeitet werden, aus drei Jahrzehnten betrachtet werden (Abb. 4.5). In den 1980er und 1990er Jahren waren es 12 bis 16 Elemente, auf die die Produktion angewiesen war. Mittlerweile sind es bereits rund 60 Elemente, die genutzt werden, wenn auch zum Teil nur in kleinen Mengen. Die Kernaussage lautet, dass die Material- und Rohstoffvielfalt in den Technologieprodukten tendenziell deutlich zunimmt.

Ein ähnliches Beispiel lässt sich für Fahrzeuge mit Hybridantrieb anführen, z. B. mit dem Einsatz von Seltenen Erden (SEE). Dabei werden beispielsweise Cer (Ce), Neodym (Nd) und andere Rohstoffe verbaut (Abb. 4.6). Dieses Thema wird uns auch politisch sicher noch stärker beschäftigen. Am 3. Mai 2010 lud die Bundeskanzlerin, Angela Merkel, zu einem großen Elektromobilitätsgipfel nach Berlin ein. Dort wurde gemeinsam eine große Initiative bei Politik und Wirtschaft angestoßen, um

Welche Bedeutung haben Rohstoffe für die Industrie?

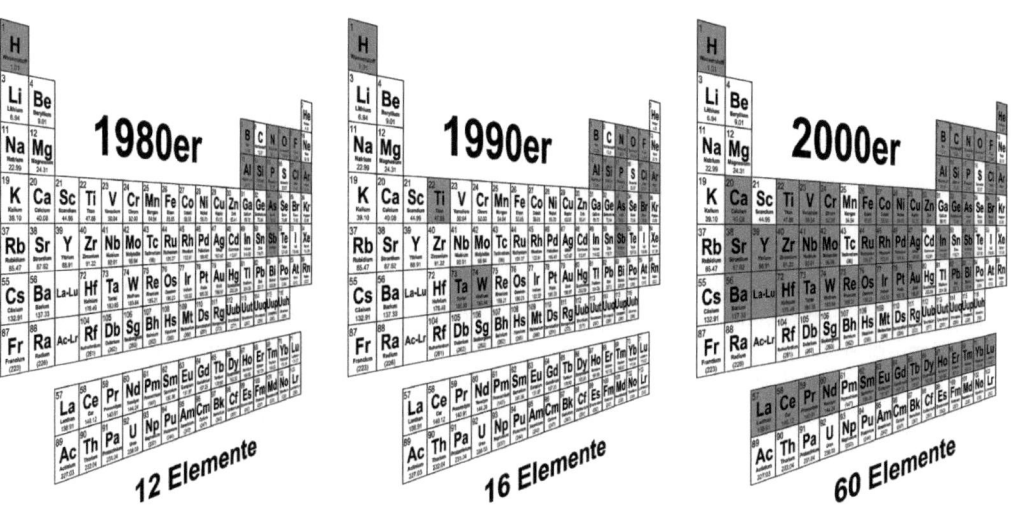

Abb. 4.5 Zukunftstechnologien: Zunehmende Materialvielfalt in der Halbleiterindustrie. Quelle: WZU (2009a nach Theis TN 2007)

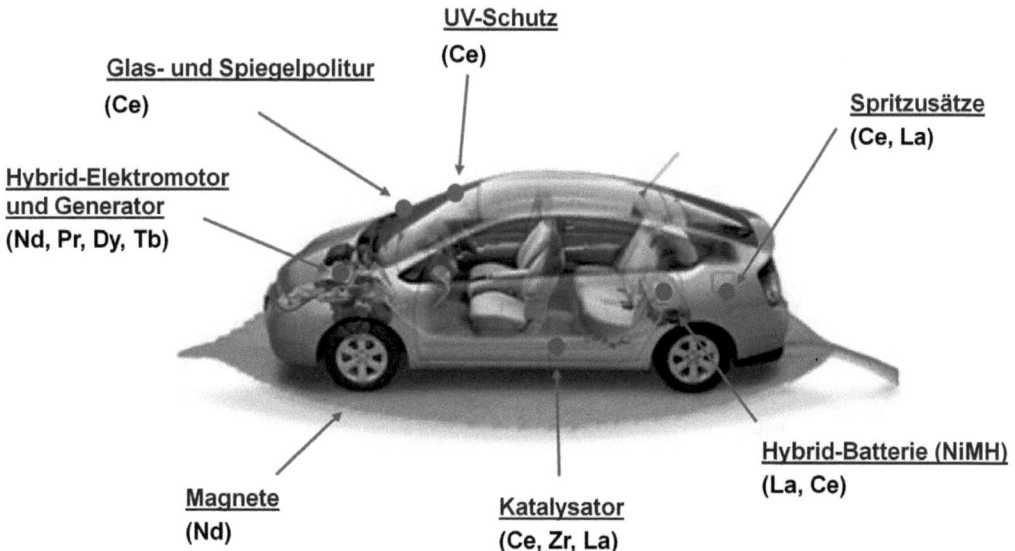

Abb. 4.6 Einsatz Seltener Erden (SEE) in Fahrzeugen mit Hybridantrieb. Quelle: WZU (2009b nach Curtis N 2009)

das Thema Elektromobilität und Hybridantriebe in vielen Arbeitsgruppen zu diskutieren. Für ein Industrieland, welches sehr stark von der Automobilindustrie abhängig war und ist, hat ein derartiger Technologiesprung (von konventionellen Verbrennungsmotoren zur Hybridtechnik) eine enorme Bedeutung. In Konsequenz wollen und müssen wir beispielsweise die Rohstofffragen für solche neuen Technologien von Beginn an mitdenken. Dazu gehören Rohstoffverfügbarkeit ebenso wie Fragen zu leicht rezyklierbarem Material, denn es bedarf gemeinsam weiterer Anstrengungen, um diese Entwicklung entsprechend flankieren zu können.

Ein letztes Beispiel stammt aus der Produktion einer Solarzelle (Abb. 4.7). In der Abbildung ist eine sogenannte CIS-Solarzelle dargestellt, also ein Kupfer (Cu)-, Indium (In)- und Selenid (Se)-Produkt, in dem verschiedene weitere Rohstoffe verbaut sind, darunter Silber (Ag), Zink (Zn) sowie Molybdän (Mo), Cadmium (Cd), Gallium (Ga) usw. Ganz offensichtlich ist auch bei diesen Zukunftstechnologien eine Vielfalt metallischer Rohstoffe in wachsendem Ausmaß notwendig.

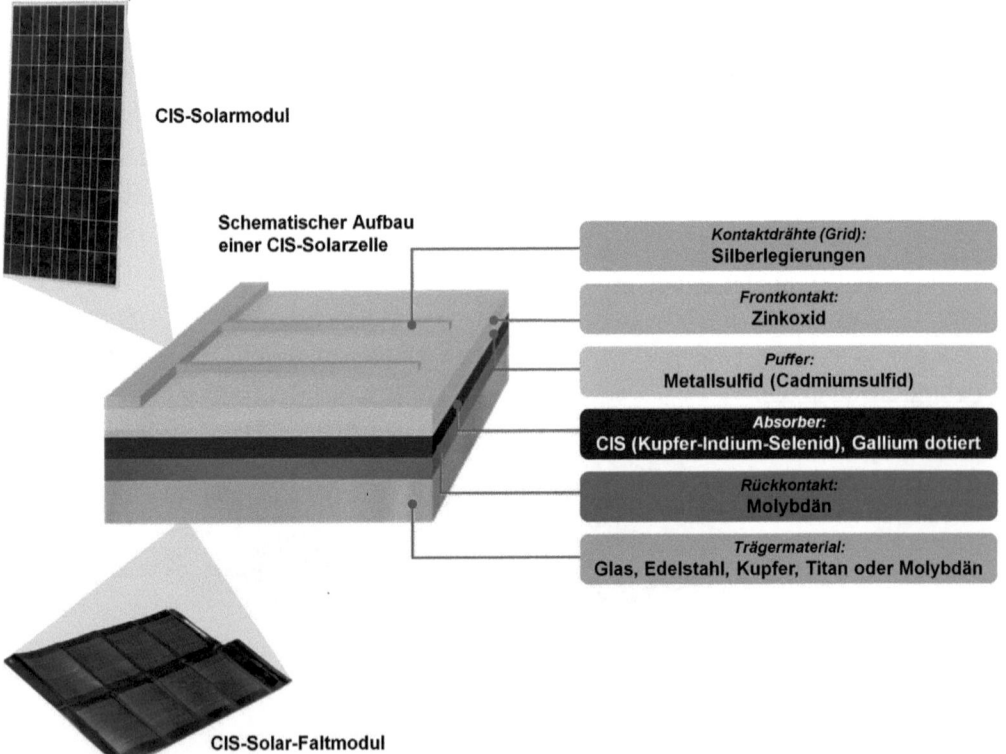

Abb. 4.7 Einsatz verschiedener Metalle in CIS-Solarzellen (siehe Text) Quelle: nach WZU (2009c)

4.3 Risiken der Rohstoffversorgung und -verfügbarkeit

Dieses Thema erfordert einen Schritt in die politische Ebene. Die Abbildung 4.8 zeigt auf der horizontalen Achse ein Konzentrationsmaß, den sogenannten Herfindahl-Hirschman-Index, und auf der vertikalen Achse gewichtete Länderrisiken. Es gibt Institutionen und Rating-Agenturen — in diesem Fall auf Basis der Weltbank — welche die Risiken bewerten, die mit einem Engagement in bestimmten Ländern verbunden sind. Rote Farben stehen hier für eher höhere politische Risiken, grüne für eher geringe Risiken. Kombiniert man beide Indizes und schaut sich an, aus welchen Ländern unsere metallischen Rohstoffe stammen, so ist zu erkennen, dass sich relativ viele Rohstoffe in den Bereichen der Grafik befinden, wo entweder die Konzentration der Länder, aus denen diese Rohstoffe kommen, sehr hoch ist, oder dass sie aus Ländern stammen, die eher als politisch riskant oder instabil eingeschätzt werden. Die „Spitze des Eisberges" stellt ganz rechts der Punkt der Seltenen Erdmetalle (SEE) dar, doch auch Wolfram (W) und Niob (Nb) befinden sich ganz rechts. Im grünen Bereich sieht man wenige Rohstoffe wie Gold (Au) und Gips ($CaSO_4$ $2H_2O$); die meisten anderen liegen in unterschiedlichen Schraffierungen im eher kritischen Bereich (Abb. 4.8).

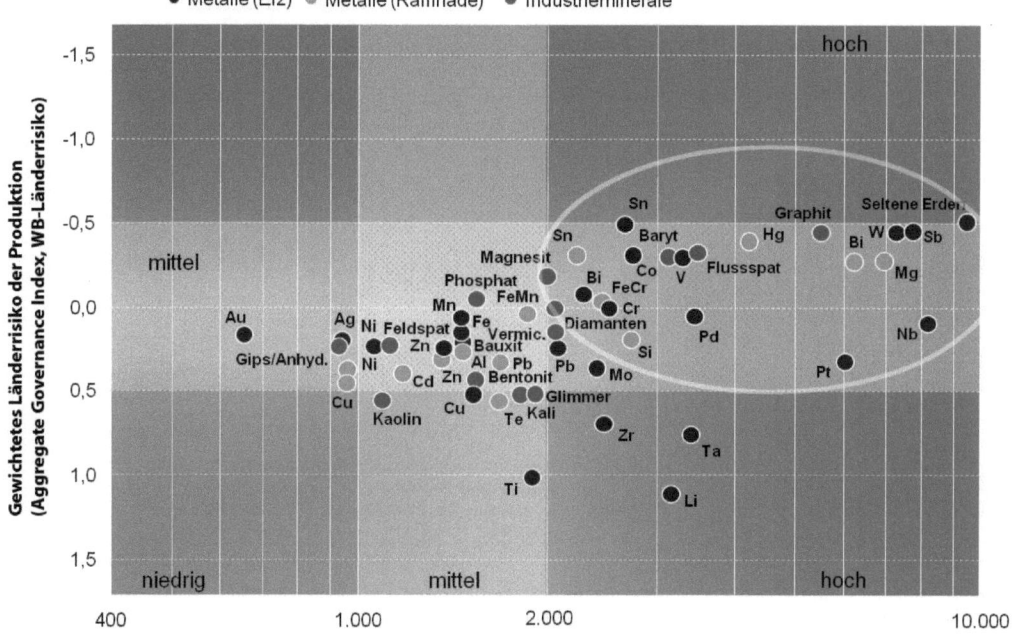

Abb. 4.8 Länderkonzentration und gewichtetes Länderrisiko der globalen Rohstoffproduktion 2008/2009 berechnet aus den World Development Indicators 2006–2008 der Weltbank (WB) und der Raffinade- und Bergwerksproduktion; Wertebereich -2,5 bis +2,5. Quelle: BGR (2010)

Das Beispiel der Seltenen Erden (SEE) lässt sich zugleich an der globalen Verteilung von Produktion und Verfügbarkeit illustrieren (Abb. 4.9). Während Europa und die afrikanischen Länder diesbezüglich keine relevanten Vorkommen aufweisen, konzentriert sich die aktuelle Produktion weitgehend auf die Volksrepublik China. Große Lagerstätten gibt es darüber hinaus aber auch in vielen anderen Regionen wie den USA, Australien oder Indien.

Parallel zu dieser länderspezifischen Verteilung ist eine wachsende Konzentration der einschlägigen Unternehmen festzustellen. Die Abbildung 4.10 zeigt die Unternehmenskonzentration, ebenfalls mit dem Herfindahl-Index gemessen. Grün (unten links) ist der Bereich, der von Wettbewerbspolitikern als ein unkritisches Maß der Unternehmenskonzentration gesehen wird. Gelblich-bräunlich gefärbt sind die kritischen Bereiche; selbst Eisenerz beispielsweise liegt im kritischen Bereich.

Der Markt für Eisenerz wird von drei international operierenden Unternehmen dominiert (BHP-Billiton, Rio Tinto und Vale), die rund 70% des gehandelten Eisenerzes ausmachen (Abb. 4.11). Diese Firmen haben die Vertragskonditionen verändert, was die ganze Branche und die nachfolgenden

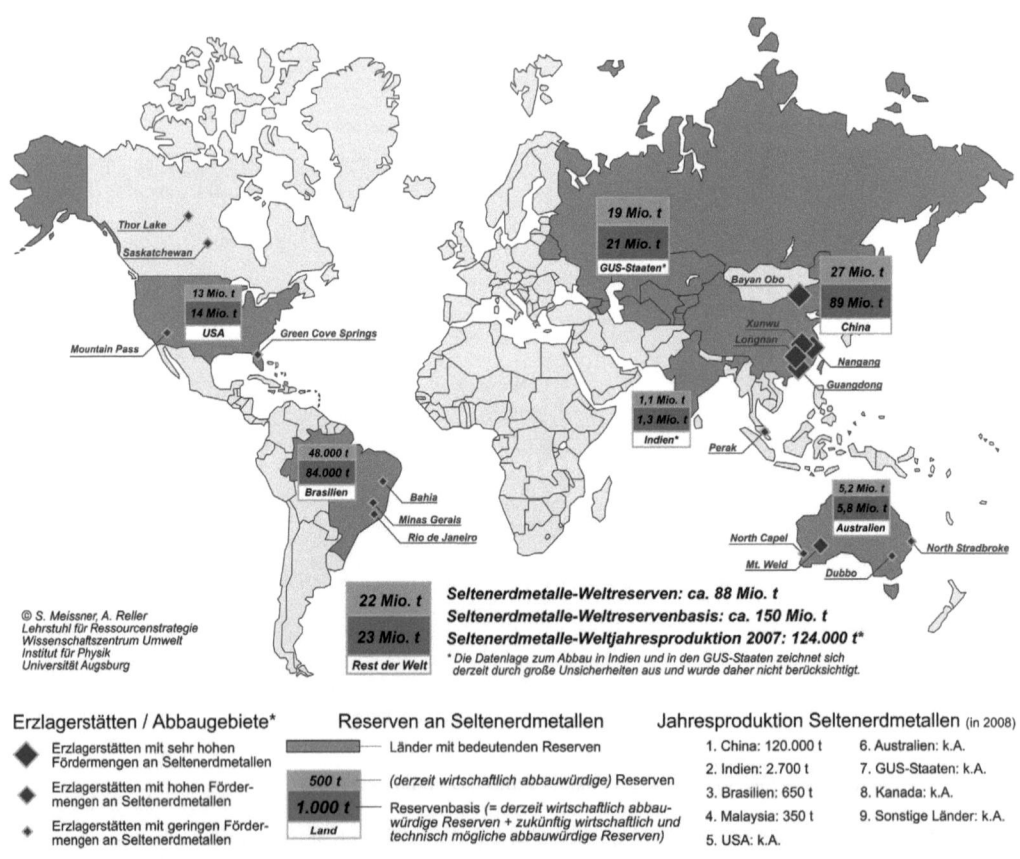

Abb. 4.9 Globale Verteilung von Selten-Erd-Oxiden und Produktion nach Ländern. Quelle: WZU (2009d)

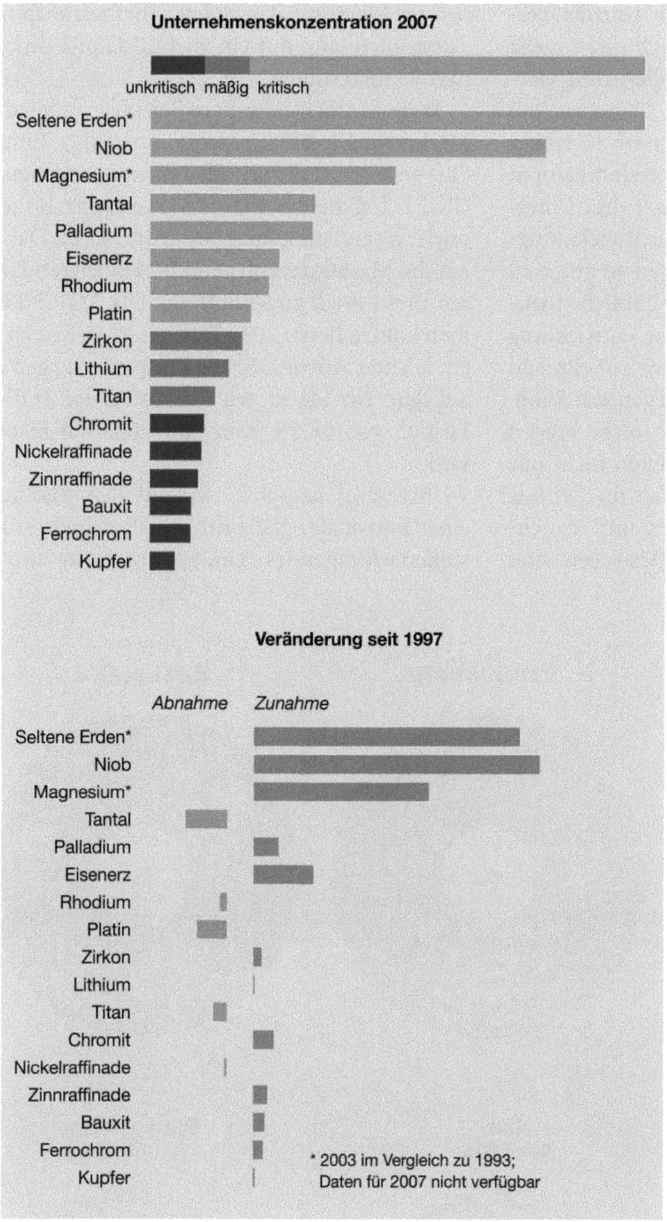

Risiken der Rohstoffversorgung und -verfügbarkeit? 49

Abb. 4.10 Unternehmenskonzentration bei Metallrohstoffen.
Herfindahl-Indices der Produktionsmengen nach Erzeugerfirmen.
Quelle: BDI auf Basis Raw Materials Group, eigene Berechnungen.
Maßstab:
Grün = unkritisch < 1.000,
Grau = mäßig = 1.000–1.800,
Braun = kritisch > 1.800

Wertschöpfungsstufen in einige Unruhe versetzt hat. Die Preise sind nämlich nicht mehr für ein Jahr stabil, sondern sollen nun vierteljährig ausgehandelt werden. Daneben gab es fast eine Verdopplung der Preise in einem Schritt. Das sind sehr signifikante Indikatoren dafür, dass die Marktmacht dieser drei Unternehmen dominant ist. Es gibt nicht viele Möglichkeiten, politisch etwas dagegen zu tun, weil es kein Weltkartellamt oder eine ähnliche Institution gibt. Doch sehen wir diese Entwicklung mit großer Sorge und müssen uns zunehmend die Frage stellen, was man dagegen tun kann. Welche Foren gibt es, in denen solche Fragen angesprochen werden? Sie betreffen nicht nur uns in Deutschland, sie betreffen im Grunde genommen alle Industrieländer und zunehmend auch Schwellenländer. Deswegen sind wir der Meinung, dass solche Themen auch im Zusammenhang mit einem G20-Gipfel diskutiert werden sollten.

Weitere, noch extremere Beispiele bilden die Märkte für Niob (Nb), Magnesium (Mg), Tantal (Ta) sowie Metalle der Platingruppenelemente (PGE), bei denen die Marktkonzentrationen noch wesentlich höher sind (Abb. 4.12). Dabei hat die Marktkonzentration in den letzten Jahren meist noch zugenommen. Die TOP 3 Firmen kontrollieren 2009 72% des PGE-Marktes, ein leichter Anstieg. Etwas Entspannung gab es auf dem Nb-Markt, wo der Anteil der TOP-3 Firmen von 98,5% zum Jahr 2008 auf 89,6% sank.

Insgesamt begegnen wir auf den Märkten einer Entwicklung, die für uns als primär Rohstoffenachfragendes Land schwieriger wird.

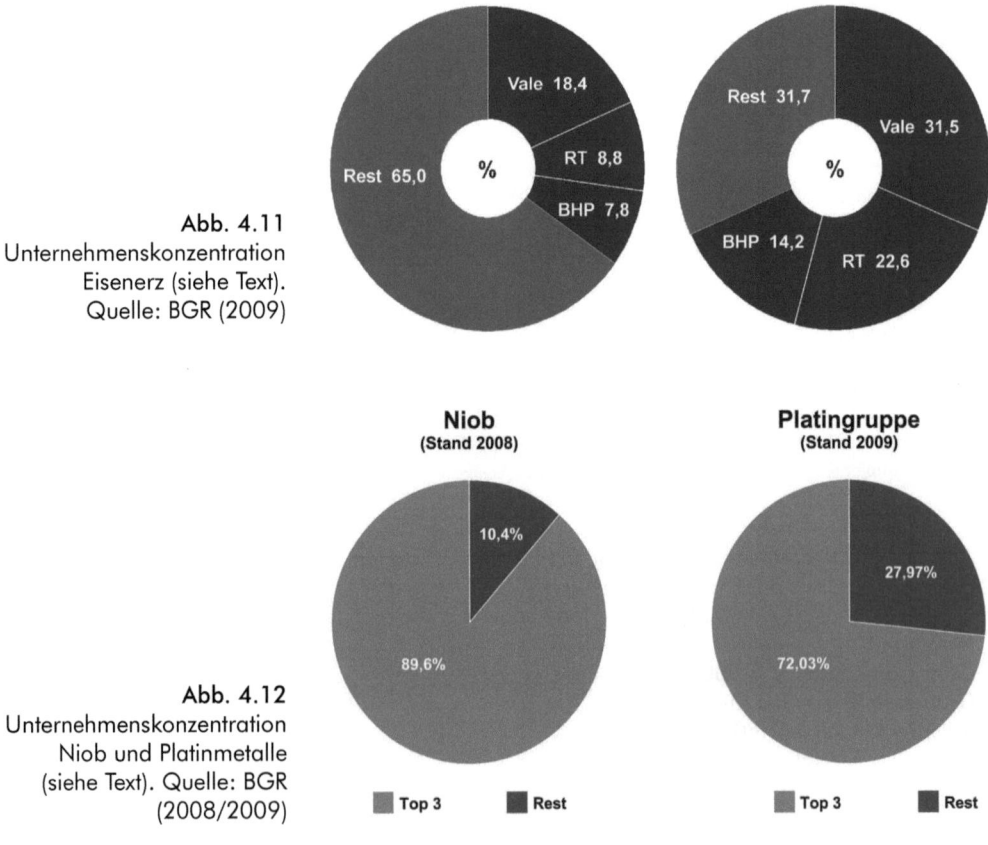

Abb. 4.11
Unternehmenskonzentration
Eisenerz (siehe Text).
Quelle: BGR (2009)

Abb. 4.12
Unternehmenskonzentration
Niob und Platinmetalle
(siehe Text). Quelle: BGR
(2008/2009)

Denn diese marktbeherrschende Stellung kann auch ausgenutzt werden. Das Institut der deutschen Wirtschaft (IW) hat einige Risiken noch einmal in anderer Form zusammengestellt. Bei den Seltenen Erden (SEE; Tabelle 4.1) sind fast alle genannten Kriterien „auf rot gestellt"; sei es nun die Erwartung einer stark wachsenden Nachfrage oder die große Bedeutung genau für diejenigen Technologien, für die wir eine dynamische Entwicklung vorhersehen; sei es, dass die Rohstoffe aus Ländern bzw. von Unternehmen kommen, deren Marktmacht sehr hoch ist. Im Grunde genommen steht mit Ausnahme der physischen Verfügbarkeit fast alles auf rot. Die Reservensituation sieht vergleichsweise gut aus. Die geologischen Bedingungen allein werden uns jedoch nicht helfen, wenn die Marktbedingungen so kritisch bleiben. An diesen Stellen gibt es jedoch auch Möglichkeiten, flankierend dazu beizutragen, dass diese Märkte besser funktionieren als in der Vergangenheit. Für Kupfer zum Beispiel ist die Situation nicht ganz so dramatisch (Tabelle 4.2).

Solche Analysen, wie sie im Beitrag von Prof. Kümpel (BGR; ▶ Kap. 3) grundsätzlich schon gezeigt wurden, gibt es auch von anderen Unternehmen und anderen Staaten.

Tabelle 4.1 Fallstudie Seltene Erden. Farbig: Risikoanalyse (*rot*: hoch, *blau*: mittel, *grün*: gering). Quelle: nach IW (2009)

Steigende Nachfrage	■	Vielfaches der heitigen Weltproduktion in 2030
Reserven	■	Statische Reichweite: Mindestens 600 Jahre
Zukunftstechnologie	■	Glaspolierung u. Keramik, Leuchtstoffe u. Lasertechnik, Elektrofahrzeuge
Regionale Konzentration	■	China (über 90% der Weltproduktion)
Risikoländer	■	Produktionsländer mit mittlerem politischen Risiko
Strategische Industriepolitik	■	China bei Rohstoffexporten mit Beschränkungen und harter Steuerpolitik
Marktmacht	■	Stand 1997: extrem hohe Unternehmenskonzentration
Grenzkosten der Exploration	■	Aufgrund Vergesellschaftung extrem hoch
Materialdiversität	■	Fast 10 SE in Hybridfahrzeug enthalten
Substituierbarkeit	■	Ohne Leistungseinbußen derzeit nicht absehbar

Tabelle 4.2 Fallstudie Kupfer. Farbig: Risikoanalyse (*rot*: hoch, *blau*: mittel, *grün*: gering). Quelle: nach IW (2009)

Steigende Nachfrage	■	Bedarf wächst mit weltweitem Elektrotechnik- und Elektronikmarkt
Reserven	■	Statische Reichweite: Etwa 36 Jahre
Zukunftstechnologie	■	Industrielle Elektromotoren, RFID-Technologie
Regionale Konzentration	■	3-Länder-Konzentration 51 Prozent
Risikoländer	■	Kein hohes Länderrisiko
Strategische Industriepolitik	■	Hohe Anhängigkeit von Sudamerika
Marktmacht	■	Derzeit eher geringe Konzentration
Grenzkosten der Exploration	■	Keine spezifischen Kostenrisiken des Massenabbaus
Materialdiversität	■	Sehr hoch, in praktisch aller moderner Technik
Substituierbarkeit	■	Aluminium, Titan, Stahl, Glasfaser, Plastik

Die Abbildung 4.13 zeigt eine Untersuchung des National Research Councils (NRC) aus den USA. Diese Institution hat sich systematisch angesehen, welche Angebotsrisiken mit welchen Rohstoffen verbunden sind und hat darauf aufbauend den Einfluss dieser Rohstoffe auf ihre Industrien beurteilt. Der NRC kommt im Ergebnis zu einer gewissen Kritikalität bestimmter Rohstoffe. Die Europäische Kommission hat in ihrer Rohstoffinitiative ähnliche Untersuchungen angestoßen. Auch da wird eine Gruppe kritischer Rohstoffe anhand bestimmter Parameter identifiziert. Im Grunde genommen gleichen sich die Ergebnisse in ihrer Bewertung relativ stark. Dies zeigt, dass wir uns zukünftig weniger mit der Analyse beschäftigen müssen. Vielmehr müssen wir die Frage beantworten, welche Maßnahmen und welche Handlungsoptionen bestehen, um diesen Risiken etwas entgegenzusetzen.

4.4 Die Anliegen der Industrie

Gerade für die metallverarbeitenden Industrien liegt eine der ganz zentralen rohstoffpolitischen Herausforderungen darin, die zum Teil massiven Handels- und Wettbewerbsverzerrungen ausgesetzten Märkte in einen Zustand zu versetzen, in dem sie zu gleichen und fairen Bedingungen Rohstoffe einkaufen können. Das bedeutet, die Rohstoffmärkte müssen funktionsfähig gemacht werden. Dass dies nicht der Fall ist, ist bekannt. Das vielleicht plastischste Beispiel dafür ist China (Abb. 4.14). Diese Abbildung zeigt die Wertschöpfungskette vom Bergbau über das Schmelzen und die Erstbearbeitung bis zur Güterherstellung. Dargestellt sind auch die verschiedenen Ansatzpunkte der chinesischen Regierung, Wertschöp-

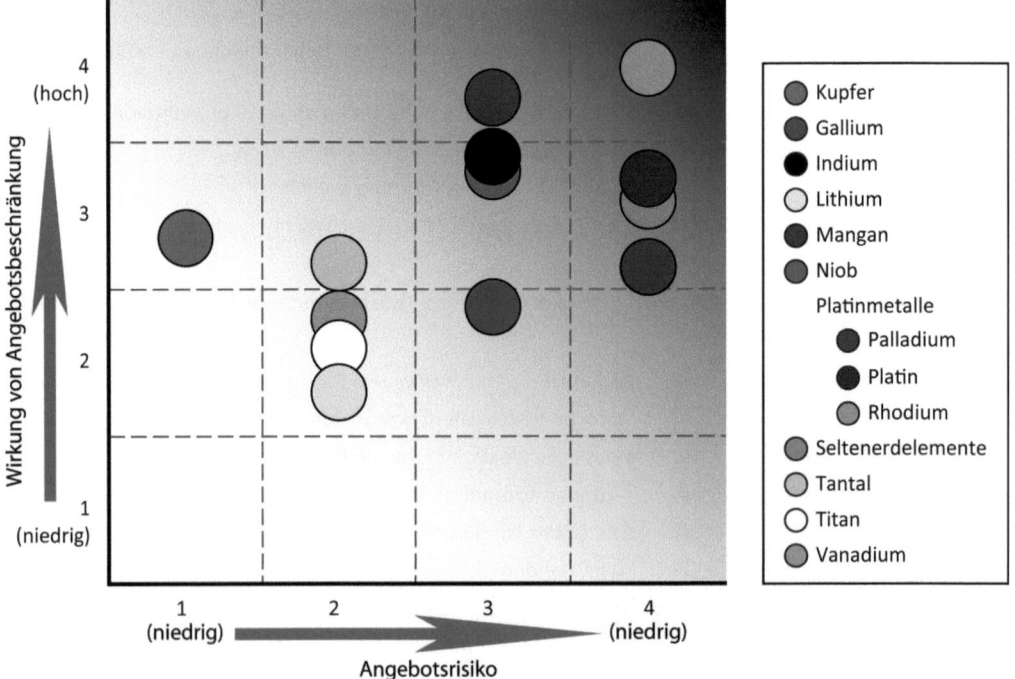

Abb. 4.13 Mit Rohstoffen verbundene Angebotsrisiken (siehe Text). Quelle: nach NRC (2008)

fung über Handelsverzerrungen im Wesentlichen im Land zu halten bzw. den Export von Rohstoffen so zu verteuern, dass die Rahmen- und Einkaufsbedingungen eben nicht gleich und fair sind. Das wird in einer sehr systematischen Form getan und ist nicht zufällig, sondern basiert auf einer sehr genauen Marktbeobachtung. Wenn etwas reklamiert wird, kann sehr schnell an anderer Stelle kompensiert werden. Deshalb besteht diesbezüglich

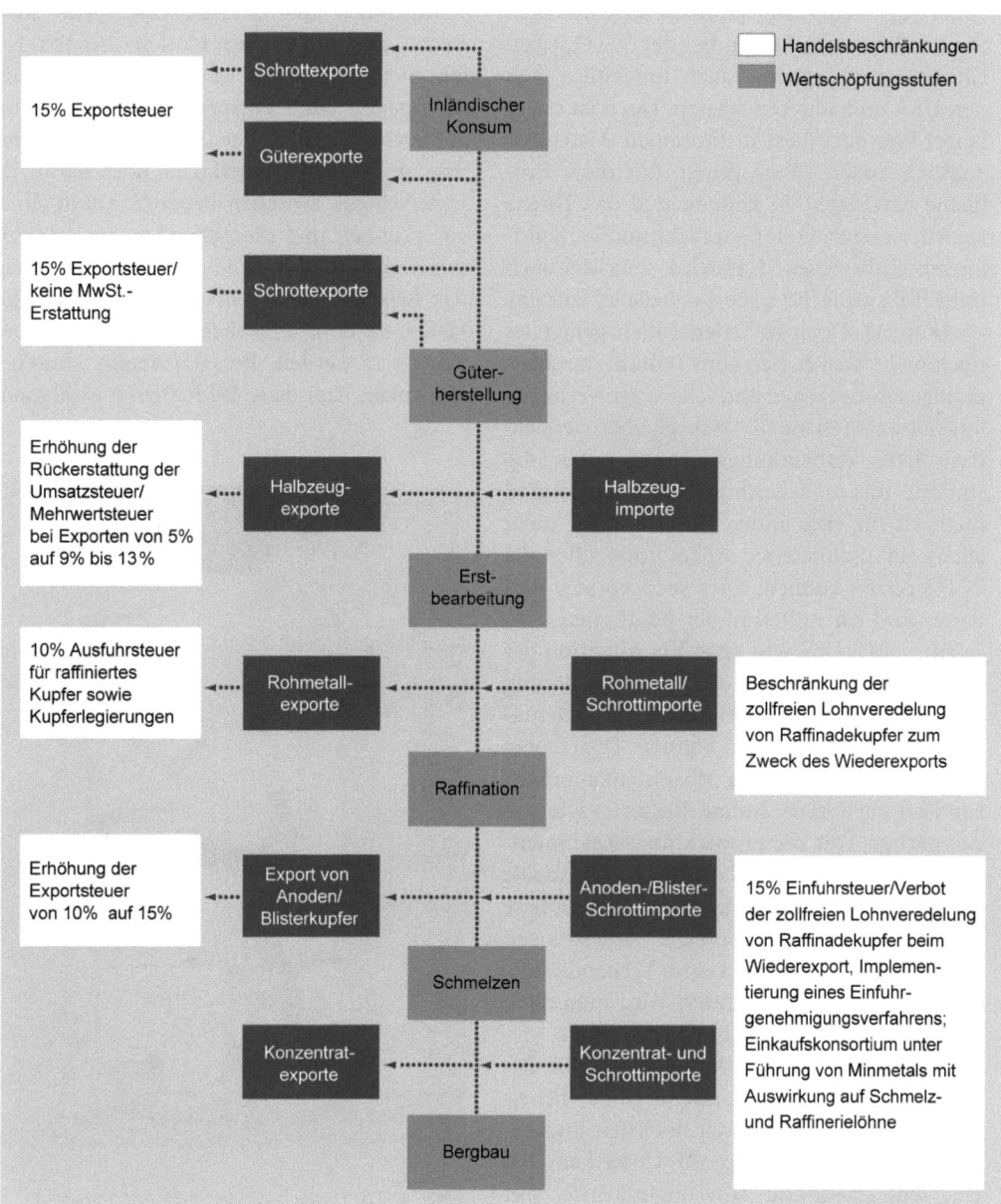

Abb. 4.14 Handels- und Wettbewerbsverzerrungen bei Rohstoffen (siehe Text). Quelle: BDI auf Basis WirtschaftsVereinigung Metalle/Eurometaux (2009)

im Grunde genommen ein Dauerproblem, weil die Regulation wesentlich schneller ist als die Wege, Verletzungen zu ahnden. Zum Teil gibt es auch nur eingeschränkte Möglichkeiten einer Sanktionierung, denn nur einige Maßnahmen widersprechen WTO-Regeln. Im Jahr 2009 wurde erstmals erreicht – ein gewisser Teilerfolg – dass die Europäische Union ein Streitbeilegungsverfahren bei der WTO gegen China angestrengt hat, auch unterstützt von den USA und anderen Staaten. Doch ist es ein langer Weg über diese Institutionen. Man muss zugleich andere Wege gehen, um diese Probleme bewältigen zu können und das Thema auch in viele bilaterale Gespräche und Verhandlungen einbeziehen. Das wird zum Teil auch mit Erfolg gemacht; siehe das Beispiel Ukraine (▶ Kap. 1). Doch in vielen Fällen gelingt es noch nicht, weil es sich zum Teil um durchaus unangenehme Fragen und schwierige Verhandlungsprozesse handelt. Wir glauben jedoch, dass diese Verhandlungsprozesse notwendig sind, für uns in Deutschland als Industrieland mehr als für viele andere, und dass wir nicht allein auf multilaterale Abkommen über die WTO setzen können. Dies setzt voraus, und damit sind wir mitten in der politischen Umsetzung, dass eine sehr enge Koordination der verschiedenen Häuser der Bundesregierung erfolgt, damit derartige Anliegen sehr systematisch vorgebracht werden können. Das Thema betrifft nicht allein den Wirtschaftsminister, sondern auch viele andere Ressorts, wie das Auswärtige Amt, die Entwicklungszusammenarbeit usw.. Nur bei der Nutzung vieler Kanäle bis hin zu G20, kann es gelingen, über größere Koalitionen solche Gespräche anzustrengen und dies zum Gegenstand eines Verhandlungsprozesses zu machen. Anders wird man diese Probleme vermutlich nicht lösen können.

Eine zweite Herausforderung besteht im Bereich Recycling. In Deutschland gibt es bei einigen Metallen die weltweit höchsten Rückgewinnungsquoten (▶ Kap. 13). Unser Land hat eine sehr elaborierte Recyclingindustrie. Wer den Kinofilm „Slumdog Millionaire" kennt, hat Verhältnisse in Indien gesehen, wo kleine Kinder aus Müllbergen einige wenige Reststoffe herausreißen und davon mehr schlecht als recht und unter sehr fragwürdigen Umweltbedingungen leben. Dieser Film zeigt sehr eindrucksvoll, welche großen Unterschiede es im Bereich Recycling weltweit gibt; sowohl für die menschliche Gesundheit als auch für die Umwelt.

Eigentlich gibt es dazu eine relativ klare Rechtslage. Abfall darf in den meisten Fällen nicht exportiert werden, sondern muss im eigenen Land entsprechend entsorgt und aufbereitet werden. Bei Produkten ist das anders und eine Schwierigkeit liegt darin, die Unterschiede zwischen Produkten und Abfall zu erkennen und die geltenden Regeln wirksam durchzusetzen. Die Abbildung 4.15 zeigt das Beispiel eines Containers im Hamburger Hafen, in dem angeblich Computermonitore exportiert werden. Bei genauerem Hinsehen ahnt man, dass diese Bildschirme wohl kaum

Abb. 4.15 Falsch deklarierte Abfallexporte, hier Computerbildschirme (siehe Text). Photo: The Environment Agency, Großbritannien

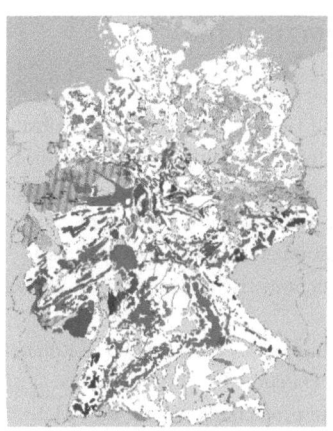
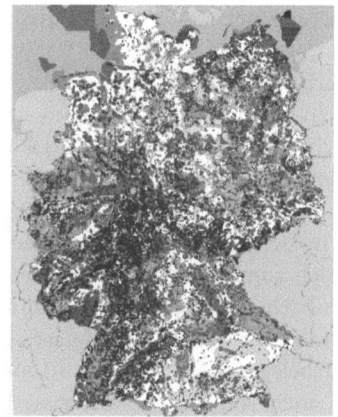

Rohstofflagerstätten   Schutzgebiete

Abb. 4.16 Beschränkung des Zugangs zu heimischen Rohstoffen (siehe Text). Quelle: BDI (2009)

noch als solche einsetzbar sind. Es handelt sich um illegalen Abfallexport. Auch das muss ein Ansatzpunkt einer Rohstoffstrategie sein, denn der Rohstoffreichtum in diesen Abfällen ist oft sehr hoch. Vor diesem Hintergrund ist dafür Sorge zu tragen, dass uns diese Sekundärrohstoffbasis erhalten bleibt. Dazu lässt sich etwas tun. Es gilt, die Produkteigenschaften genau zu beschreiben, damit der Zöllner vor Ort es leichter hat, klare Entscheidungen zu fällen. Für Elektroschrott hat die Europäische Union entsprechende Leitlinien formuliert, für Altautos leider noch nicht. Zudem müssen natürlich in den Häfen Kontrollen stattfinden; und das in strengerem Umfang als bislang.

Die dritte Säule einer sicheren Rohstoffversorgung bilden die heimischen Rohstoffe (Abb. 4.16). Die Abbildung zeigt die Rohstofflagerstätten auf der linken und die ausgewiesenen Schutzgebiete auf der rechten Seite. Legt man beide Karten übereinander, bliebe nicht viel Platz, wo Rohstoffe ohne weiteres gefördert und produziert werden könnten. Damit ist eine ganze Reihe von genehmigungsrechtlichen Themen verbunden, an die auch mit flexibleren Instrumenten wie Ökokonten herangegangen werden kann, die Flexibilität schaffen, um heimische Rohstoffe auch tatsächlich fördern zu können. Dazu gibt es durchaus noch Ansatzpunkte für Verbesserungen.

4.5 Fazit

Wir haben gesehen, dass eine konsistente und effektive Strategie zur Sicherung unserer Rohstoffversorgung an vielen Stellen ansetzen muss. Ansatzpunkte finden sich zum Einen darin, die Funktionsfähigkeit der internationalen Rohstoffmärkte zu gewährleisten. Dazu gibt es einen sehr fruchtbringenden Dialog mit der Bundesregierung. Seit dem zweiten BDI-Rohstoffkongress im Jahre 2007 existiert der interministerielle Ausschuss für Rohstoffe (IMA Rohstoffe) als ein Gremium, über das wir uns regelmäßig informieren und austauschen. Darüber hinaus sind Instrumente nötig, um den politisch erklärten Willen umzusetzen. Im Bereich der Entwicklungspolitik sehe ich hier durchaus noch Potentiale, unsere rohstoffpolitischen Anliegen stärker damit zu verknüpfen, was wir den Partnerländern technologisch zu bieten haben. Es ist durchaus eine Win-Win Situation, wenn es gelingt, in diese Länder Wertschöpfung und Know How hineinzubringen und dies mit Rohstoffinteressen verbinden zu können, die wir als Industrieland in Bezug auf die nachgelagerten Wertschöpfungsstufen haben. Dabei bestehen Gestaltungsmöglichkeiten, solche Themen beispielsweise in Länderprogramme mit den Partnerländern in Afrika hineinzuschreiben und uns über Sektorprogramme genauer Gedanken zu machen.

Funktionierenden Wettbewerb auf Rohstoffmärkten sicherzustellen ist ein schwieriges Thema. Gerade da, wo wir nicht über klassische Fusionskontrollmechanismen verfügen. In Bezug auf gewachsene globale Unternehmen ist man sehr beschränkt in den Handlungsmöglichkeiten. Hier lässt sich zumindest der Konzentrationsprozess beobachten, die Fusion sehr kritisch begleiten und man kann versuchen, sie mit Auflagen zu belegen. Das ist durchaus möglich und wird auch von der Europäischen Kommission gemacht. Darüber hinaus sollte auch die Zusammenarbeit der nationalen Kartellbehörde weiter intensiviert werden. Das Thema illegaler Transporte, gerade für Schrotte und Sekundärrohstoffe wurde ebenso angesprochen wie das der heimischen Rohstoffe. Den Zugang zu Rohstofflagerstätten bedarfsunabhängig auszuweisen ist hierbei ein weiteres Anliegen, das zu nennen ist.

Das sind einige Ansatzpunkte aus der Sicht des BDI, um die Rohstoffsituation bzw. die damit verbundenen Rahmenbedingungen zu verbessern. Unstrittig und klar bleibt, dass die Rohstoffversorgung Aufgabe der Unternehmen und der Wirtschaft bleiben muss; dies ist eine originäre Aufgabe der Unternehmen selbst. Doch überall dort, wo es um politische Rahmenbedingungen geht, ist eine entsprechende Flankierung nötig. Denn nur so können die Unternehmen ihren Beitrag für eine sichere Rohstoffversorgung wirksam leisten. Und nur so können wir letztlich der Verantwortung für den Industriestandort Deutschland langfristig gerecht werden.

Quellenverzeichnis

Bundesanstalt für Geowissenschaften und Rohstoffe (BGR), Rohstoffwirtschaftliche Länderstudien Bundesrepublik Deutschland Rohstoffsituation, Heft XXXIX, Bundesrepublik Deutschland, Rohstoffsituation 2009 (2010) unter Nutzung von Daten der Statistisches Bundesamt Deutschland (2010)

Bundesanstalt für Geowissenschaften und Rohstoffe (BGR) 2011, Datenquelle: Source of copyright/database-right protected material: Raw Materials Group Stockholm/www.rmg.se

Bundesverband der Deutschen Industrie e.V. (BDI) 2009, Für eine strategische und ganzheitliche Rohstoffpolitik, BDI-Kernforderungen zur Rohstoffpolitik, BDI-Drucksache Nr. 432, http://www.georohstoff.org/, ISSN-Nr. 0407-8977

IW (2009) Keine Zukunft ohne Rohstoffe. Strategien und Handlungsoptionen. Ergebnisse der Studie für die vbw. 22.09.2009. Institut der deutschen Wirtschaft Köln

National Research Council (NRC) USA, 2008 Minerals, Critical Minerals, and the U.S. Economy, Committee on Critical Mineral Impacts of the U.S. Economy, Committee on Earth Resources

Wissenschaftszentrum Umwelt der Universität Augsburg (WZU) 2009a nach Theis TN, 2007, Energy-Conserving Classical Computation: Prospects and Challenges, http://pitpas1.phas.ubc.ca/varchive/asilomar/pitp_asilomar_theis.pdf Stand: 12. Juni 2009

Wissenschaftszentrum Umwelt der Universität Augsburg (WZU) 2009b nach Curtis N, 2009, Sydney Resources Round-up Presentation, Sydney, 09. Mai 2007, Lynas Media Centre, http://www.lynascorp.com/content/upload/files/Presentations/Resources_Round_Up_May_2007_FINAL .pdf Stand: 12.06.2009

Wissenschaftszentrum Umwelt der Universität Augsburg (WZU) 2009c basiert auf http://www.cis-solartechnik.de/de/main/die_solarzelle/aufbau/

4 Kernaussagen

- Die Funktionsfähigkeit der internationalen Rohstoffmärkte muss gewährleistet sein:
  - Handels- und Wettbewerbsverzerrungen bei Rohstoffen seitens Außen-, Außenwirtschafts- und Entwicklungspolitik gemeinsam begegnen
  - Verbote von Ausfuhrbeschränkungen auf Rohstoffe zum Bestanteil bilateraler Handelsabkommen machen und WTO-Instrumentarium zum Vorgehen gegen Regelverstöße konsequent nutzen
  - Gefahr einer Eskalation politischer Interventionen beim Zugang zu Rohstoffen zum Gegenstand der G8- und G20-Prozesse machen

- Ein funktionierender Wettbewerb auf Rohstoffmärkten ist sicherzustellen:
  - Marktverhalten von Rohstoffunternehmen genau beobachten und Unternehmenszusammenschlüsse eingehend prüfen
  - Kooperation der internationalen Wettbewerbsbehörden mit dem Ziel einer einvernehmlichen Prüfung von Unternehmenszusammenschlüssen stärken

- Illegalen Exporten von Sekundärrohstoffen ist entgegenzuwirken:
  - Leitlinie für Elektronikgeräte zur Anwendung der Abfallverbringungsverordnung umsetzen und Leitlinien für zusätzliche Endprodukte erarbeiten
  - Einheitliche Standards für die Verbringung gebrauchter funktionsfähiger Endprodukte im Rahmen des Basler Übereinkommens der OECD schaffen

- Der Zugang zu heimischen Rohstoffvorkommen ist zu gewährleisten:
  - Zugang zu Rohstofflagerstätten durch bedarfsunabhängige Ausweisung im Rahmen von Raumordnungsplänen verbessern
  - Gleichrangige Abwägung ökologischer, ökonomischer und sozialer Belange bei der Ausweisung von Schutzgebieten in den „Natura 2000"-Richtlinien festschreiben
  - Ökokonten für Ausgleichsmaßnahmen stärker nutzen

Teil 2

Bewertung von Konzepten

Bildquellen der vorangehenden Seite
Großes Bild links: Zentrale Sahara; zur Verfügung gestellt von Luca Pietranera, Telespazio, Rom, Italien; Quelle: NASA Visible Earth website http://visibleearth.nasa.gov
Inset rechts: Windkraftanlage Siemens Pressebild und *Insets Mitte:* Solarsilizium und nachgeführtes Photovoltaikmodul von SolarWorld, Freiberg. Photos: Jörg Matschullat

5 Klimawandel und Energieeffizienz — Kosten und Nutzen für die Wirtschaft

Marco Ziegler

Die begrenzte Verfügbarkeit von fossilen Rohstoffen und die hochgesteckten Ziele Treibhausgasemissionen zu reduzieren machen den effizienten Umgang mit energetischen Rohstoffen zu einem der zentralen Themen unserer Zeit. In diesem Zusammenhang ist es wichtig, nicht nur über die Kosten zu sprechen, die der Klimawandel mit sich führt, sondern auch aufzuzeigen, welchen Nutzen der effizientere Umgang mit energetischen Rohstoffen bringt.

5.1 Steigender weltweiter Rohstoff- und Energiebedarf fordern eine Energieeffizienz-Revolution

Die globale Entwicklung und Vermehrung von Wohlstand führt zu einem steigenden Rohstoff- und Energiebedarf und fordert gleichzeitig eine hohe Versorgungssicherheit. Aber es ist auch eine Tatsache, dass energetische fossile Rohstoffe bei der Verbrennung CO_2 emittieren. Wir werden durch den Klimawandel gezwungen, nachzudenken, wie wir diese fossilen Rohstoffe effizienter nutzen und den Ausstoß an CO_2 und anderen Klimagasen drastisch reduzieren können (Abb. 5.1).

Sicherzustellen, dass wir genügend Energie haben, dass wir die Rohstoffe dort haben, wo

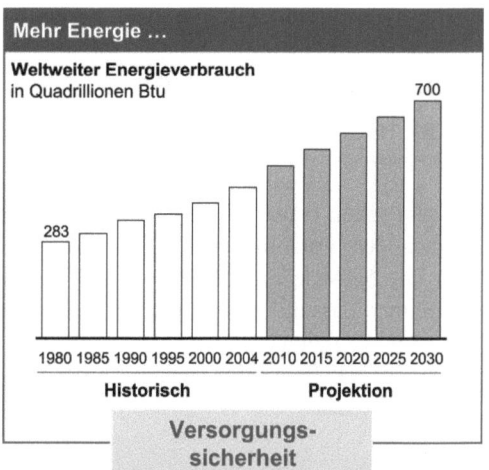

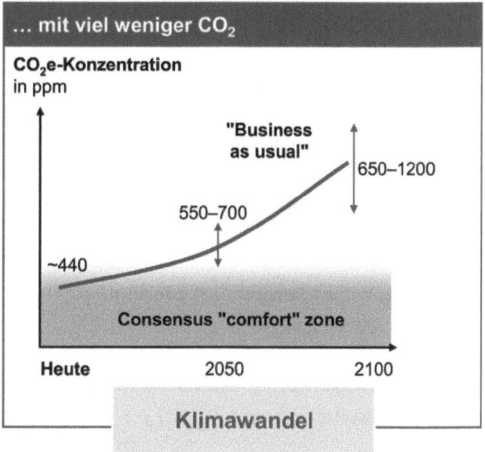

Abb. 5.1 Die Energieeffizienz-Revolution ist die Herausforderung des 21. Jahrhunderts. Quelle: International Energy Agency (IEA)

wir sie brauchen, und dass wir diese effizient einsetzen — das werden die größten Herausforderungen dieses Jahrhunderts sein.

Es gibt keinen Widerspruch zwischen diesen beiden Themen; sowohl den Energiebedarf weiterhin zu decken als auch den Ausstoß von CO_2 zu reduzieren. Durch effizientere Nutzung von Energie können wir Geld sparen, das anderweitig investiert werden kann um Arbeitsplätze und volkswirtschaftlichen Mehrwert zu schaffen. Nicht zuletzt bieten neue Technologien zum effizienteren Einsatz von Energien auch riesige Chancen für unsere exportorientierte Wirtschaft (Tabelle 5.1).

5.2 CO_2 Reduktion ist technisch möglich

Es gibt schon heute viele technische Möglichkeiten, den Ausstoß von CO_2 zu reduzieren. Für die Schweiz hat McKinsey & Company errechnet, dass bis 2030 in der Größenordnung von 45% CO_2 eingespart werden könnten, vor allem in den Bereichen Gebäude und Transport (Abb. 5.2).

Wenn man sich den Zeithorizont noch etwas weiter setzt, und zwar auf das Jahr 2050, dann kommen wir zum Schluss, dass durch eine radikale Änderung des Einsatzes von fossilen Brenn- und Treibstoffen sogar bis zu 80% CO_2-Emissionen eingespart werden könnten, und das ohne Einbußen an Lebensqualität oder Wirtschaftswachstum (Abb. 5.3).

Das würde heißen, dass wir mehr als 90% der Energieproduktion durch CO_2-neutrale Quellen erzeugen müssten. Es gibt verschiedene Möglichkeiten, dies zu erreichen. Die bekanntesten sind die Erneuerbaren Energien und die Kernkraft. Das heißt aber nicht, dass wir auf eine fossile Energie-Produktion ganz verzichten, sondern dass durch Speicherung von CO_2 (Carbon Capture and Storage, „CCS") auch die Energieproduktion aus Kohle oder Gas CO_2-neutral gemacht werden kann. Im Automobil-Transportbereich kann man sich vorstellen, dass im Jahre 2050 Elektroantriebe, Brennstoffzellen, Biotreibstoffe und viele andere Innovationen eine CO_2-Reduktion um bis zu 90% erbringen könnten. In der Industrie kann man über bessere Energieeffizienz einen großen Beitrag leisten; im Gebäudebereich ist ebenfalls eine Reduktion von rund 90%

Tabelle 5.1 Klimawandel und Energieeffizienz — mehr Chancen als wir denken. Quelle: McKinsey

Mythos	Realität
• Wenig Möglichkeiten CO_2 zu reduzieren	• Es gibt ein Reduktionspotential von ~**45%** bis 2030 und von **80%** bis 2050
• Die größten Reduktionspotentiale sind in der **Industrie** zu finden	• **Transport** und **Gebäude** bilden z. B. in der Schweiz **mehr als 50%** des gesamten Reduktionspotentials
• CO_2-Einsparungen sind sehr **teuer** für Gesellschaft und Wirtschaft	• CO_2-Maßnahmen **sparen Kosten und schaffen Arbeitsplätze**, z. B. ~20.000 in der Schweiz bis 2030
• Unternehmen sind durch hohe Kosten im globalen Markt benachteiligt	• Die rasch wachsenden globalen Märkte bieten **enorme Chancen für innovative Firmen**

Steigender weltweiter Rohstoff- und Energiebedarf fordern eine Energieeffizienz-Revolution

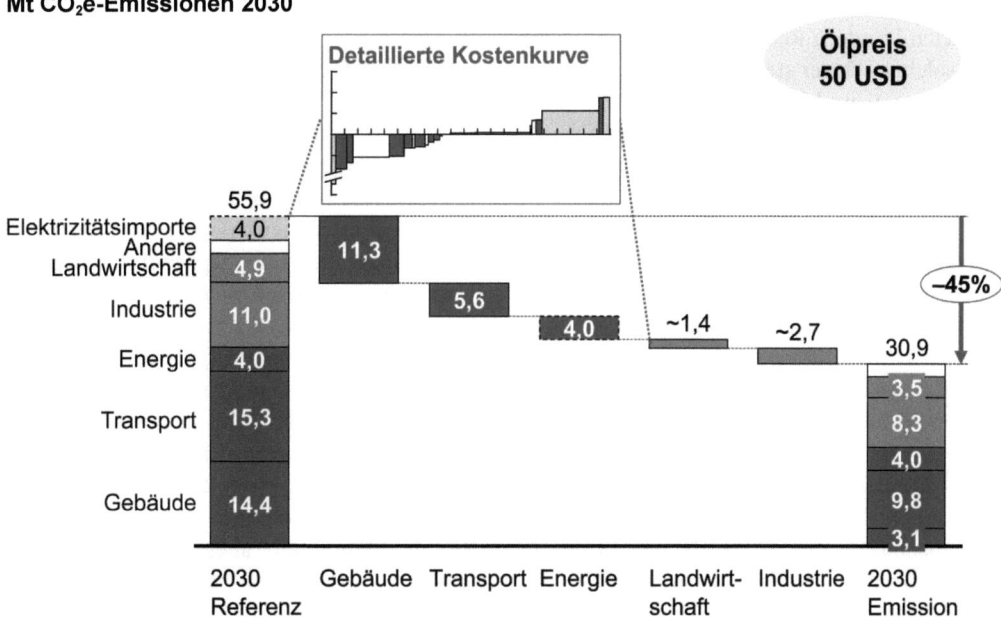

Abb. 5.2 Gesamtes Reduktionspotential von 45% im Inland bis 2030 in der Schweiz. Mt CO$_2$e = Megatonnen Kohlendioxid-Äquivalente. Quelle: McKinsey

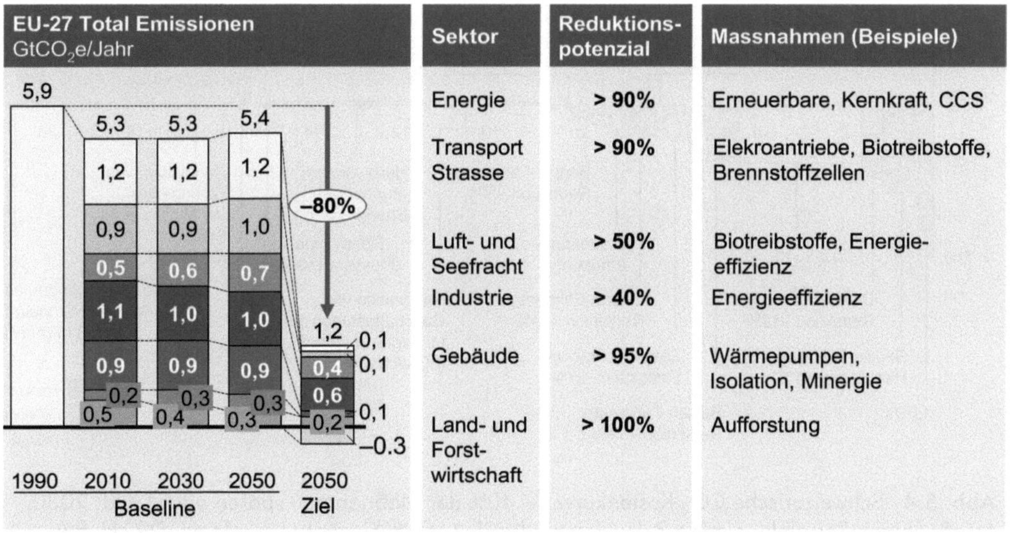

Abb. 5.3 In Europa ist bis 2050 theoretisch eine Reduktion von 80% möglich (grobe Schätzung). Quelle: McKinsey

möglich. Null-Energiehäuser sind heute schon in vielen Ländern Realität — und die Beliebtheit solcher Häuser steigt. Zu guter Letzt kann in der Forst- und Waldwirtschaft durch Aufforstung sogar ein positiver Beitrag geleistet werden, indem durch Aufforstung mehr CO_2 gebunden als verbraucht wird.

Das Ziel einer 80%-Reduktion bis 2050 wurde schon von verschiedenen Stellen in der Europäischen Union und anderen Regierungen in die Diskussion gebracht. Dieses Ziel zu erreichen würde voraussetzen, dass wir in Zukunft vieles anders machen, als heute. Insbesondere müssten Investitionen anders gelenkt werden und nur noch solche Energien oder Nutzungen gefördert werden, die tatsächlich klimaneutrale Charakteristiken ausweisen. Technisch ist es möglich. Es ist eine politische Frage, ob wir das wollen oder nicht.

5.3 CO_2-Reduktion spart Geld

Wo lässt sich CO_2 einsparen? Und wie können CO_2-Einsparungen auch Kosten- und Wettbewerbsvorteile bringen? Es ist klar, dass die meisten CO_2-Emissionen aus den Bereichen Gebäude, Transport und Energieproduktion kommen. Und genau in diesen Sparten können signifikante Mengen an CO_2 eingespart werden.

Die Schweizerische CO_2 Kostenkurve zeigt auf, wieviel CO_2 zu welchen Kosten eingespart werden kann (Abb. 5.4). Je weiter links auf der Kurve, umso größer sind die sogenannten Negativkosten der Umsetzung einer Maßnahme — das heißt sie spart Geld. Ein konkretes Beispiel: Wenn ein altes Haus grundsaniert wird, und statt 8000 l Heizöl nur noch 2000 l

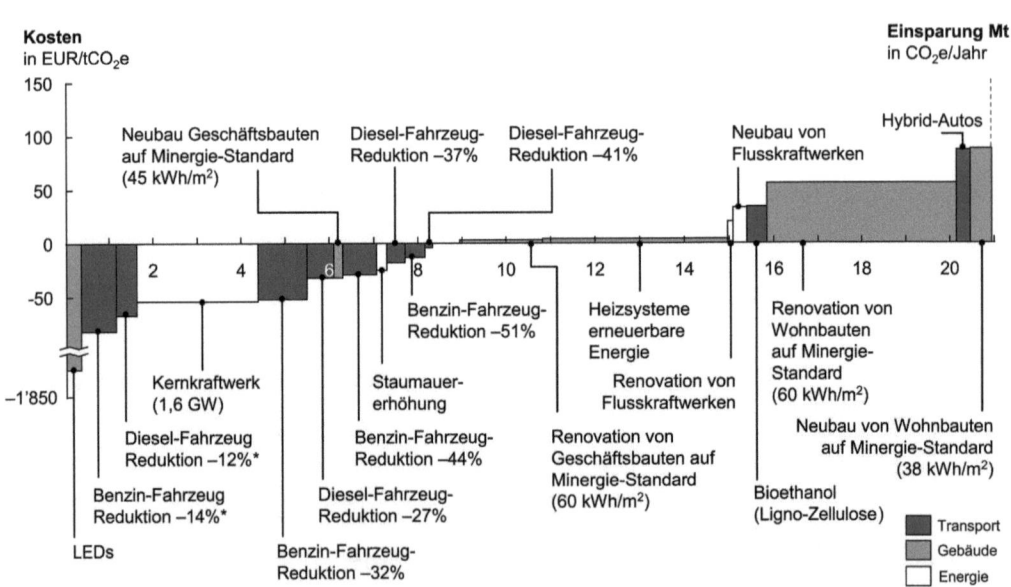

Abb. 5.4 Schweizerische CO_2 Kostenkurve — 40% der Maßnahmen sparen auch Geld: 2030. *Maßnahmen Beispiele: niedrig Rollwiderstandsreifen, neue Einspritztechnologie, Druckluftanpassung im Pneu, Gewichtsreduktion durch Leichtbauweise, Spoiler zur Reduktion des Luftwiderstandes. Quelle: McKinsey

pro Jahr verbraucht werden, dann rechnet sich die Einsparung über die Amortisation und die Zinskosten für den Hausbesitzer. Maßnahmen zur energetischen Gebäudesanierung (Abb. 5.5) betreffen vor allem die Isolation und Heizungssysteme (z. B. Wärmepumpen mit Erdsonden).

Ähnlich im Bereich Transport: viele Maßnahmen in diesem Sektor sind ökonomischer als viele meinen. Eine Verbesserung der Aerodynamik, z. B. das Aufsetzen von Spoilern bei Lastwagen, bringt 2 bis 3% weniger Benzinverbrauch. Andere relativ einfache und billige Maßnahmen, die zu weniger Benzinverbrauch führen, sind ebenfalls bekannt: Niedrig-Rollwiderstandsreifen, effizientere Motoren, Treibstoff sparendes Fahrverhalten, und Hybrid-Antriebe.

Auch die Kernkraft könnte eine Maßnahme bilden, um den CO_2-Ausstoß in der Schweiz zu verringern (Abb. 5.4). Ohne Berücksichtigung der Risikokosten würde es sich tatsächlich lohnen, ein neues Kernkraftwerk zu bauen. Strom aus einem eigenen Kernkraftwerk in der Schweiz wäre billiger als CO_2-intensiven Strom aus Kohlekraftwerken zu importieren. Aber da besteht natürlich das Problem der politischen und gesellschaftlichen Akzeptanz der Kernkraft, und der möglichen Risiken (▶ Kap. 7).

5.4 Umsetzung der CO_2-Maßnahmen schafft Arbeitsplätze

Die Umsetzung der Maßnahmen zur Reduktion von CO_2 spart aber auch langfristig Geld und schafft Arbeitsplätze. So werden z. B. zur energetischen Sanierung von Gebäuden vor allem Arbeitsplätze in der Bauwirtschaft geschaffen (Abb. 5.6) und die Einsparungen an Heizöl führen zu Mehrkonsum in Bereichen, welche eine höhere Wertschöpfungstiefe haben als die Mineralölindustrie. Der volkswirtschaftliche Mehrwert wird dadurch erzielt,

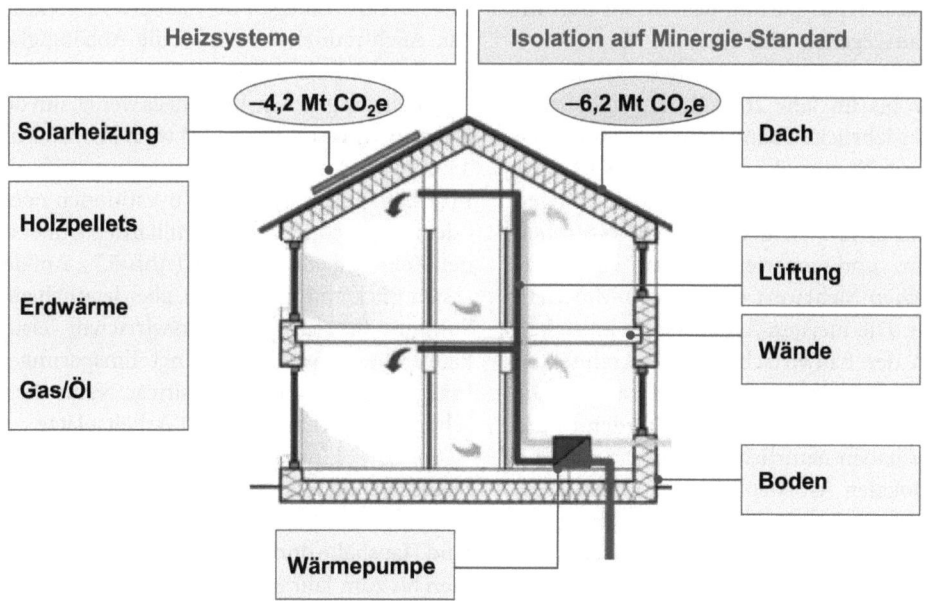

Abb. 5.5 Maßnahmen im Gebäudesektor in der Übersicht — Schweiz. Quelle: McKinsey

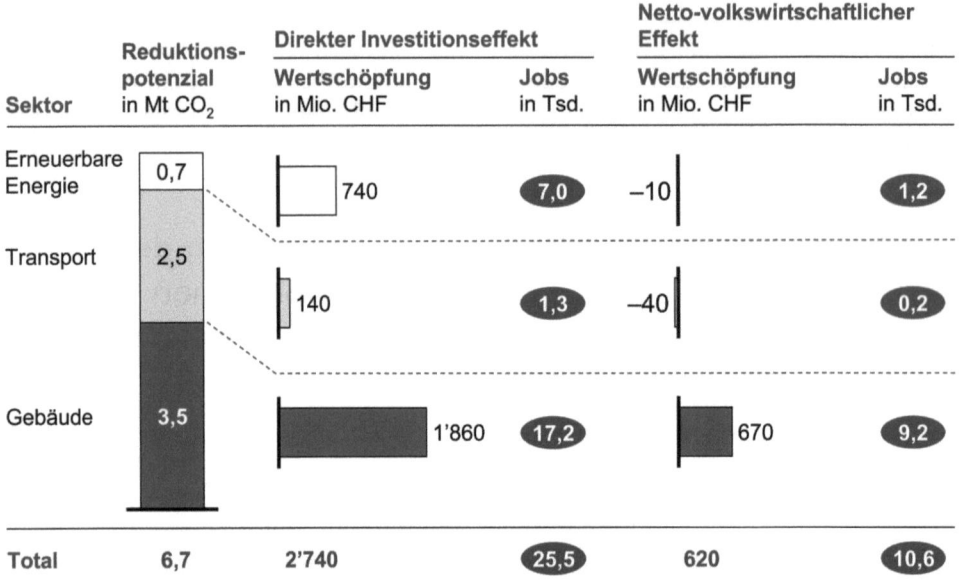

Abb. 5.6 Maßnahmen zur Energieeffizienz und zu erneuerbaren Energien in der Schweiz schaffen netto auch Arbeitsplätze — vor allem im Gebäudebereich. Effekte in der Schweiz 2020 vs. Referenzszenario. Quelle: McKinsey

dass weniger Heizöl importiert wird und das Geld aus der Einsparung des Heizöl nun im Inland ausgegeben wird.

Im Bereich Gebäude können wir in der Schweiz bis im Jahr 2020 durch eine Erhöhung der jährlichen Sanierungsrate von heute ca. 1% auf 2% etwa 3,5 Megatonnen CO_2 sparen. Diese energetischen Gebäudesanierungen brauchen etwa 2 Mrd CHF an Investitionen pro Jahr, und generieren einen volkswirtschaftlichen Mehrwert von ca. 700 Mio CHF pro Jahr. Die meisten Arbeitsplätze entstehen lokal in der Bauwirtschaft, vom Architekten und Planer bis zum Fensterlieferanten. Die Gemeinden und kantonalen Behörden in der Schweiz haben natürlich ein großes Interesse, solche lokalen Arbeitsplätze zu fördern. Deshalb stellen viele Kantone und Gemeinden Fördermittel für derartige energetische Gebäudesanierungen zur Verfügung.

Es gibt natürlich auch Verlierer, wie zum Beispiel diejenigen, die im Bereich Import und der Distribution von Heizöl tätig sind. Dort werden einige Hundert Arbeitsplätze verloren gehen, doch dies ist angesicht der großen positiven Auswirkungen im Baubereich verkraftbar. Auch reduzieren wir so die Abhängigkeit von Erdölimporten.

Finanziell gesehen, braucht es wenig, um den Ausstoß von CO_2 in der Schweiz bis 2030 um 45% zu reduzieren. Effektiv sind ca 0,7% des Bruttoinlandsproduktes an Investitionen nötig, oder umgerechnet etwa 38 Milliarden € über einen Zeitraum von 20 Jahren (Abb. 5.7). Auf den ersten Blick eine große Zahl, aber letztlich eine Summe, die sich jede Volkswirtschaft leisten kann. Diese Investition bringt Einsparungen, bringt langfristig einen positiver Netto-Wertschöpfungseffekt und schafft Arbeitsplätze.

Solche Einsparungen sind auch in Deutschland sehr wohl möglich. McKinsey hat ausgerechnet, dass deutsche Unternehmen und Haushalte durch Energieeffizienzmaßnahmen bis zum Jahr 2020 rund 53 Mrd € pro Jahr einsparen könnten (Abb. 5.8). Und dadurch werden ebenfalls einige hunderttausende Arbeitsplätze geschaffen, da das eingesparte Geld im Inland anderweit ausgegeben werden kann.

Steigender weltweiter Rohstoff- und Energiebedarf fordern eine Energieffizienz-Revolution

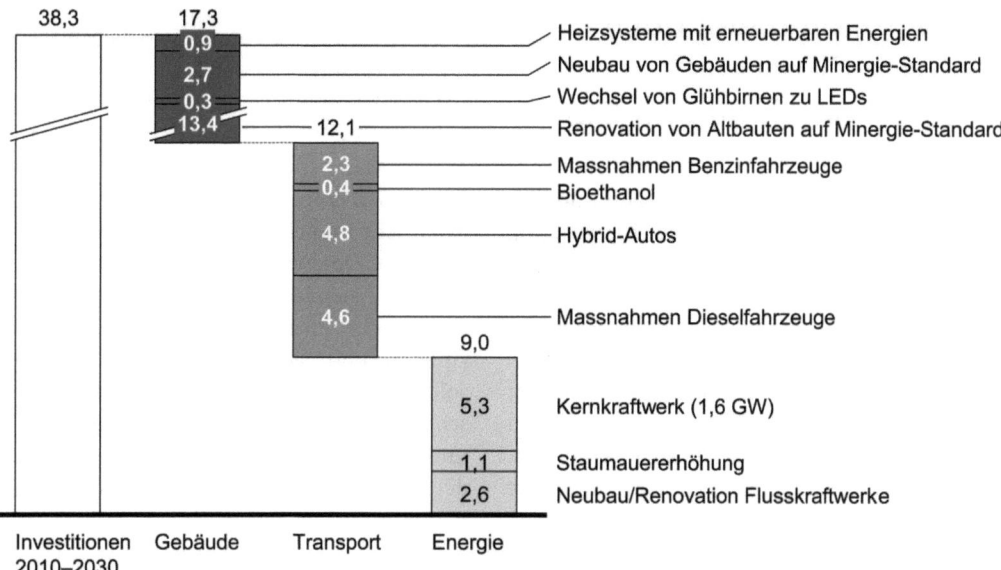

Abb. 5.7 Gesamtinvestitionen von EUR 38 Milliarden im Zeitraum 2010–2030 oder 0,7% des BIPs pro Jahr in der Schweiz. Quelle: McKinsey

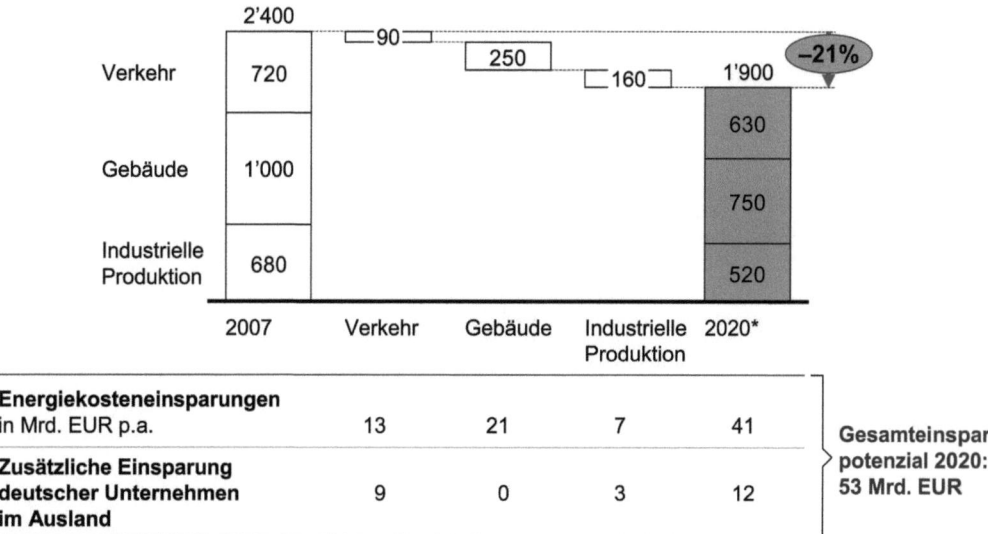

Abb. 5.8 Deutsche Unternehmen und Haushalte können im Jahr 2020 ihre Energiekosten um 53 Mrd. EUR p.a. reduzieren. Zur besseren Veranschaulichung der Einsparpotenziale wurden das gleiche Nutzungsverhalten und die gleiche Wirtschaftsleistung wie 2007 zu Grunde gelegt. Quelle: McKinsey

5.5 Energieeffizienz-Revolution bietet auch grosse Chancen für Unternehmen im Export

Der effiziente Umgang mit Energien und fossilen Rohstoffen erfordert die Entwicklung von neuen Technologien — hier geht es in den nächsten Jahren erst richtig los. Der weltweite Markt für diese „energieeffizienten Produkte" beträgt heute etwa 500 Mrd € und bis in zehn Jahren erwarten wir eine Vervierfachung der Umsätze (Abb. 5.9). Effiziente Antriebe im Fahrzeugbereich, verbesserte Isolationsmaterialien in der Gebäudetechnik, energiesparende Maschinen und Konsumgüter werden weltweit gefragt sein. Die Produktion von CO_2-armer Primärenergie wird Investitionen in Milliardenhöhe auslösen.

Neue Fahrzeugkomponenten, beispielsweise für Hybridantriebe, werden 2020 ein Marktpotenzial von über 300 Milliarden € haben (Abb. 5.10). Im gleichen Zeitraum wird der globale Markt für Batterien um etwa 20 bis 30 Mrd. € wachsen. Zur Zeit sind hier vor allem japanische und chinesische Unternehmen führend. Viele dieser Märkte entwickeln sich vor allem in Asien und es ist eine Frage, wie westeuropäische Firmen an diesem Markt partizipieren und sich behaupten können. Wir sollten uns Gedanken machen, wie die Wirtschaft von diesem zukunftsträchtigen Wachstumsmarkt profitieren kann. Die Verbesserung der Energieeffizienz steht erst am Anfang, und wird uns noch lange begleiten.

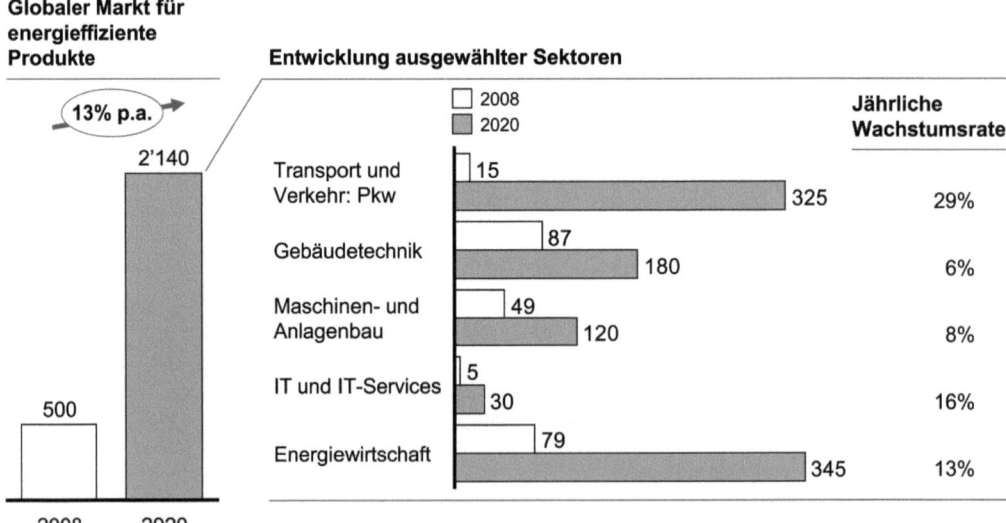

Abb. 5.9 Der globale Markt für energieeffiziente Produkte wächst bis 2020 auf über 2 Billionen EUR im Jahr 2020. Quelle: McKinsey

Steigender weltweiter Rohstoff- und Energiebedarf fordern eine Energieffizienz-Revolution

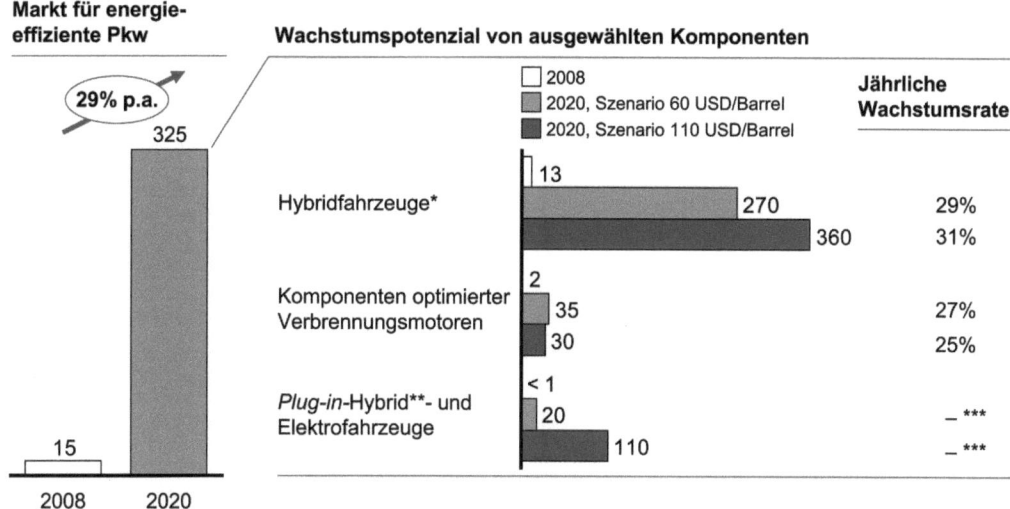

Abb. 5.10 Komponenten energieeffizienter Pkw erreichen im Jahr ein globales Marktpotenzial von 325 Mrd. EUR. Quelle: McKinsey

Kernaussagen

- Steigender weltweiter Rohstoff- und Energiebedarf fordern eine Energieffizienz-Revolution.
- CO_2 Reduktion ist technisch möglich.
- CO_2 Reduktion spart Geld.
- Umsetzung der CO_2-Maßnahmen schafft Arbeitsplätze.
- Energieeffizienz-Revolution bietet auch grosse Chancen für Unternehmen im Export.

6 Die Zukunft der Photovoltaik — ihre Einbindung in die Rohstoff- und Energiewirtschaft

Armin Müller und Frank H. Asbeck

Herrn Prof. Dr. Dr. h.c. mult. Hans-Heinz Emons zum 80. Geburtstag gewidmet

6.1 Der Weg zur Photovoltaik

Jeder Mensch benötigt täglich Energie. Sei es in Form von Nahrung, um seine Lebensfunktionen aufrecht zu erhalten, sei es in Form von Wärme, um die Nahrung zuzubereiten oder seine Wohnung zu heizen, sei es in Form von Licht und Verkehr. Ein menschliches Dasein ohne tägliche Energiezufuhr ist nicht möglich. Ein Teil wird hierbei direkt durch die Sonne zur Verfügung gestellt. Pflanzen wandeln mittels Photosynthese die Sonnenenergie in organische Materie um, die insbesondere für die Nahrung des Menschen von Bedeutung ist. Die Sonne gibt uns Licht und Wärme und ermöglicht ein lebenserhaltendes Klima auf der Erde.

Zusätzlich zu diesen Energiebeiträgen benötigen wir jedoch noch weitere Energie. Über viele Jahrtausende wurden hierfür Holz, als gespeicherte Sonnenenergie, sowie Wasser- und Windkraft genutzt. Viel später wurden fossile Energieträger in Form von Kohle, Erdgas und Erdöl, die genauer betrachtet auch nur gespeicherte Sonnenenergie sind, zur Energiebereitstellung für die Menschen verwendet.

Seit mehr als 50 Jahren besteht weiterhin die Möglichkeit, Kernenergie und Photovoltaik (PV) zu nutzen. Der Entdeckung der Kernspaltung durch Hahn und Meitner 1938 und deren erstmaliger militärischer Nutzung 1945 folgte aufgrund des hohen militärischen Interesses an den zerstörerischen Eigenschaften einer spontanen Energiefreisetzung bei der Kernspaltung eine intensive Forschung und Entwicklung auf diesem Gebiet bis zur Gegenwart. Neben der militärischen Anwendung wurde die Kernspaltung seit 1950 auch für die friedliche Energieumwandlung eingesetzt (▶ Kap. 7 und 8).

Die Nutzung des Fotoeffektes für die Energiebereitstellung, für dessen wissenschaftliche Erklärung im Jahre 1905 Albert Einstein 1921 den Physiknobelpreis bekam, gelang erstmals Chapin, Fuller und Pearson 1953 mit der Herstellung der ersten Solarzelle an den Bell Laboratories (Chapin et al. 1954). Die ersten Anwendungen dieser neuen Art der Energieumwandlung erfolgten in der Raumfahrt zur Stromversorgung von Satelliten und Raumstationen.

Erst mit Ereignissen, wie z. B. der ersten Erdölkrise in den 1970er Jahren, dem Reaktorunfall von Tschernobyl 1986, der Veränderung der weltpolitischen Lage nach Beendigung des Kalten Krieges 1990 und Entwicklungen wie der stetig steigenden Weltbevölkerung und dem Klimawandel, wurde der Photovoltaik stärker Beachtung geschenkt.

Dies führte in den letzten 15 Jahren zu

einem Wandel in der gesellschaftlichen Einstellung zur Photovoltaik. Aus einer Hochtechnologie aus dem Bereich der Raumfahrt, die für terrestrische Anwendungen zu teuer und zu wenig effizient war, wurde eine mögliche alternative Form der Energieumwandlung für den künftigen Energiebedarf der Menschheit. Insbesondere die elegante direkte Umwandlung des Sonnenlichtes in elektrische Energie ohne stoffliche Emissionen, Lärm und mechanischen Verschleiß machte die Photovoltaik für viele Menschen interessant.

Doch was sind die wesentlichen Triebkräfte für die notwendige Umstellung der Energieversorgung der Menschheit von einer fossilnuklearen auf eine regenerative Basis? Die wichtigsten Triebkräfte sind die stark wachsende Weltbevölkerung, der Klimawandel und die Endlichkeit der fossilen und nuklearen Energierohstoffe.

6.2 Warum Photovoltaik?

Weltbevölkerung

Unser Planet Erde wird im Jahr 2011 den siebenmilliardsten Erdenbewohner begrüßen können. Die Zeitspanne, in der die Weltbevölkerung um eine Milliarde Menschen wächst, wird immer kürzer. Benötigte die Menschheit für die dritte Milliarde Menschen 1960 noch 30 Jahre, so waren es für die sechste Milliarde 1999 nur zwölf Jahre. Die Tendenz ist fallend, d. h. es wird zu beobachten sein, dass die siebente Milliarde Menschen bereits 2011 der Weltbevölkerung hinzugefügt sein wird. Haub (2002) hat in seinem Bericht zur „Dynamik der Weltbevölkerung" für 2050 etwas über neun Milliarden Menschen auf der Erde prognostiziert. Dies unter der Randbedingung, dass es gelingt, die Anzahl der Kinder je Frau sehr zeitnah von 2,65 im Jahre 2002 auf unter 2,1 zurückzuführen.

Gelingt dies nicht, so wird eine deutlich höhere Zahl an Menschen im Jahr 2050 auf unserem Planeten leben.

Diese Menschen benötigen Energie, in erster Linie dezentrale elektrische Energie. Es wird eine große Herausforderung sein, diese Energie bereitzustellen, da bereits heute 1,5 Mrd. Menschen keinen Zugang zu elektrischem Strom haben (▶ Kap. 12).

Klimawandel

Zur Herausforderung, die die Versorgung der Menschheit mit Energie darstellt, kommt der Klimawandel als eine weitere zu lösende Aufgabe hinzu. Dieser Wandel macht es dringend erforderlich, eine Energieversorgung auf nachhaltiger Grundlage zu etablieren. Wurde noch vor 15 Jahren der Klimawandel von vielen Wissenschaftlern angezweifelt, so steht heute der anthropogene Einfluss auf das Klima außer Frage. Die Ergebnisse von Petit et al. (1999) zeigen eindeutig, dass die Temperatur auf der Erde und der Kohlendioxidgehalt in der Atmosphäre in den vergangenen 400.000 Jahren korrelierten. Der Kohlendioxidgehalt in der Atmosphäre lag hierbei in einem Korridor zwischen 200 und 280 ppmv. Heute ist ein Kohlendioxidgehalt von mehr ca. 390 ppmv in der Atmosphäre messbar und es ist nur eine Frage der Zeit, bis die Erdtemperatur sich hierdurch weiter erhöht. Zellner (2006) schätzt eine Temperaturerhöhung von ca. 0,7°C seit Beginn der industriellen Revolution und der Etablierung der Industriegesellschaften heutigen Typs ab.

Nicht zuletzt der Anstieg der Häufigkeit von Naturkatastrophen in den vergangenen Jahrzehnten führt dazu, dass sich viele Menschen fragen, ob es eine Alternative zur CO_2-emittierenden Energieversorgung gibt, welche die gegenwärtige Technologie ablösen könnte. Die Politik hat sich zum Ziel einer maximalen Erderwärmung von 2°C bekannt. Aus diesem Grund gibt es zu einer Verringerung des Kohlendioxidausstoßes und dem weiteren Ausbau der regenerativen Energien keine vernünftige Alternative. Es bedarf weiterer großer Anstrengungen der Politik, dieses Ziel nach den Verhandlungen von Kyoto, Rio de Janeiro und Kopenhagen in einem verbindlichen internationalen Abkommen festzuschreiben und weltweit zu ratifizieren.

6.2.1 Verknappung der fossilen und nuklearen Energierohstoffe

Die Frage nach der Reichweite der konventionellen Energieträger kann natürlich nicht exakt mit Monat und Jahr beantwortet werden. Es steht jedoch fest, dass es aufgrund des steigenden Energiebedarfs pro Kopf und der stetig wachsenden Weltbevölkerung nur noch eine Frage von einigen Jahrzehnten ist, bis die gegenwärtig genutzten fossilen Energieträger Öl, Gas und Kernbrennstoffe zur Neige gehen (▶ Kap. 2 u. 3). Eine Abschätzung der tatsächlichen Reichweite der fossilen und nuklearen Energierohstoffe, eingeteilt in bekannte Reserven und nur geschätzte Ressourcen, wird von vielen Wissenschaftlern und staatlichen Institutionen seit Jahren durchgeführt (BGR 2010; EWG 2009; IEA 2008). Als Quintessenz der verschiedenen Studien kann man zusammenfassend sagen, dass

- der Ölpeak, d. h. der Zeitpunkt der maximal möglichen Fördermengen, spätestens 2030 eintritt,

- ab 2050 Erdöl nur noch für die stoffliche Umwandlung, z. B. in der chemischen Industrie, zur Verfügung steht und als Energierohstoff ausfällt und

- die Energierohstoffe Erdgas und nukleare Brennstoffe ab 2100 kaum noch zur Verfügung stehen und dann nur noch auf Kohle zurückgegriffen werden kann.

Auch wenn Kohle nach den gegenwärtigen Voraussagen auch nach 2100 zur Verfügung steht wird, so ist dies aufgrund des Ausstoßes an Kohlendioxid keine wirkliche Alternative. Es wird Zeit, die technischen und technologischen Voraussetzungen zu schaffen, um die Energieversorgung der Menschheit auf eine dauerhafte und umweltfreundliche Grundlage zu stellen und um der Gefahr des Verlustes der Energiebasis entgegenzuwirken.

Die Sonne, die seit mehr als 4 Mrd. Jahren auf unseren Planeten scheint, wird auch noch weitere Milliarden Jahre mit ca. 1.000 Watt pro Quadratmeter auf die Erdoberfläche strahlen. Für menschliche Maßstäbe steht damit — im Vergleich zu fossilen bzw. nuklearen Energieträgern — eine nahezu unerschöpfliche Energiequelle zur Verfügung.

Ist diese erst einmal flächendeckend der Nutzung zugeführt, so kann das Energieproblem der Menschheit als gelöst betrachtet werden. Mit der Entwicklung und dem Aufbau einer Photovoltaikindustrie, die auf dem Element Silizium basiert, wird mit Beginn des Sonnenstrom–Zeitalters ein Element gewählt, das mit ca. 24% Anteil an der Erdkruste das zweithäufigste Element auf unserer Erde ist, bei der Umwandlung in Solarmodule nicht verbraucht und am Ende deren Lebenszeit rezykliert werden kann.

Von einer Endlichkeit der Ressourcen für Sonnentechnologien kann man nach menschlichen Maßstäben im Vergleich zu fossilen Energieträgern somit nicht sprechen. Nach einem ersten, einige Jahrtausende währenden Solarzeitalter auf der Grundlage von Holz, und einer sich anschließenden Periode von ca. 400 Jahren, die im wesentlichen fossile Energierohstoffe nutzte, wird ein zweites Solarzeitalter auf der Grundlage von sonnengetriebenen, regenerativen Energien und Photosynthese folgen.

Die Prognose des wissenschaftlichen Beirats für „Globale Umweltveränderung" der Bundesregierung aus dem Jahre 2003 (WBGU 2003) zum Energiemix der Zukunft zur Deckung

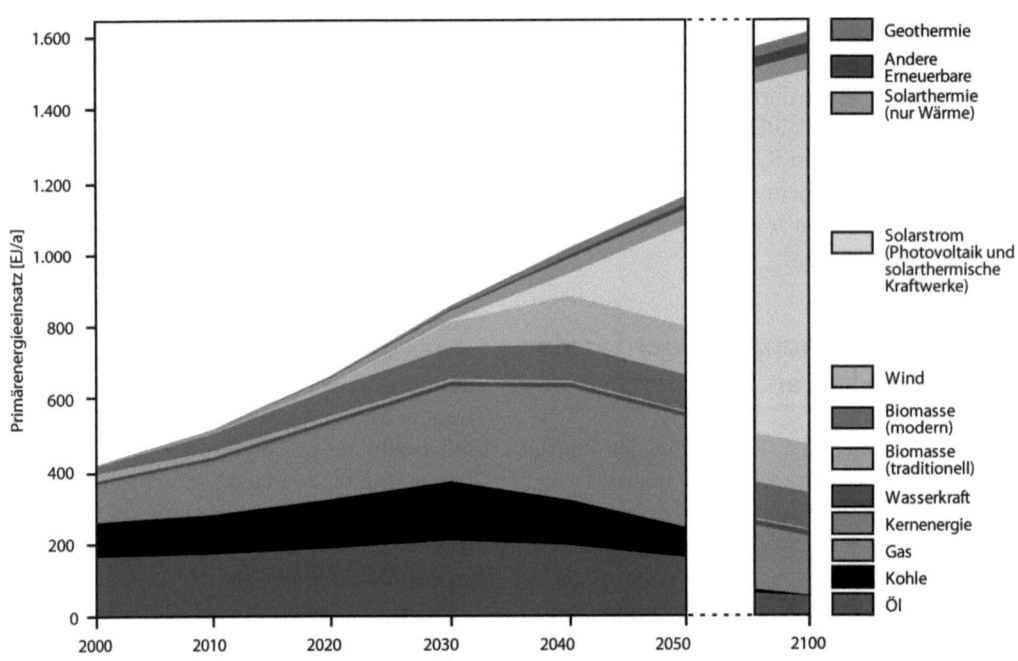

Abb. 6.1 Globaler Primärenergieverbrauch, exemplarischer Pfad. Quelle: WBGU (2003)

des globalen Primärenergieverbrauchs (Abb. 6.1) trägt dieser Entwicklung Rechnung. Es wird prognostiziert, dass 2050 fast 50% und 2100 etwa 80% des globalen Primärenergieverbrauchs mittels regenerativer Energien bereitgestellt werden.

6.2.2 Kernenergie statt Sonnenstrom?

Kernenergie statt Sonnenstrom, häufig wird diese vermeintliche Alternative benannt, um die bereits etablierte Nutzung der Kernenergie weiterführen zu können. Doch ist dies nur eine vermeintliche Alternative, denn die nachhaltigere und dauerhaft sinnvollere Technologie von beiden ist die Nutzung der Sonnenenergie z. B. in Form der Photovoltaik, insbesondere der siliziumbasierten Photovoltaik. Die Nutzung der Sonnenenergie trägt hierbei nicht nur zum Klimaschutz, sondern auch zur Friedenserhaltung bei. Hierfür können viele Gründe angegeben werden, an dieser Stelle soll nur auf drei wesentlichen Punkte eingegangen werden:

1. Auch die Rohstoffreserven für die Kernenergie sind endlich und werden nach seriösen Schätzungen, wie oben aufgeführt, ab 2100 nur noch stark eingeschränkt zur Verfügung stehen.
2. Die Möglichkeit der weltweiten gleichberechtigten Nutzung der Sonnenenergie in allen Staaten führt dazu, dass Konfliktsituationen aufgrund energiepolitischer Notwendigkeiten, wie zum Beispiel der Öl-Lagerstätten im Nahen Osten und Lateinamerika und den damit verbundenen kriegerischen Auseinandersetzungen, künftig vermieden werden können. Die Sonne scheint auf der ganzen Erde und jedes Land hat zu dieser Energiequelle Zugang.

3. Die sonnenbasierten Technologien können nicht gegen andere Menschen bzw. Völker missbraucht werden.

Ein gutes Beispiel für Technologiemissbrauch stellt die aktuelle Diskussion um die Nutzung der Kernenergie im Iran dar. Viele Staaten misstrauen der vom Iran angegebenen friedlichen Nutzung der Kernenergie. Es gibt Zweifel daran, dass der Iran diese Technologie ausschließlich friedlich nutzt und nicht zum Bau von Atomwaffen einsetzt. Aufgrund der immer häufiger auftretenden unsymmetrischen kriegerischen Auseinandersetzungen auf der Erde steigt die Gefahr, dass der schwächere Konfliktpartner nicht vor dem Einsatz von Atomwaffen zurückschreckt. Diese Gefahr kann nur durch eine baldige Substitution aller großtechnischen Anwendungen, die auf Kernspaltung aufbauen, gebannt werden.

6.3 Status der Photovoltaik

6.3.1 Ist die Sonnenenergie ausreichend?

Kann die Umwandlung des Sonnenlichtes in Sonnenstrom die konventionelle Energieumwandlung überhaupt vollständig ersetzen? Diese Frage wird häufig gestellt und ist mit einem eindeutigen „Ja" zu beantworten. Von der auf die Erde einstrahlenden Sonnenenergie wird nur ein Bruchteil benötigt, um den globalen Primärenergiebedarf unter Nutzung der heute verfügbaren Photovoltaik-Technologie zu decken. Dieses Rechenbeispiel (Tabelle 6.1) soll verdeutlichen, dass die Photovoltaik ein enormes Potential besitzt, um ein Mehrfaches des

Tabelle. 6.1 Ein Rechenbeispiel

Ist die Sonnenenergie ausreichend?
• Die heutigen Photovoltaik-Systeme „ernten" von den eingestrahlten 1.000 Watt (W) Sonnenenergie pro Quadratmeter (m²) Erdoberfläche etwa 15%, d. h. 150 W m^{-2}.
• Die Anzahl der Sonnenstunden pro Jahr (h a^{-1}) ist weltweit lokal unterschiedlich.
• In Deutschland werden etwa 800–1.000 h a^{-1}, in der Sahara etwa 2.200 h a^{-1} registriert. (Der Einfachheit halber wird das Rechenbeispiel mit 1.000 h a^{-1} durchgeführt. Das Ergebnis kann hierdurch besser auf Deutschland bezogen werden.)
• Je Quadratmeter können somit ca. 150 kWh Sonnenlicht in elektrische Energie bzw. 150 Mio. kWh km^{-2} umgewandelt werden.
• Der Weltprimärenergiebedarf betrug im Jahre 2008 472*10^{18} Joule (J), d. h. 472*10^{15} kJ oder 131*10^{12} kWh. Für diesen jährlichen Energiebedarf würde man eine Fläche von 873.400 km² mit einer Einstrahlung von 1.000 Sonnenstunden a^{-1} benötigen. Zum Vergleich: Die Fläche der Bundesrepublik Deutschland beträgt ca. 357.000 km². Also würde etwa die zweieinhalbfache Fläche der Bundesrepublik Deutschland für die Deckung des Weltprimärenergiebedarfes ausreichen.
• Die Fläche der Sahara beträgt ca. 9 Mio. km² bei mehr als doppelt so hoher Sonnenstundenzahl pro Jahr. Dies bedeutet, dass schon ca. 4,4% der Sahara ausreichen würden, den Weltprimärenergiebedarf aus dem Jahre 2008 zu decken.

heutigen Weltprimärenergiebedarfes zu decken. Natürlich würde der Energiebedarf nicht zentral durch die Abdeckung einer Fläche, wie im gewählten Beispiel in der Sahara, befriedigt, sondern der dezentrale Vorteil der Photovoltaik würde genutzt werden.

6.3.2 Die Wertschöpfungskette der siliziumbasierten Photovoltaik

Die erwähnte siliziumbasierte kristalline Photovoltaik-Technologie des Jahres 2010 ist in Abbildung 6.2 abgebildet. Auf der Grundlage kristalliner Siliziumwafer werden gegenwärtig ca. 82% der weltweit produzierten Solarmodule hergestellt. Hierbei kann zwischen einkristallinem und multikristallinem Silizium unterschieden werden. Silizium ist für den Einsatz in der Photovoltaik ideal geeignet. Es ist als zweithäufigstes Element auf der Erde nahezu unbegrenzt verfügbar. Es kann weiterhin rezykliert und somit beliebig häufig wieder in der Wertschöpfungskette der Photovoltaik eingesetzt werden. Es ist ungiftig und stellt somit bei der massenhaften und menschennahen Anwendung keine Gefahr für die Gesundheit dar.

Die einzelnen Wertschöpfungsstufen der Photovoltaik bestehen aus Reinstsilizium — Siliziumwafer — Solarzelle — Solarmodul — PV-System (Abb. 6.2).

In der ersten Stufe erfolgt die Herstellung von geeignetem hochreinem Solar-Grade-Silizium. Hierfür wird metallurgisches Silizium mit einer Reinheit von ca. 99% mit Chlorwasserstoff (HCl) zu Trichlorsilan ($HSiCl_3$) umgewandelt. Trichlorsilan kann mittels Destillation sehr gut von Verunreinigungen abgetrennt werden und ist hierdurch hochrein darstellbar. Das so gereinigte Trichlorsilan wird bei etwa 1.000°C an Siliziumstäben in Wasserstoffatmosphäre abgeschieden. Man erhält ein Solar-Grade-Silizium, dass eine Reinheit von > 99,999999% besitzt und den Ausgangsstoff zur Herstellung von multikristallinen Siliziumwafern für die Photovoltaik bildet. Zur Herstellung dieser Wafer wird das Solar-Grade-Silizium in quadratischen Kokillen bei 1.420°C geschmolzen und anschließend gerichtet vom Boden zur Oberfläche der Siliziumschmelze zu Siliziumblöcken erstarrt. Gleichzeitig erfolgt in diesem Schritt eine Grunddotierung des Siliziums mit Bor (B), um die in der Solarzelle erforderliche positive Basisdotierung einzustellen. Die so hergestellten Siliziumblöcke haben eine Masse

Abb. 6.2 Siliziumbasierte kristalline Photovoltaiktechnologie 2011.

von etwa 600 kg und werden schachbrettartig mittels schleifender Trennverfahren in Siliziumsäulen zerteilt. Die Säulen besitzen bereits das spätere Waferformat. Mittels Drahtsägetechnologie werden diese Säulen zu Siliziumwafern mit einer Waferdicke von 180–210 µm, vereinzelt bereits 150 µm und einem Waferformat von 156 x 156 mm verarbeitet.

In geeigneten Solarzellenprozessen werden aus diesen Wafern durch die Diffusion eines einseitigen Phosphoremitters, dem Abscheiden einer ca. 72 nm dicken Antireflexionsschicht aus Siliziumnitrid (Si_3N_4) und dem Aufbringen eines Vorder- und Rückseitenkontakts Solarzellen hergestellt. Der Wirkungsgrad der Solarzellen auf der Basis multikristallinen Siliziums beträgt gegenwärtig 16–17%. Solarzellen auf der Grundlage von einkristallinem Silizium haben einen Wirkungsgrad von 17–18%.

Die Solarzellen werden in Solarmodulen seriell verschaltet miteinander verlötet, in verschiedene Kunststofffolien (EVA, Tedlar) einlaminiert und mit einer Glasvorderseite versehen. Nach der abschließenden Rahmung des Laminats mit Aluminiumprofilen und dem Anbringen einer Anschlussdose ist das Solarmodul fertiggestellt.

Diese Herstellungstechnologie von Solarmodulen wurde in den letzten zehn Jahren in Zusammenarbeit mit kompetenten Partnern an Forschungsinstituten und Universitäten stetig weiterentwickelt und führte zu einer stetigen Degression der Herstellungskosten.

Aufgrund dieses technologischen Fortschritts in der Fertigung von Solarmodulen, kombiniert mit geeigneten staatlichen Förderinstrumenten, wie z. B. dem Erneuerbare Energien Gesetz (EEG) und der Förderung von Forschung und Entwicklung, konnte die Photovoltaikindustrie in den letzten Jahren global zweistellige jährliche Zuwachsraten verzeichnen (Abb. 6.3).

Solar-Grade-Silizium ist aufgrund diese Entwicklung mittlerweile das weltweit mengenmäßig größte Halbleiterprodukt. Wurden im Jahr 2000 ca. 19.500 t Reinstsilizium

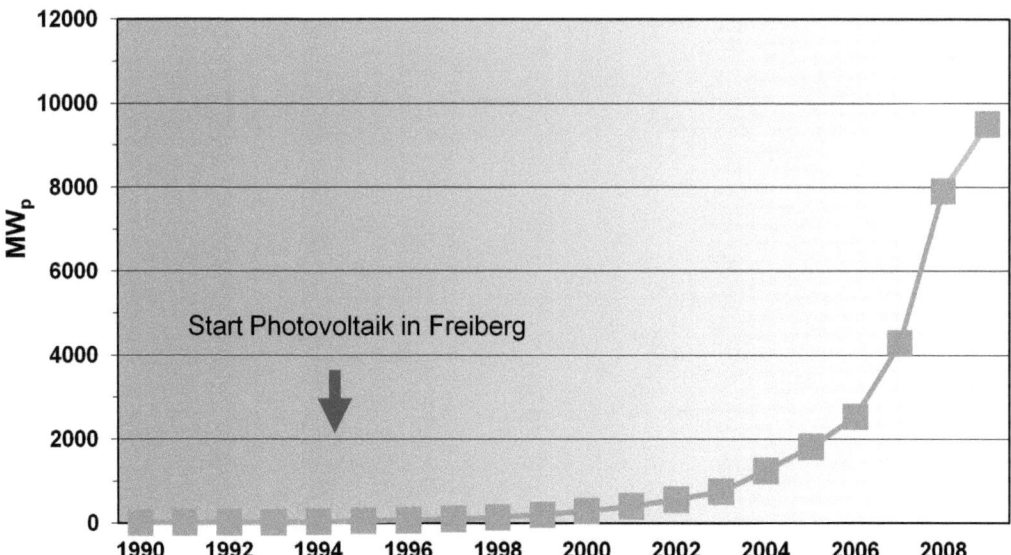

Abb. 6.3 Weltweite Solarzellen- und Solarmodulproduktion als Funktion der Jahre (Daten für 2009 geschätzt). MW_p = Megawatt Peak (Spitzenleistung), Einheit der maximalen Leistung eines Photovoltaik-Kraftwerks.

mehrheitlich für die Mikroelektronik hergestellt, so lag die Produktion 2009 bei ca. 90.000 t. Der Anteil von Solar-Grade-Silizium lag hierbei bei ca. 70%. Gleichzeitig wurde der Verbrauch an Reinstsilizium je W_p (Watt peak) stetig gesenkt. In Abbildung 6.4 ist der Verbrauch an Reinstsilizium je W_p über die Jahre dargestellt. Betrug der Siliziumverbrauch je W_p im Jahre 1998 noch 19 g so konnte dieser bis zum Jahr 2009 mit 6 g pro W_p auf weniger als ein Drittel abgesenkt werden. Hierbei wirkte sich sowohl die Steigerung der Kristall- und Blockgewichte mit damit verbundenen höheren Ausbeuten als auch die stetige Reduzierung der Siliziumwaferdicke und des Siliziumverlustes bei der Herstellung der Wafer mittels Drahtsägetechnologie entsprechend aus.

Ein weiterer Effekt, der zur Senkung des Siliziumverbrauchs je W_p wesentlich beitrug, ist die Steigerung des Zellwirkungsgrades. In Abbildung 6.5 ist diese Steigerung sowohl für multikristallines als auch für monokristallines Silizium dargestellt. Durch die kontinuierliche Verbesserung der Qualität der Siliziumwafer und einer Weiterentwicklung des Zellprozesses gelang es, den Wirkungsrad seit dem Jahr 2000 in der industriellen Fertigung um ca. 25% zu steigern. Im Jahre 2010 konnte die SolarWorld AG den Meilenstein von 17% Wirkungsgrad im industriellen Fertigungsprozess überschreiten.

Beide Faktoren, die Absenkung des Verbrauchs an Reinstsilizium und die Steigerung des Zellwirkungsgrades führten neben weiteren Faktoren wie z. B.

- Absenkung des Verbrauchs an Hilfsstoffen, wie z. B. Druckpasten, SiC, Sägedraht, Glas
- Steigerung der Produktivität der Maschinen und Anlagen
- einer stetigen Steigerung des Automatisierungsgrades
- Reduzierung von Ausschuss
- Verbesserung der Qualität

zu einer stetigen Kostensenkung.

Auch die Erhöhung der Produktionskapazitäten und der Produktionsmengen von Solar-

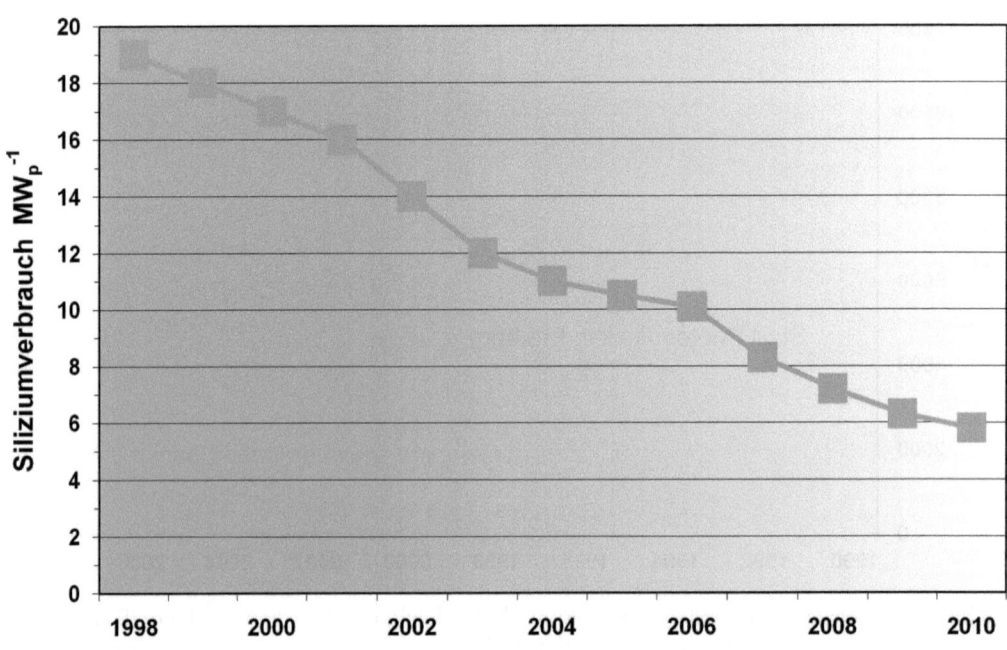

Abb. 6.4 Verbrauch an Reinstsilizium je W_p in Abhängigkeit der Jahre. Daten für 2010 geschätzt.

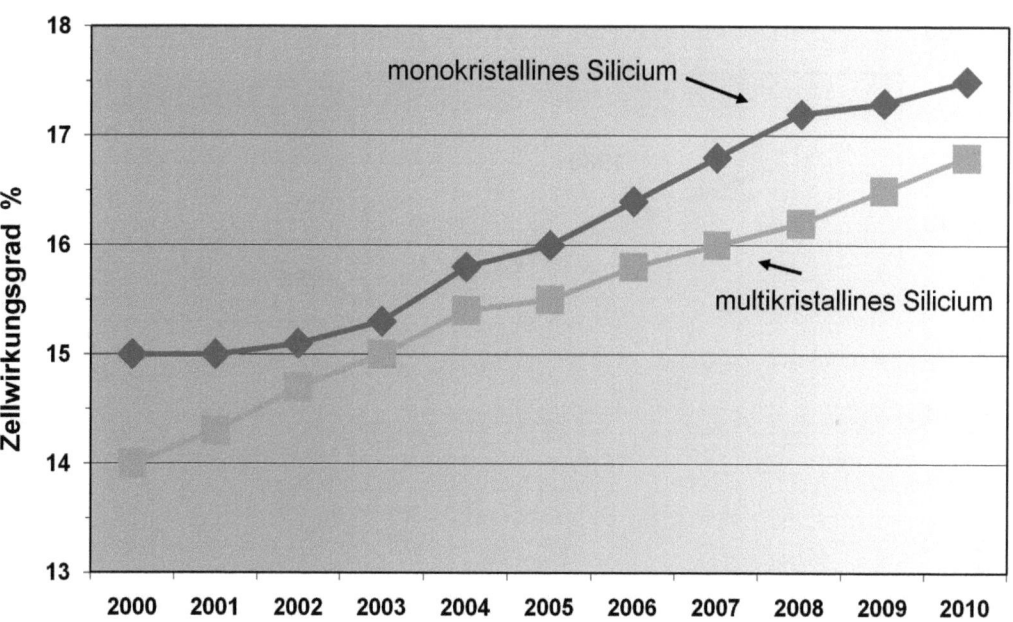

Abb. 6.5 Steigerung des Zellwirkungsgrades in Abhängigkeit der Jahre für monokristallines und multikristallines Solarsilizium.

firmen von 20 MW je Firma im Jahr 1995 auf 500 MW bis 1 GW je Firma in 2009, verbunden mit den entsprechenden Skaleneffekten und den oben beschriebenen Faktoren, führten zu einer weiteren Kostenreduzierung.

In Abbildung 6.6 ist die Absenkung der Modulherstellkosten als Funktion der kumulierten weltweiten Modulproduktion dargestellt. Kostete die Herstellung von Solarmodulen im Jahr 1980 bei einer kumulierten weltweiten Modulproduktion von ca. 20 MW noch ca. 12 US\$/W_p, so waren es 1996 bei einer kumulierten Modulproduktion von ca. 500 MW noch ca. 4 US\$/W_p. Heute liegen die Herstellungskosten bei einer kumulierten Weltproduktion von ca. 20.000 MW bei ca. 1,80 USD/W_p. In den vergangenen Jahrzehnten, seit Beginn der industriellen Herstellung von Solarzellen und -modulen für die terrestrische Stromversorgung, konnte somit eine Halbierung der Kosten je Verzehnfachung der Produktionsmenge erreicht werden.

Mit der Reduzierung der Kosten konnte ebenfalls der Energiebetrag, der zur Herstellung von Solarmodulen benötigt wird, abgesenkt werden. Die Frage, wieviel Energie für die Herstellung eines PV-Systems benötigt wird und wieviel Energie das PV-System in seiner Lebenszeit wieder zur Verfügung stellt, wurde in vielen Studien untersucht (Jungblut et al. 2008; Kaltschmitt et al. 2003) und wird mit der energy pay back time (EPBT) beschrieben. Die EPBT beträgt in Europa mittlerweile nur noch 3–4 Jahre. Das bedeutet, dass die für die Herstellung eines siliziumbasierten Photovoltaiksystems notwendige Energie in Europa in 3–4 Jahren durch das PV-System, aufgrund der Umwandlung von Sonnenlicht in elektrische Energie, wieder zur Verfügung gestellt wird. In der verbleibenden Nutzungszeit der PV-Anlage, dies sind in der Regel weitere 20 bis 25 Jahre, ist diese eine echte Kohlendioxidsenke. Bei der Nutzung von fossilen Energieträgern kann von einer EPBT nicht die Rede sein, da stetig neuer „Brennstoff" benötigt wird.

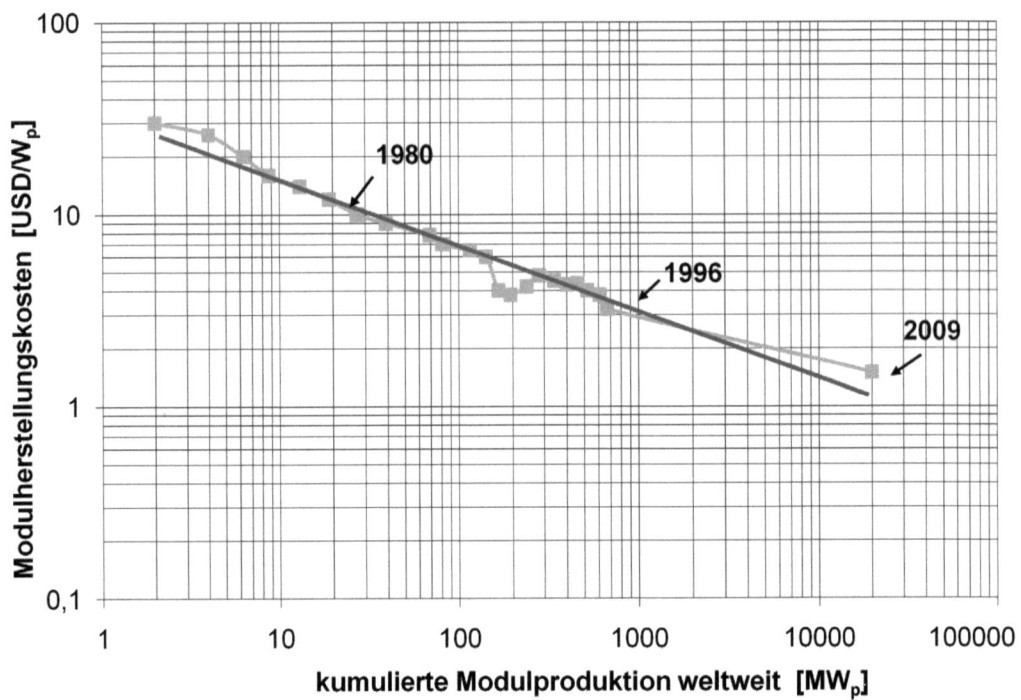

Abb. 6.6 Absenkung der Herstellungskosten je W_p im Solarmodul in Abhängigkeit der kumulierten weltweiten Modulproduktion.

6.4 Zukunft der Photovoltaik

Die Photovoltaik vereint bemerkenswerte Vorteile, die sie für eine der Säulen der künftigen Energieversorgung besonders geeignet macht. Sie ermöglicht sowohl eine zentrale als auch eine dezentrale Energieversorgung. Sie kann als Energiequelle zur Versorgung einer Wasserpumpe im abgelegenen Dorf ohne Stromanschluss genauso genutzt werden wie zur Versorgung eines Einfamilienhauses in Europa. Sie kann als Energiequelle in Gebäudefassaden (Building-integrated photovoltaics, BIPV) oder in einem 25 MW–Kraftwerk eingesetzt werden.

Photovoltaik verursacht während des Betreibens keine Emissionen, einschließlich Lärm, und kann somit menschennah angewendet werden.

Dazu erzielt Photovoltaik den höchsten Energieertrag je Fläche im Vergleich mit dem Anbau von Biotreibstoffen. Liegt der Flächenertrag von Biotreibstoffen bei ca. 66.000 kWh/ha, so kann Photovoltaik in Deutschland je nach Flächenbelegung 250.000 bis 400.000 kWh/ha und Jahr bereitstellen (▶ Kap. 10).

Schließlich kann Photovoltaik Verbrauchsspitzen, die in der Regel um die Mittagszeit anfallen, abdecken und kann somit die teuerste Bereitstellung von Strom, den Spitzenlaststrom, substituieren. In Japan und den USA ist Sonnenstrom in den Spitzenlastzeiten vom Vormittag bis zum Nachmittag bereits heute preiswerter als der konventionell angebotene Stromtarif.

Neben diesen erheblichen Vorteilen besitzt die Photovoltaik auch einen Nachteil, der jedoch der elektrischen Energie immanent ist. Dieser Nachteil ist die nicht permanent vorhandene Verfügbarkeit der elektrischen Energie. Sie muss direkt nach ihrer Bereitstellung eingesetzt werden. Ihre Speicherung ist bisher nur in geringem Umfang möglich. Bei einer stetigen Steigerung des Anteils an Sonnenstrom muss auch die Möglichkeit seiner Speicherung sowie seines intelligenten Einsatzes geschaffen werden. Beides sind technische Herausforderungen, jedoch nicht unmöglich. Die Speicherung ist sowohl im Netz, jedoch mit geringer Speicherkapazität, als auch mittels Akkumulatoren möglich. Akkumulatoren auf der Grundlage von Blei (Pb), Lithium (Li), Natrium-Schwefel (NaS), Nickelhydrid (NiH) und Vanadium (V)-Redoxsystemen sind im Gebrauch und werden gegenwärtig aufgrund der künftigen Elektromobilität intensiv untersucht. Hierbei ist die Anwendung von Akkumulatoren als Stromspeicher im Einfamilienhaus bei weitem nicht so herausfordernd wie im Automobil. Spielen doch im Einfamilienhaus Gesichtspunkte wie z. B. das Eigengewicht der Speichersysteme bzw. notwendige Einsatztemperaturen von 300 °C für Akkumulatoren wie z. B. bei dem NaS-System, nur eine untergeordnete Rolle bzw. sind eine leicht lösbare Aufgabe. Auch die Speicherung von elektrischer Energie durch mechanische Systeme, wie z. B. in Pumpspeicherwerken, Druckluftspeichern oder mittels Schwungmassen, ist möglich und die chemische Speicherung von elektrischer Energie durch die Umwandlung in Wasserstoff, Methanol oder Essigsäure ist denkbar (▶ Kap. 11).

Neben seiner Speicherung von Sonnenstrom ist der intelligente Umgang mit Sonnenstrom ein weiteres Feld. Mittels *Smart Metering*, der zeitgenauen Abrechnung und Vergütung von Sonnenstrom bei steigendem Eigenverbrauch, gestützt durch *intelligente Netze und Anlagen*, die bei Überangebot an Strom Lasten zu- und bei Strommangel Lasten abschalten, ist ein geeigneter Umgang mit zeitlich inhomogener Energiebereitstellung möglich (▶ Kap. 12).

Eine weitere Alternative ist die Kopplung von mehreren regenerativen Stromerzeugungsformen zum Ausgleich fluktuierender Bereitstellung. In einem beispielhaften Modellprojekt wurde 2006 ein „Regeneratives Kombikraftwerk" bestehend aus Solarparks (6 GWh), Windparks (26 GWh) und Biomasseanlagen (10 GWh) kombiniert mit einem Pumpspeicherwerk installiert und mit ihm die Bereitstellung von 41,1 GWh pro Jahr, dass heißt 1/10.000 des Strombedarfs der Bundesrepublik Deutschland, untersucht (Mackensen et al. 2008; ▶ Kap. 12).

Das Projekt „Regeneratives Kombikraftwerk" geht zurück auf die Initiative der drei Energiegipfel-Teilnehmer der Sparten Bio-, Solar- und Windenergie — die Schmack Biogas AG, die SolarWorld AG und die Enercon GmbH — die gemeinsam die Leistungsfähigkeit und gute Regelbarkeit eines Regenerativen Kombikraftwerks aus real bestehenden Anlagen unter Beweis stellen wollten (Mackensen et al. 2008). Kommunikationsplattform für die Ergebnisse des Projektes bildete der Energiegipfel der Bundesregierung im Juni 2007, auf dem den Teilnehmern nicht nur eine vorgefertigte Simulation des Kraftwerksverhaltens eingespielt, sondern vor allem die Möglichkeit der interaktiven Echtzeit-Steuerung des Kombikraftwerks ermöglicht werden sollte (Mackensen et al. 2008).

Damit untersucht werden kann, ob die erneuerbaren Energien in der Lage sind, den Strombedarf in Deutschland zu jeder Zeit vollständig zu decken, mussten die Größe und der zeitliche Verlauf der Last so genau wie möglich ermittelt werden. Für das Regenerative Kombikraftwerk (RKK) wurde der Nettostrombedarf (Größe und Verlauf) in Deutschland aus verschiedenen Analysen ermittelt und für das Jahr 2006 ein aggregierter Strombedarf von 411,3 TWh angesetzt.

Die Ergebnisse dieses regenerativen Kombikraftwerkes zeigen seit 2007 eindrucksvoll, dass bei Kombination der verschiedenen Technologien eine Versorgung von 12.000 Haushalten mit elektrischem Strom möglich ist.

6.4.1 Wie lange muss die Photovoltaik noch gefördert werden?

Ein Wandel in grundlegenden Themen, welche die ganze Gesellschaft betreffen, bedarf stets der politischen Unterstützung. Dies ist jedoch meist äußerst schwierig, da die Dauer von politischen Mandaten nur einen Bruchteil der Bindungszeit langfristiger Entscheidungen beträgt.

Es war ein politischer Glücksfall, dass mit dem Amtsantritt der ersten rot-grünen Bundesregierung im Jahre 1998 der politische Wille zur Verabschiedung des Erneuerbare Energien-Gesetzes (EEG) vorhanden war.

Mit diesem Instrument wurde eine Entwicklung angestoßen, die allen regenerativen Energien und insbesondere der Photovoltaik zu einem nachhaltigen Wachstumsschub verhalf. Durch diesen Schub und die gegebenen stabilen Rahmenbedingungen konnten die Produktionskapazitäten für die Herstellung von Solarmodulen systematisch ausgebaut werden. Dies führte unter anderem zu der von allen Seiten gewünschten und oben bereits ausgeführten Degression der Herstellungskosten für PV-Systeme. Mit der Novellierung des EEG im Jahre 2003 und der eingeführten stärkeren Degression der Einspeisevergütung je kWh wurde dieser Entwicklung Rechnung getragen. Die erwirtschafteten Gewinne der Branche wurden für weitere Investitionen der Firmen genutzt, um bei dem rasanten Wachstum der Gesamtbranche mithalten zu können und weitere Kostensenkungen zu ermöglichen.

Wie oben ausgeführt, kann eine PV-Anlage bereits heute den zur Herstellung erforderlichen Energiebedarf mehrfach decken und wenige Jahre nach Inbetriebnahme als Kohlendioxidsenke wirken. Dennoch wird die Anwendung der PV heute noch staatlich gefördert. Dieser Umstand ist ein Hauptargument der Gegner von PV-Anlagen und führte 2010 zu einer überproportionalen Absenkung der Einspeisevergütung für Sonnenstrom. Aufgrund der zum 1.7.2010 in Kraft getretenden Änderung des EEG wird die PV-Industrie im Jahre 2010 mit einer Vergütungsreduzierung von ca. 40% belastet werden. Diese unangemessene Absenkung wird die junge Branche unverhältnismäßig stark belasten und zu einer drastischen Verschärfung des Wettbewerbs führen, den nur wenige PV-Unternehmen in Deutschland überstehen werden.

Auch ohne diesen starken politischen Druck hat sich die PV-Industrie mit Einführung des EEG zum baldigen Erreichen der Netzparität verpflichtet. Die Netzparität, d. h. der photovoltaisch auf dem eigenen Dach erzeugte Strom ist kostengünstiger als der Strom, den der Verbraucher aus der Steckdose bezieht, wurde für die Jahre 2013/2014 vorhergesagt und wird jetzt aufgrund der stärkeren Reduzierung des Einspeisetarifs bereits 2012/2013 eintreten. Das heißt, 2012/2013 wird eine Kilowattstunde PV-Strom weniger als 26 Eurocent kosten. Anschließend wird ein sehr starkes Marktwachstum eintreten und zu einer zweiten Schubphase der PV-Branche führen, die zu einem sich selbst tragenden Markt führen wird.

Aufgrund der Wettbewerbssituation mit der konventionellen Hausstromversorgung wird der weitere Anstieg des konventionellen Hausstrompreises abgeschwächt, jedoch nicht vollständig vermieden werden. Ursache hierfür sind die verschiedenen Kostenarten bei der Herstellung des konventionellen Hausstromes, die einer systematischen zeitlichen Erhöhung unterliegen.

Die Gestehungskosten des Solarstromes werden aufgrund des internationalen Wettbewerbs bei der Herstellung von Solarmodulen auch künftig kontinuierlich fallen. Somit ist es nur eine Frage der Zeit, bis sich neben dem Markt der Haustromversorgung weitere Märkte für den Solarstrom erschließen. Insbesondere in Regionen unserer Erde, die im Vergleich zu Deutschland jährlich deutlich mehr Sonnenstunden haben, wird die Überschreitung der Schwelle zur Konkurrenzfähigkeit gegenüber der konventionellen Stromversorgung bereits mittelfristig zu beobachten sein. Regionen wie der Mittelmeerraum und die arabische Halbinsel werden mit zu den ersten Regionen gehören, in denen der Solarstrom eine sehr große Rolle in der Stromversorgung von Bevölkerung und Industrie spielen wird.

Die Problematik jedoch ist, dass sich die globale Nutzung der Photovoltaik unter marktwirtschaftlichen Prinzipien einer globalisierten Wirtschaft durchsetzen muss. Und hierfür sind nicht Naturgesetze und Energiebilanzen ausschlaggebend, sondern volks- und betriebswirtschaftliche Mechanismen und politische Maßnahmen, die wiederum stimulierend oder hemmend wirken können. Aus diesem Grund muss die für die vergangenen Jahre aufgezeigte Senkung der Herstellungskosten der PV-Technik weitergeführt werden. Kurzfristig ist hierdurch 2012/2013 die Netzparität erreichbar. Diese wird dazu führen, dass die Photovoltaik langfristig ein fester Bestandteil der weltweiten Energieinfrastruktur werden wird.

Eine zentrale Bedeutung kommt hierbei der Speicherbarkeit von elektrischer Energie zu. Die Energiespeicherung, aber auch die Installation intelligenter Netze, der stärkere Eigenverbrauch von Solarstrom und das Smart Metering müssen in den nächsten Jahren intensiv bearbeitet werden, um die grundlegende und zukunftsweisende Änderung der Energiebasis unserer Gesellschaft zu ermöglichen (▶ Kap. 12).

6.5 Fazit

Die Photovoltaik hat vom energetischen Standpunkt aus betrachtet bereits heute einen technologischen Stand erreicht, der eine vollständige Ablösung der fossilen Energiewirtschaft ermöglichen würde. Bei weltweiter massenhafter Anwendung der heutigen Solarmodule zur Energiebereitstellung können die größten Herausforderungen der Menschheit, das heißt die Versorgung der stetig wachsenden Weltbevölkerung mit Energie und die Verknappung der fossilen Energieträger zeitnah gelöst und der Klimawandel bei entsprechendem politischen Willen stark abgebremst werden.

Quellenverzeichnis

BGR (Hrsg; 2010) Energierohstoffe 2009 / Energy resources 2009. Reserves, Resources, Availability. www.bgr.bund.de

Chapin DM, Fuller CS, Pearson GL (1954) A new silicon p-n junction photocell for converting solar radiation into electrical power. J. Appl. Phys. 25: 676–677

EWG (2009) www.EnergyWatchGroup.org

Haub C (2002) Dynamik der Weltbevölkerung. Berlin Institut für Bevölkerung und Entwicklung, Berlin

IEA (2008) World Energy Outlook 2008. Internat Energy Agency; http://www.worldenergyoutlook.org/

Jungblut N (2008) Ökobilanz von erneuerbaren Treibstoffen: Zusammenfassung verschiedener Studien. AKU — Arbeitsgemeinschaft Klima, Energie, Umwelt der Schweizerischen Evangelische Allianz, SEA Klimaforum 2008: „Leere Bäuche — voller Tank" vom 5. Juli 2008 http://www.esu-services.ch/cms/fileadmin/download/jungbluth-2008-biotreibstoffe.pdf

Kaltschmitt M, Wiese A, Streicher W (2003) Erneuerbare Energien, 3. Aufl. Springer Verlag; 702 S.

Mackensen R, Rohrig K, Emanuel H (2008) Das regenerative Kombikraftwerk — Abschlussbericht vom 31. April 2008 http://www.kombikraftwerk.de/fileadmin/downloads/2008_03_31_Ma__KombiKW_Abschlussbericht.pdf

Petit JR, Jouzel J, Raynaud D, Barkov NI, Barnola JM, Basile I, Bender M, Chappellaz J, Davis M, Delaygue G, Delmotte M, Kotlyakov VM, Legrand M, Lipenkov VY, Lorius C, Pépin L, Ritz C, Saltzman E, Stievenard M (1999) Climate and atmospheric history of the past 420,000 years from the Vostok ice core, Antarctica. Nature 399: 429–436

WBGU (2003) Welt im Wandel — Energiewende zur Nachhaltigkeit. Hauptgutachten Wissenschaftlicher Beirat der Bundesregierung zu Globalen Umweltveränderungen. Springer, Heidelberg; 254 S.; www.wbqu.de

Zellner R (2006) Die +2-Grad-Gesellschaft: Wieviel Klimaschutz ist noch nötig? Chem Ing Tech 78, 4: 361–365

Kernaussagen

- Die Aufgaben Klimawandel, Bevölkerungswachstum und Endlichkeit fossiler und nuklearer Energierohstoffe sind nur mit der Nutzung regenerativer Energiequellen zu lösen.

- Die Photovoltaik, d.h. die Umwandlung der Sonnenenergie in elektrischen Strom, wird eine Hauptsäule der künftigen Energieversorgung sein.

- Die Photovoltaik nutzt das Element Silizium und hat somit eine ungiftige, recycelbare und nahezu unerschöpfliche Rohstoffbasis.

- Der Photovoltaikstrom wird 2013 preiswerter als konventioneller Strom aus der Steckdose sein.

- Stromspeicherung, intelligente Netze und die Steigerung der Eigennutzung des Sonnenstroms sind die ideale Ergänzung zur Photovoltaik.

7 Nachhaltige Nutzung der Kernenergie

Antonio Hurtado

7.1 Die Entwicklung der Kernenergietechnik

Die Nutzung der Kernenergie stellt eine signifikante Säule für die Erreichung der Energieziele gemäß der internationalen Klimakonvention dar: geringe CO_2-Emissionen, Versorgungssicherheit, Wettbewerbsfähigkeit und stabile Energiepreise. In der Europäischen Union (EU) werden derzeit etwa 31% der Elektrizität aus Kernenergie erzeugt und somit jährlich fast 900 Mio. Tonnen (t) CO_2-Emissionen vermieden. Ohne diesen Beitrag wäre das Ziel der EU, die CO_2-Emissionen bis 2020 um 20% und bis 2050 um 60–80% zu reduzieren, nicht erreichbar (EK 2009).

Da der überwiegende Teil der Uranressourcen und -reserven in politisch stabilen Regionen liegt, sind politisch motivierte Preisschwankungen für den Kernbrennstoff Natururan nicht zu erwarten (EK 2009). Im Hinblick auf eine künftige globale Nachfrage nach Elektrizität ist dagegen anzunehmen, dass viele industrielle Prozesse von fossiler Energie auf dekarbonisierte Energie umgestellt werden (▶ Kap. 11). Für neuartige, nichtelektrische Anwendungen resultiert darüber hinaus die Möglichkeit, die Verbrennung fossiler Brennstoffe im Markt durch industrielle Prozesswärme aus CO_2-freier Kernenergie zu ersetzen. Dieser Markt ist heute bereits sehr groß und wird ein enormes Wachstum erfahren, wenn sich der Markt für alternative Brennstoffe (Öl aus Teersanden und Ölschiefer, Wasserstoff, synthetische Brennstoffe) weiter entwickelt (▶ Kap. 2, 3, 8). Um sich diesen Herausforderungen des Elektro- und Wärmesektors stellen zu können, wird Europa den Anteil der Kernenergienutzung erhöhen bzw. aufrechterhalten.

Während es sich bei Kernreaktoren der Generation II um die Anlagen handelt, welche heute weltweit etwa seit Beginn der 1970er Jahre in Betrieb sind (Abb. 7.1), verfolgen Kernreaktoren der Generation III einerseits eine Erhöhung der Wettbewerbsfähigkeit, andererseits eine nennenswerte Verbesserung der Sicherheitseigenschaften (Hurtado 2009; Schulenberg et al. 2004). Diese Entwicklung soll weitere technologische Innovationen initiieren, um so die Leistungsfähigkeit (Werkstoff-, Montage- und Herstellungstechnik der Komponenten) kontinuierlich zu optimieren. Im Hinblick auf die Nachhaltigkeit in der Nutzung von Gen III-Reaktoren gilt es, den Verwertungsgrad der Uran-Ressourcen zu maximieren (Erhöhung des Konversionsverhältnisses des Reaktors, Spaltstoffanreicherung über 5%, hohe Abbrandraten etc.). Ein weiterer Schwerpunkt besteht in der Abfallminimierung unter Berücksichtigung des gesamten Brennstoffzyklus. Weiterhin sind Anstrengungen nötig, welche künftig zu einer internationalen Harmonisierung von Genehmigungsverfahren der

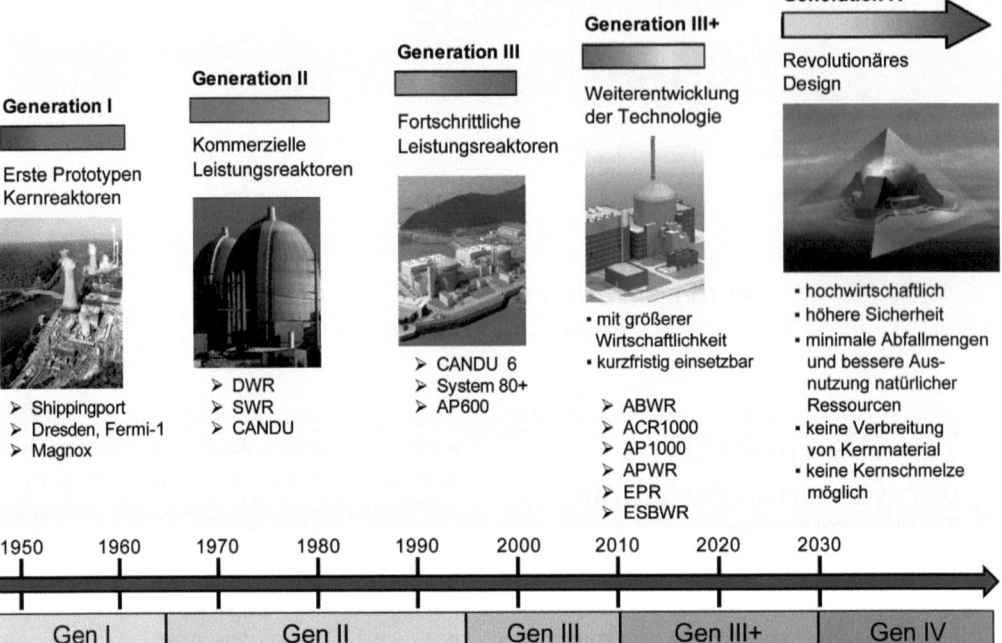

Abb. 7.1 Entwicklung bisheriger Kernreaktoren. Abbildung geändert nach: A Technology Roadmap for Generation IV Nuclear Energy Systems, OECD/NEA, 2006. Mit freundlicher Genehmigung des Generation IV International Forums der OECD/NEA. Abk.: **LWR** Leichtwasserreaktor; **DWR** Druckwasserreaktor; **SWR** Siedewasserreaktor; **CANDU** Canada Deuterium Uranium Siedewasserreaktor; **AGR** Gasgekühlter Kernreaktor (Advanced Gas-cooled Reactor); **EPR** Europäischer Druckwasserreaktor (European Pressurised Water Reactor); **ABWR** Fortgeschrittener Siedewasserreaktor (Advanced Boiling Water Reactor); **ESBWR** Economic Simplified Boiling Water Reactor (weiterentwickelter Siedewasserreaktor von General Electric). Erläuterungen: **System 80+** DWR aus der Familie der ALWR (Advanced Light Water Reactors, fortgeschrittene Leichtwasserreaktoren), ursprünglich von Combustion Engineering entwickelt, von Westinghouse weiterverfolgt; **AP-600, AP-1000** DWR vom Typ Westinghouse AP-600 bzw. AP-1000; **ACR1000** Advanced CANDU Reactor vom Typ ACR-1000.

Reaktoren (Konstruktion und Sicherheitsbewertung, Zertifizierung der Subunternehmer, Einführung neuer Herstellungs- und Montagetechnologien etc.) führen sollen. Eine derartige harmonisierte europäische Sicherheitskultur würde einen fristgerechten Reaktorbau und Inbetriebnahme sowie eine wirtschaftliche Optimierung insbesondere in der Planungsphase kerntechnischer Anlagen gewährleisten.

7.2 Nachhaltigkeit der Kernenergie

In zahlreichen Staaten werden bereits fortschrittliche Reaktorkonzepte mit höherem Sicherheitsniveau gegenüber den Generationen II und III weiterentwickelt. Im Sinne einer verantwortlichen Vorsorgeforschung ist es geboten, kerntechnische Lösungen für eine nachhaltige Energiewirtschaft, d. h. frei von limitierten Uranreserven und -ressourcen zu entwickeln. Es handelt sich dabei um Kernreaktoren, welche die wettbewerbsfähige und zuverlässige Bereitstellung von Energieprodukten, wie z. B. Prozesswärme als Sekundärenergie, verfolgen. Derartige Systeme sollen künftige Anforderungen an die Sicherheit und Entsorgung sowie die Proliferation und öffentliche Akzeptanz erfüllen (▶ Kasten 7.1).

Für den Energieträger Wasserstoff wird in einer zukunftsgerichteten weltweiten Energiewirtschaft ein starker Anstieg der Nachfrage erwartet. Wasserstoff trifft als Rohstoff in der chemischen Industrie zur Veredelung der geförderten Ölprodukte auf einen rasch anwachsenden Markt und wird künftig gegebenenfalls auch als umweltfreundlicher Kraftstoff eine zunehmende Bedeutung erlangen (▶ Kap. 11). Im Hinblick auf eine Wasserstoffproduktion in großem Maßstab (Blöcke mit 400–600 MW thermischer Energie) kommt der Kernenergie eine entscheidende Rolle zu. Auf dem Weg zu einer höheren Energiesicherheit und -stabilität wird die nukleare Wasserstofferzeugung einen wesentlichen Beitrag leisten, und es gilt, eine sichere und nachhaltige Nutzung der Kernenergie als Energiebeitrag im 21. Jahrhundert zu entwickeln. Erfolgversprechende Wasserstofftechnologien basieren auf Hochtemperaturreaktoren mit Austrittstemperaturen des Kühlmittels Helium bis 980°C (mit dem Very High Temperature Reactor, VHTR, als nukleare Erzeugungseinheit der vierten Generation).

Reaktortechnologien der vierten Generation (Gen IV), welche sich derzeit in der Entwicklungsphase befinden, sollen im Vergleich zu heutigen Kernreaktoren das Energiepotenzial, bezogen auf Natururan, um den Faktor 50 erhöhen (Schulenberg et al. 2004). Ein weiterer Vorteil besteht in der nennenswerten Reduktion von hochradioaktiven Abfallmengen, da sie in der Lage sind, langlebige minore Aktinide zu verbrennen (Minore Aktinide sind im Nuklidvektor nur in geringen Konzentrationen auftretende Radionuklide). Die Integration der Einzelkomponenten, die Überführung der jeweiligen Technologien in industriellem Maßstab, die politischen und gesetzlichen Rahmenbedingungen sowie Betriebsleistung und -kosten sind Teil laufender Forschungsaktivitäten und müssen in Zukunft beantwortet werden.

Um eine Lösung für die langfristige Nachhaltigkeit der Kernenergienutzung zu bieten, verfolgt Europa z. B. die Entwicklung von Reaktoren mit schnellem Neutronenspektrum (Fast Neutron Reactor, FNR) sowie von thoriumbasierten Hochtemperaturreaktoren mit hoher Priorität (EK 2009). Diese Entwicklungen betreffen speziell den natriumgekühlten schnellen Reaktor (Sodium Cooled Fast Reactor, SFR) als bewährtes Konzept, den bleigekühlten schnellen Reaktor (Lead Cooled Fast Reactor, LFR) und den gasgekühlten Reaktor (VHTR) als alternative Technologien. Gemäß des bisherigen Entwicklungsstands umfasst der Planhorizont bis 2040 eine Reaktorflotte aus einem Mix der Generationen II, III und IV. Evolutionäre Reaktoren der dritten Generation mit verbesserter Sicherheit und Wettbewerbsfähigkeit werden derzeit in neu erbauten Kraftwerken in Finnland, Frankreich und China realisiert (AREVA 2010).

Kernreaktoren der neuen Generation sind das Ergebnis von kontinuierlicher Technologieentwicklung und Lernprozessen aus bestehenden Reaktoren. Bei der Konstruktion der neuen Reaktoren macht man sich die seither gesammelte Betriebserfahrung zunutze. Die Sicherheit wird durch innovative aktive und passive Systeme verbessert, der Wirkungsgrad erhöht, der Brennstoffverbrauch reduziert, die Betriebszuverlässigkeit erheblich verbessert, der Abfall minimiert und dadurch die Wirtschaftlichkeit deutlich verbessert (Leistungen variieren in Abhängigkeit des jeweiligen Reaktortyps).

Kasten 7.1
Der Reaktorunfall in Fukushima, Japan — Wie kann die Reaktorsicherheit davon künftig profitieren?

Der Unfall im Kernkraftwerk Fukushima Daiichi vom 11. März 2011 hat nach den schweren Unfällen von 1979 in Three Mile Island und 1986 in Tschernobyl eine neue Debatte hinsichtlich der friedlichen Nutzung der Kernenergie ausgelöst. Erneut wird die Frage diskutiert, inwieweit kerntechnische Anlagen beherrschbar sind, so dass derartige Unfälle, verbunden mit einer massiven Freisetzung von Radioaktivität, ausgeschlossen werden können.

Das Seebeben mit der Magnitude 9,0 — Epizentrum ca. 160 km nordöstlich von Fukushima im Pazifik — löste eine Reaktorschnellabschaltung (RESA) aus. Die Anlage reagierte danach bestimmungsgemäß, und mit Hilfe der Dieselaggregate konnte zunächst eine gesicherte Kernkühlung gewährleistet werden. Eine Stunde später traf der Tsunami mit einer Wellenhöhe von ca. 14 m die Reaktoranlage und sorgte bei einer großräumigen Zerstörung der Infrastruktur für einen Ausfall der Kühlwasserpumpen sowie der Notkühl-Dieselgeneratoren. Ausgehend von einer auslegungsbestimmenden Höhe der Tsunamiwelle von 5,7 m als Referenzgröße wird deutlich, dass die in Fukushima erreichte Wellenhöhe deutlich die Auslegungsannahmen übertraf[1].

Infolge des Ausfalls der Kühlsysteme war keine gezielte Nachzerfallswärmeabfuhr aus dem Reaktordruckbehälter (RDB) sowie Notbespeisung möglich. Die darauffolgende Verdampfung des Kühlmittels Wasser führte einerseits zum Druckanstieg im RDB, wobei das Abblasen des Drucks zwangsläufig zur Freisetzung von Reaktivität führte. Andererseits hatte die Verdampfung des Wasserinventars die teilweise Freilegung bzw. fehlende Kühlung von Brennelementen (BE) im Reaktorkern zur Folge. Die Aufheizung der Hüllrohrstrukturen in den Brennelementen führte oberhalb von 900°C zur Produktion von Wasserstoff sowie zur partiellen Beschädigung der Hüllrohre als erste Spaltproduktbarriere. Diese Phänomenologie kann in der hier beschriebenen Form für die Reaktorblöcke 1, 2 und 3 angenommen werden. Im Falle von Reaktorblock 4, bei dem sich zum Zeitpunkt des Ereignisses das gesamte Kerninventar im BE-Lagerbecken befand, kam es infolge eines Schadens am Lagerbecken ebenfalls zu einer deutlichen Absenkung des Wasserspiegels, weshalb die wärmeproduzierende BE über lange Zeiträume nicht gekühlt werden konnten. Auch hier kann von einer partiellen Zerstörung der Hüllrohrstrukturen, d. h. der ersten Spaltproduktbarriere ausgegangen werden.

Die betroffenen Kernreaktoren in Fukushima gehören zur Generation II (Abb. 7.1) und innerhalb dieser Kategorie zu den ältesten der in Japan betriebenen Kernkraftwerke. Sie sind als Siedewasserreaktoren amerikanischer Bauart vergleichbar mit Kernreaktoren gleichen Typs in europäischen Ländern. Bisherige Untersuchungen zum Unfall in Fukushima für die Blöcke 1 bis 4 zeigen, dass die aufgetretenen Schäden, welche zu einem *station blackout*, d. h.

zum vollständigen Ausfall der aktiven Kühlsysteme sowie der Notkühleinheiten geführt haben, nicht auf das Seebeben sondern ausschließlich auf den verheerenden Tsunami zurückzuführen sind.

Die technisch-wissenschaftliche Auseinandersetzung mit dem Reaktorunfall in Fukushima zeigt darüber hinaus, dass die hier eingetretene Situation nicht a priori auf andere Kernreaktoren wie zum Beispiel in Deutschland übertragbar ist. Sowohl auf der Ebene der Notfallmaßnahmen als auch bei den vorgelagerten Sicherheitsebenen wurden bei der Auslegung dieser Kernreaktoren gleicher Bauart Vorkehrungen getroffen, die Auswirkungen wie in Fukushima gar nicht erst entstehen lassen [2]. Die Frage, welche Erkenntnisse und Erfahrungswerte beim japanischen Betreiber TEPCO sowie bei den japanischen Sicherheits- und Genehmigungsbehörden aus bisherigen Tsunamis vorliegen und wie zusätzliche Investitionen zur Ertüchtigung der Kernreaktoren in Fukushima zu einer Erhöhung der Anlagensicherheit respektive zu einer nennenswerten Reduktion des Ausfallrisikos hätte beitragen können, ist weiter zu ergründen. Es gilt, Lehren zu ziehen und eindeutige Handlungsempfehlungen für die Reaktorsicherheit abzuleiten, welche künftig in Japan und weltweit Anwendung finden müssen.

Im Hinblick auf die Sicherheit bzw. auf die Beherrschung von zukünftigen Kernreaktoren sind Konzepte zu präferieren, die nach der Abschaltung der nuklearen Kettenreaktion und auch bei einem vollständigen Ausfall der Kernkühlung sich auf Grund ihrer physikalischen Auslegung selbsttätig, das heißt, ohne dass hierfür Fremdenergie benötigt wird, stabilisieren können. Die Nachzerfallswärmeabfuhr erfolgt ausschließlich naturgesetzlich über Wärmestrahlung, -leitung und natürliche Konvektion. Derartige Konzepte liegen bereits entwickelt vor; sie sind modular ausgelegt, verwenden Helium als Kühlmittel und sind in der Lage, neben der Stromproduktion auch Prozesswärme für industrielle Prozesse auf sehr hohem Temperaturniveau bereitzustellen. Somit werden sie künftig sowohl für den Strom- als auch für den Wärmemarkt von Bedeutung sein.

Derartige Reaktorsysteme werden heute im Rahmen internationaler Projekte als Generation IV-Reaktoren weiterentwickelt (Abb 7.1). Westliche Industriestaaten verfügen bekanntermaßen über umfangreiche Erfahrungen beim Betrieb kerntechnischer Anlagen, weshalb ihre Mitwirkung an diesen Projekten unabdingbar ist. Gerade in Europa wird zunehmend deutlich, dass die Kernenergienutzung in zahlreichen Staaten als Basis für eine sichere, umweltfreundliche und wettbewerbsfähige Energieversorgung Berücksichtigung findet. Es kann davon ausgegangen werden, dass Kernreaktoren mit passiven sowie mit selbsttätigen Sicherheitssystemen eine höhere öffentliche Akzeptanz erreichen werden.

---

[1] Japanische Sachverständigenorganisation/Aufsichtsbehörde: http//fukushima.grs.de/ Vortrag_japanische_Sachverstaendigenorganisation_Aufsichtsbehoerde
[2] Ludgar Mohrbach; Unterschiede im gestaffelten Sicherheitskonzept: Vergleich Fukushima Daiichi mit deutschen Anlagen; Sonderdruck aus atw Jahrgang 56 (2011), Heft 4/5

Zielstellungen für Gen IV-Reaktoren sind Wettbewerbsfähigkeit, hohe Sicherheitsstandards, Nachhaltigkeit und Proliferationsresistenz. Bei wirtschaftlicher Wettbewerbsfähigkeit und äußerst hoher Sicherheit sowie zunehmender Nutzung intrinsischer und passiver Sicherheitsmerkmale bei ernsten Störfallszenarien sollen diese Kernreaktoren die natürlichen Uran-Ressourcen optimal ausnutzen und Abfallmengen minimieren. Weiterhin sollen sie Kraft-Wärme-Kopplungsprozesse (Ko-Generation) für die Nutzung in thermischen Prozessen, beispielsweise Wasserstofferzeugung oder andere industrielle Anwendungen, ermöglichen. Viele dieser Kernreaktorkonzepte der Generation IV arbeiten im schnellen Neutronenspektrum, was die Entwicklung geschlossener Brennstoffzyklen und die vollständige Ausnutzung des Energiepotenzials des Uran-Brennstoffs in Verbindung mit einer systematischen Nutzung des erbrüteten Plutoniums bei gleichzeitiger Rückführung und „Verbrennung" von minoren Aktiniden ermöglichen soll. Dadurch wird eine erhebliche Verbesserung der Proliferationsresistenz erreicht (Schulenberg et al. 2004).

Europa wird künftig durch das EURATOM-Programm mit einer immer stärkeren Einbeziehung der Mitgliedstaaten eine zunehmend verantwortliche Rolle einnehmen. Ausgewählt wurden sechs verschiedene Reaktorsysteme, welche eine erfolgreiche Erreichung der Ziele der Generation IV erwarten lassen. Bei einer ausgedehnten und verbesserten Uran-Prospektion ist zu erwarten, dass die Uranreserven noch deutlich länger reichen als aufgrund der heute bekannten begrenzten Ressourcen geschätzt wird (EK 2009).

Für eine nachhaltige Kernenergienutzung kommt Thorium zunehmend als alternativer Brennstoff (die weltweiten Ressourcen entsprechen dem Vierfachen des Urans) in Frage. Es bedarf jedoch künftiger Anstrengungen in Forschung und Entwicklung, um einen vollständigen Brennstoffzyklus zu realisieren. Am Beispiel des Hochtemperaturreaktors THTR 300 ist in Deutschland bereits der erfolgreiche Einsatz von Thorium in der Praxis nachgewiesen worden (Kugeler u. Schulten 1989).

7.3 Modulare HTR-Anlagen zur dezentralen Strom- und Wärmebereitstellung

Auf Grund der auch in Zukunft zu erwartenden klimaschädlichen Emissionen bei der Nutzung von fossilen Energieträgern ist der Bereitstellung von Prozesswärme für energieaufwändige Industrieanwendungen eine besondere Bedeutung beizumessen. Mit einer von der EU unterstützten Hochtemperaturreaktor-Demonstrationsanlage könnte im Jahr 2025 mit dem industriellen Einsatz von HTR-Kraft-Wärme-Kopplungssystemen eine Antwort auf den Wärmebedarf des Marktes geliefert werden.

7.3.1 Co-Generation für neue Märkte: Bereitstellung von Prozesswärme, Wasserstofferzeugung und Meerwasserentsalzung

Hochtemperatur-Reaktoranlagen (HTR-Anlagen) können künftig Energie auch in Form von Prozesswärme für die Trinkwassererzeugung sowie für die Wasserstoffproduktion für die petrochemische Industrie beziehungsweise für den Verkehrssektor bereitstellen. HTR sind in der Lage, Wärme in einem großen Temperaturbereich für die Anforderungen der meisten nichtelektrischen Anwendungen bereitzustellen, so dass fossile Energieträger substituiert werden können. Bis zu einem umfangreichen Einsatz der Kernenergie im nichtelektrischen Energiemarkt sind jedoch noch wesentliche

Problemstellungen zu lösen: Anpassung der nuklearen Wärmequelle an die Anforderungen des Endnutzers, Entwicklung geeigneter Kopplungstechnologien zwischen Reaktor und Anwendungstechnologie sowie Anpassung der Anwendungen an die spezifische Kapazität des Kernreaktors.

Ausgehend von heutigen Werkstoff- und Brennstofftechnologien kann Wärme bis zu einer Temperatur von 750°C bereitgestellt werden, was einen großen industriellen Anwendungsbereich abdeckt. Folgende Anwendungsfälle sind denkbar:

- Bereitstellung von Hochtemperatur-Prozesswärme für die Petrochemie, sowie für die Wasserstofferzeugung,
- kombinierte Kraft-Wärme-Versorgung,
- modulare dezentrale Prozesswärme-Bereitstellung (thermische Leistung unterhalb von 600 MW).

In Europa lassen sich Umsetzungschancen für große Industriesektoren (z. B. Raffinerien, Ammoniakproduktion, Stahlproduktion) für den Fall ableiten, dass der Fokus auf neue CO_2-arme Energieversorgungskonzepte gerichtet wird. Wesentliche Voraussetzung ist, dass in Europa Entwicklungsarbeiten für den zukünftigen Einsatz einer wasserstoffbasierten Energieversorgung vorangetrieben werden. Diese umfassen die Synthese neuer Flüssigbrennstoffe durch Hydrierung von Stoffen mit hohem Kohlenstoffgehalt (Kohle, Teere, Rückstände) in großtechnischem Maßstab oder der Einsatz von Brennstoffzellen für den Verkehrssektor.

Für Anwendungen im Bereich der Kraft-Wärme-Kopplung stellt sich eine hohe Effizienz dar; selbst für mittlere Prozesstemperaturen (< 500°C) ist der modulare Hoch- bzw. Höchsttemperaturreaktor (HTR/VHTR) auf Grund seines Energieniveaus für derartige Anwendungen prädestiniert. Voraussetzung für die Entwicklung von Anwendungen der HTR/VHTR-Prozesswärme ist die Bildung einer strategischen Allianz zwischen Nuklear- und Nichtnuklearindustrie, nicht nur zur Entwicklung einer an die Endnutzer angepassten kerntechnischen Wärmequelle, sondern auch zur Anpassung der Anwendungen an die Kopplung mit der Prozesswärmequelle sowie zur Entwicklung von Kopplungstechnologien. Im Hinblick auf die Wettbewerbsfähigkeit sind die Konzeption der kerntechnischen Wärmequelle und die Entwicklung eines flexiblen Kopplungssystems bestehend aus

- der Entwicklung eines Zwischenwärmetauschers,
- Untersuchungen zum Wärmetransport bei hohen Temperaturen über große Entfernungen jenseits bisheriger industrieller Praxis sowie
- der Auswahl und Validierung von innovativen Werkstoffen für den Hochtemperaturbetrieb.

7.4 Sicherheitsaspekte von HTR-Anlagen

Die Weiterentwicklung von HTR/VHTR-Anlagen als nukleare Quelle zur künftigen Prozesswärmeversorgung für industrielle Prozesse verfolgt ein inhärentes Sicherheitskonzept. Infolge der physikalischen Auslegung des Reaktors, d. h. durch die Wahl u.a. einer niedrigen Kernleistungsdichte, von hochtemperaturbeständigen Kernmaterialien sowie einer schlanken Kerngeometrie, verbunden mit einem hohen Oberflächen- zu Volumenverhältnis, gelingt es, die bei einem Ausfall der Kühlung auftretenden maximale Brennstofftemperatur naturgesetzlich unterhalb der zulässigen Temperatur zu halten. Dieser Zusammenhang kann der Abbildung 7.2 für drei unterschiedliche Kerngeometrien entnommen werden. Eine irreversible Beschädigung des Reaktorkerns ist somit ausgeschlossen (Kugeler u. Schulten 1989).

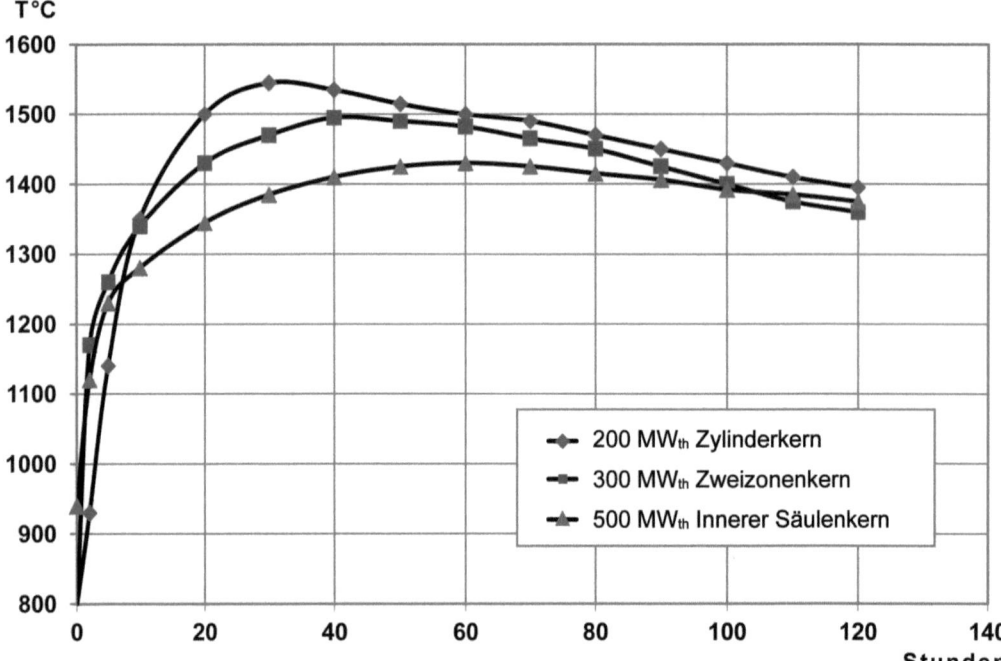

Abb. 7.2 Abhängigkeit der maximalen Brennstofftemperatur als Funktion der Kerngeometrie und der Zeit nach vollständigem Ausfall der Reaktorkühlung bei einem HTR-Modul

Die Nachzerfallswärmeabfuhr derartiger modularen Anlagen erfolgt selbsttätig, so dass zur Beherrschung von Störfällen keine Fremdenergie erforderlich ist. Zur Realisierung von großen Kraftwerksleistungen können mehrere Moduleinheiten zusammengeschaltet werden (Kugeler u. Schulten 1989).

Im Rahmen weiterer Arbeiten sind Simulationsrechnungen insbesondere für kritische Zonen der Fluidströmung durchzuführen, in denen z. B. Mischungs- und Wärmegradienten zu erwarten sind. Die Anpassung der Reaktormerkmale an den Bedarf des Endnutzers, die Definition eines Programms für die übereinstimmende Entwicklung des Reaktors, der Kopplungssysteme und der Anwendungsprozesse sowie eine belastbare Abschätzung der Wirtschaftlichkeit der Wärmeversorgung mittels HTR-Anlagen sind für industrielle Prozesswärmeanwendungen zu entwickeln.

Quellenverzeichnis

AREVA (2010) Produktinformation Evolutionary Pressurized Reactor (EPR) der AREVA NP; Erlangen; http://www.areva-np.com/scripts/info/publigen/content/templates/show.asp?P=189&L=DE.

EK (2009) Strategic Research Agenda (SRA); Europäische Kommission, Brüssel; http://cordis.europa.eu/technology-platforms/pdf/ectp2.pdf.

Hurtado A (2009) Nachhaltige Kernenergienutzung — Hochtemperaturreaktoren für nukleare Prozesswärme. Vortrag Kraftwerkstechnisches Kolloquium 14.10.2009, Dresden. http://www.ask-eu.de/default.asp?Menue=143&Bereich=6&SubBereich=24&ArtikelPPV=18442

Kugeler K, Schulten R (1989) Hochtemperaturreaktortechnik. Springer-Verlag, Heidelberg; 475 S.

Schulenberg T, Behnke L, Hofmeister J, Löwenberg M (2004) Was ist Generation IV? Forschungszentrum Karlsruhe (ed) Wissenschaftlicher Bericht FZKA 6967; Karlsruhe (ISSN 0947-8620).

Kernaussagen

- Kerntechnische Kapazitäten (inkl. Generation 3+) werden weltweit nennenswert erweitert.

- Inhärente Sicherheit als klare Zielsetzung für Kernreaktoren der Generation IV.

- Der VHTR zur Bereitstellung von Strom und Nuklearer Prozesswärme (u. a. H_2-Erzeugung) erfüllt die Voraussetzungen der Generation IV.

- Transmutation-Technologien zur Umwandlung langlebiger Radionuklide geeignet.

- Der Erhalt und die Erweiterung kerntechnischer Kompetenz sind, unabhängig von Ausstiegsszenarien, für die Gewährleistung der Sicherheit heutiger und zukünftiger Kernreaktoren unverzichtbar.

8 Von natürlichen Kohlenwasserstoffen zu Produkten

Martha Heitzmann

Einer kleinen Einführung in die Air Liquide Gruppe und ihrer Aktivitäten folgt ein Ausblick auf die Trends zu Energieressourcen, die als Alternative für Kohlenwasserstoffe gesehen werden können. Anschließend werden die Technologietypen angesprochen, die in der Forschungs- und Entwicklungsabteilung von Air Liquide besondere Beachtung finden. Die Firma Air Liquide schließt Lurgi und dessen Forschungszentrum in Frankfurt ein.

8.1 Air Liquide

Air Liquide ist heute der Weltmarktführer unter den industriellen Gasherstellern und ist in mehr als 75 Ländern vertreten. Obwohl „Air Liquide" (Flüssiggas) ein sehr französischer Name ist, stammen doch 80% des gesamten Umsatzes von Gebieten außerhalb von Frankreich. Im Jahr 2009 betrug der Umsatz ca. 12 Billionen Euro. Die Firma hat ca. 43.000 Angestellte und das Management ist sehr international.

Begründet wurde die Firma mit einer technologischen Innovation vor etwa 100 Jahren. In einer Garage nahe Paris verstanden es zwei Männer, Luft zu verflüssigen und die einzelnen Bestandteile in einem Gefrierverfahren zu separieren. Ihnen war in erster Linie am Sauerstoff gelegen, der für das Schweißen benötigt wurde. Grundsätzlich war der Vorgang bekannt, doch die Innovation lag darin, ein deutlich wirtschaftlicheres Verfahren entwickelt zu haben. Heute versucht die Firma, diesen Pioniergeist zu bewahren und stets die Frage zu stellen, wie etwas noch besser getan werden kann.

Alles begann mit der cryogenen Trennung der Luftbestandteile und dem Gewinn von Sauerstoff (O_2) sowie Stickstoff (N_2), Argon (Ar) und Xenon (Xe). Seit den 1990er Jahren wurde in großem Maßstab mit der Wasserstoffseparation (H_2) begonnen. Dadurch erweiterte sich das Verfahrensspektrum um heiße Prozesse wie die Spaltung von Methan (CH_4) in der Dampfphase zur Herstellung von Wasserstoff. Bei diesem Prozess kommt es zur Trennung von Wasserstoff und Kohlenmonoxid (CO); letzteres wird in die Polymerherstellung verkauft. Helium (He) erhalten wir aus natürlichen Gasfeldern. Zusätzlich produzieren wir komplexere Moleküle wie Silane (Si_nH_{2n+2}). Das sind Schlüsselmoleküle für die Halbleiter- und Photovoltaikindustrie. Und wir stellen Azetylen (HC_2H) her, einen der Klassiker für die Schweißtechnik.

Diese Produkte dienen einem sehr weiten Kundenspektrum. Innerhalb der Industrie sprechen wir hauptsächlich über die sehr energieintensiven Sparten wie Raffinerien, Metalle,

Chemikalien, Kraftfahrzeuge und dann Nahrungsmittel. Letzteres ist für Viele eine Überraschung. Tatsächlich steckt eine ganze Menge Gas in der Nahrung, speziell in Tiefkühlkost, wo natürlich Stickstoff genutzt wird. Doch selbst, wenn jemand einen bereits gewaschenen und verzehrfertigen Salat kauft, ist dabei N_2 im Spiel. Ein wenig Argon wird in der Regel vor dem Verkorken von Weinflaschen eingefüllt, um Oxidation zu vermeiden; letztlich sind also die Gase nahezu überall. Es erscheint Vielen ungewöhnlich, dass eine nur auf Gase spezialisierte Firma existieren kann, denn Firmen für Feststoffe oder Flüssigkeiten als solche gibt es ja nicht.

Doch das Portfolio geht deutlich über die Industrie hinaus. So ist Air Liquide in Krankenhäusern präsent (vor allem O_2) und wir versorgen auch Privatkunden mit Gasen (O_2 und Gasmischungen). Im gesamten Hygiene und Desinfektionsbereich sind wir aktiv. Bei unseren Forschungsaktivitäten arbeiten wir an neuen Anwendungen, zum Beispiel an der Nutzung von Xenon (Xe) als hervorragendes Anästhesiegas; speziell für sehr empfindliche Patienten. In diesem Zusammenhang arbeiten wir mit klinischen Studien.

Im Umweltbereich helfen unsere Gase belastende Emissionen zu reduzieren. Als Beispiele seien Hochöfen und die Glasindustrie genannt. Später wird aufgezeigt, dass neben der bereits erwähnten Halbleiter- und Photovoltaikindustrie (Silane) auch die Biobrennstoffindustrie von unserer Erfahrung profitiert. Und nicht zuletzt liefern wir die Gase für die europäischen Ariane Raketenantriebe. Das ist unsere Herkunft.

Vor 100 Jahren sah sich die Firma als Moleküllieferant; es wurden Moleküle hergestellt und verkauft. Daraus entwickelte sich eine begleitende Technologie, vor allem, um das Produkt attraktiver für die Kunden zu machen. Als Beispiele mögen Gefriertunnel dienen, in denen gefrorene Fertigsnacks hergestellt werden oder die Anästhesiemaschinen in Krankenhäusern. Der nächste Schritt ging dann dahin, sich nicht allein mit der Technologieentwicklung zu befassen, sondern die Prozesse beim Kunden so gut zu kennen, dass maßgeschneiderte Lösungen entwickelt werden können. Die Nachfrage verlangt letztlich, die Prozesse mathematisch modellieren zu können und darin die Rolle unserer Gase funktional zu integrieren. Das ist ein sehr pro-aktiver Ansatz um Bedürfnisse unserer Kunden zu verstehen und ebenso pro-aktiv Lösungen vorzuschlagen.

8.2 Vom Kohlenwasserstoff zum Produkt

Auf dem Gebiet der Petrochemikalien sehen wir für unsere Kunden einen Trend zu alternativen Quellen — Alternativen zum Erdöl. Heute kommt die weit überwiegende Mehrzahl der Petrochemikalien vom Rohöl. Doch dessen Preis steigt (inflationsbereinigt) besonders in der letzten Dekade drastisch an. Dahinter stecken auch steigende Explorationskosten, derer es bedarf, um im Offshorebereich und in anderen, schwer zugänglichen Bereichen der oberen Erdkruste Öl zu gewinnen (▶ Kap. 2). Diese Herausforderungen und die steigenden Kosten motivieren die Entwicklung alternativer Rohstoffquellen.

Tatsächlich werden Kohlenstoff-basierte Brennstoffe noch für längere Zeit genutzt werden. Unabhängig davon können wir darauf hoffen — und ich glaube das — dass im Jahr 2100 mehr als 50% unserer Primärenergieversorgung aus regenerativen Energieträgern kommen werden (▶ Kap. 6 und 12). In absehbarer Zukunft werden wir eine Welt sehen, in der Kohle nach wie vor einen wesentlichen Platz einnimmt — sogar steigend in den nächsten Jahren — und zugleich wachsende Möglichkeiten zur Entwicklung von Biomasse und anderen regenerativen Energieträgern.

Was sind die Treiber des Marktes? Mit diesem Begriff lässt sich „spielen", vor allem, weil die so genannten Schwellenländer einen erheblichen Bedarf anmelden, wirtschaftliche Entwicklung mit steigendem Lebensstandard zeigen und nicht zuletzt zunehmende Nachfrage nach petrochemischen Produkten.

Zugleich erleben wir einen Wandel seitens der Produktion hin zu den Verbrauchermärkten. Länder, die bislang damit zufrieden waren, ihre Kohlenwasserstoffe zu verkaufen und im Gegenzug Konsumgüter zu erwerben, sagen heute „Nein, Ihr müsst hier eine Raffinerie oder eine Petrochemische Fabrik bauen. Wir wollen nicht alles von Euch zurückkaufen, das wir Euch zunächst verkauft haben".

Somit stehen wir vor wachsendem Anspruch in den sich entwickelnden Ländern, dort Fabriken zu errichten und die dortigen Kunden zu begleiten. In China zum Beispiel sehen wir eine sehr tiefe Verpflichtung zur Diversifikation, einschließlich der Entwicklung der Kohle; denn China hat sehr große Kohlereserven. Die Chinesen wollen diese lokalen Reserven nutzen, um ihre Ölabhängigkeit zu reduzieren. Daraus lässt sich ein sehr großer Konversionsbedarf von Kohle zu Chemikalien bzw. von Brennstoffen zu Flüssigkeiten ableiten. Getrieben wird dies vor allem von der Langzeitperspektive des Ölpreises. Dazu kommt das Thema Versorgungssicherheit, was Länder dazu anhält, zu diversifizieren und lokale Ressourcen zu nutzen. Beides hat Auswirkungen selbst auf die Vereinigten Staaten von Amerika (▶ Kap. 2). Gerade jetzt scheint es ein Aufwachen dort zu geben und die Einsicht, dass das Land investieren und seine Energiequellen ebenfalls auf eine breitere Basis stellen muss.

Seitens Air Liquide sehen wir diese Trends und fragen uns, was diese Entwicklungen für uns bedeuten. Am Ende interessiert uns vor allem, welche Produkte unsere Kunden wünschen. Natürlich verkaufen wir CO_2; das haben wir bereits vor 60 Jahren getan. Wir verkaufen Wasserstoff an Raffinerien, CO an die chemische Industrie, und wir liefern Gase für die Düngemittelindustrie. Dazu kommt Syngas, eine Mischung von Wasserstoff und Kohlenmonoxid, die uns sehr interessiert. Betrachten wir die alternativen Ressourcen, so liegen diese heute bei ca. 5%, während 95% vom Rohöl kommen.

8.3 Anwendungsbausteine

Wir könnten mehr Erdgas entwickeln, wir könnten neue Anwendungen für die schweren Reststoffe wie Petrolkoks, Kohle und Biomasse entwickeln. Diese Anwendungsbausteine bezeichnen wir als „techno-bricks", die technologischen Module von Air Liquide und Lurgi. In ihrer Kombination finden wir zunehmend Lösungen mit das Ziel, alternative Rohstoffe für die Petrochemie zu entwickeln oder auch für die Energieverfahrenstechnik. So kommt die Vergasungstechnik von Lurgi.

Ich erinnere mich an mein Lehrbuch des Chemieingenieurwesens an der Universität. Bereits im ersten Kapitel wurde auf die Lurgi Gastechnik hingewiesen. Diese ist nach wie vor ein Vorbild weltweit und auch für die Luftzerlegungsanlage (air separation unit) von Air Liquide; eine unserer Kernkompetenzen. Somit produzieren wir Syngas und diverse weitere Produkte, je nachdem, was die Ausgangsmaterialien gewesen sind. Damit sind wir bei dem Prozess der Syngas Reinigung.

Wenn in dem Herstellungsprozess nur Wasserstoff und CO entstünden, wäre die Welt perfekt. Tatsächlich muss das Produkt gereinigt werden. Es gilt, den Schwefel zu eliminieren, ebenso das CO_2, wofür wir die Rectisol Technologie von Lurgi nutzen. Anschließend bedarf es eines so genannten „CO-shifts", um all diese Bausteine zu reinigen und die gewünschte Syngas Qualität zu erhalten. Danach können verschiedene Pfade beschritten werden, um entweder in Richtung auf die chemische Synthese, auf Methanolsynthese (▶ Kap. 6) oder direkt zum Fischer-Tropsch-Verfahren für Brennstoffe zu kommen.

Die Abbildung 8.1 zeigt das grundsätzliche Schema. Links ist der klassische Prozessweg dargestellt: Rohöl, das über die Raffination und den Hydrocracker zum Produkt entwickelt wird. Rechts sind die Biorohstoffe, die enzymatische Prozesse durchlaufen müssen, um Biobrennstoffe zu bilden. Wir fokussieren auf die Mitte der Abbildung: Syngas ist das Stichwort und wir sehen einen grünen Pfeil von den Bio-Rohstoffen zu Vergasung und dem Syngas. Wir entwickeln und optimieren jeden dieser Pfade. Nun könnte man zu Recht sagen, dass dies nicht wirklich neu sei, weil ein Großteil der Technologien bereits seit längerem existiere. Abbildung 8.2 zeigt die Sasol Secunda Anlage in Südafrika. Sie arbeitet seit 1980 und produziert Syngas aus Kohle; was also ist neu? Obwohl die Techniken existieren, bedarf es doch der Optimierung, brauchen wir mehr Effizienz durch weniger Energieaufwand und weniger Abfälle. Dazu gibt es viele Beispiele. Gemeinsam haben sie, dass man vom Erdgas, von Schweröl-Reststoffen, Kohle oder Biomasse ausgehend Syngas produziert. Dem schließen sich zwei Hauptwege an: das klassische Fischer-Tropsch Verfahren mit dem Ziel, Brenn- und Schmierstoffe zu erzeugen, oder zur Herstellung von Petrochemikalien über das Methanol. Letzteres ist eine Kernkompetenz von Lurgi, die MegaMethanol Technologie, die eine Luftzerlegungsanlage voraussetzt, die wiederum Sauerstoff benötigt. Darauf basiert das Engagement von Air Liquide, sich mit Lurgi zusammen zu tun.

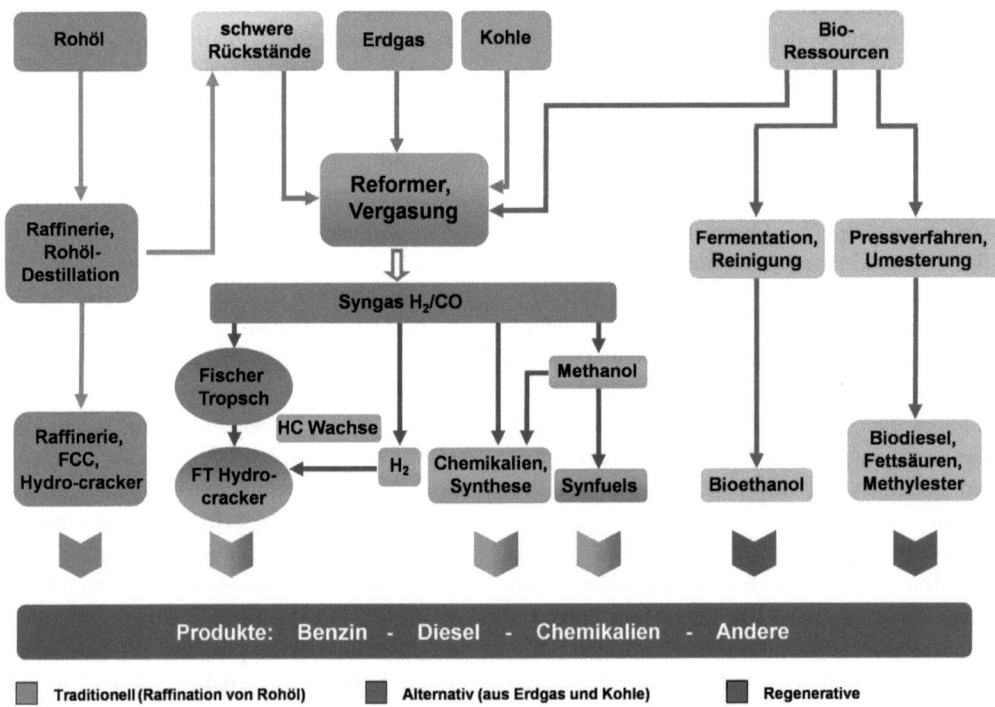

Abb. 8.1 Die Prozesskette von Rohmaterialien zu Produkten mit hoher Wertschöpfung

Abb. 8.2 Anlage zur Herstellung von synthetischen Kraftstoffen, Sasol bei Secunda, südöstlich von Johannesburg, Südafrika

8.4 Wohin führt der Weg nach Methanol?

Er führt zum Propylen, zu Petrochemikalien aller Art, auch wenn man von der Kohle oder der Biomasse herkommt. Es gibt also Alternativen. Zwei Pilotanlagen stehen in unserem Forschungszentrum in Frankfurt, eine Anlage steht bei Statoil in Norwegen und im Jahr 2010 startet Air Liquide mit Partnern zwei kommerzielle Anlagen, die als weltwert erste Referenzen dieser Technologie dienen werden.

Damit sind wir in der Zukunft, bei den neuen Dingen, die vor uns stehen. Es gibt nach wie vor die althergebrachten "hässlichen" Stoffe wie Bitumen, also sehr schwere Reststoffe, die für viele eine große Herausforderung darstellen, ebenso wie Ölsande und Biomasse. Deshalb müssen die Möglichkeiten untersucht werden.

In Freiberg in Sachsen steht eine Anlage, die HP POX, High Pressure Partial Oxidation (Hochdruck Teiloxidation), an der Universität TU Bergakademie Freiberg (Abb. 8.3). Dort werden die Arbeitsbedingungen getestet, die Kapazitäten optimiert und der Prozessdruck maximiert, um insgesamt Energie einzusparen. Zugleich wird versucht, den Betrieb mit unterschiedlichen Brennstoffen zu betreiben, was sich als schwierig erweist. Derzeit läuft die Anlage mit Erdgas, doch wir würden gerne mit schwereren Reststoffen und schweren Kohlenwasserstoffen arbeiten. Dabei wird stets Sauerstoff gebraucht und die Anlage wird seit geraumer Zeit mit Drücken zwischen

Abb. 8.3 Technikumsanlage zur Vergasung von Kohlenwasserstoffen und Slurries durch Hochdruck-Partialoxidation (HP POX) an der Universität TU Bergakademie Freiberg

60 und 100 bar betrieben. Bis 2013 wird die zweite Testphase laufen.

Ein weiteres Beispiel einer Möglichkeit — obwohl dafür kein großer Markt existiert — ist die Vergasung von Biomasse um Biobrennstoff der zweiten Generation herzustellen. Wir betreiben eine Pilotanlage dafür und arbeiten daran, den Prozess zu optimieren. Das geschieht nicht in einem Schritt. Abbildung 8.4 zeigt die Anlage für den Schnellpyrolyse-Prozess (flash pyrolysis). Wir nennen ihn *Bioliq 1* und das Produkt dieses Prozesses ist *Bioschlamm* (bioslurry). Der folgende Schritt ist die Vergasungseinheit, in dem der Bioschlamm vergast wird. Am Ende steht Syngas, das letztendlich aus Stroh entstanden ist. Das funktioniert seit 2009 und wir versuchen die Wirtschaftlichkeit des Prozesses nachzuweisen. Die Kernidee dieses Konzeptes ist es, kleine dezentralisierte Pyrolyseeinheiten nahe an der landwirtschaftlichen Produktion zu haben. Warum? Weil man mit Reststoffen arbeitet, wenn es z. B. um Stroh geht und nicht um Lebensmittel oder andere, dichte Energieträger wie Öle. Wir nennen es *zweite Generation*, weil es nicht im Wettbewerb mit der Nahrungsmittelproduktion steht. Wir bewegen uns nicht in Richtung Bioethanol als Quelle, weil dessen Energiedichte nicht besonders hoch ist. Auch ein weiterer Transport würde die Wirtschaftlichkeit in Frage stellen. Die grundsätzliche Idee ist, eine funktionierende Anlage für die schnelle Schnellpyrolyse zu schaffen, in der die Stoffe verdichtet und deren Transport erleichtert und wirtschaftlich gemacht wird. Das ist nicht so einfach, wie es erscheinen mag. Doch wir machen Fortschritte und werden mit der Vergasung danach weitermachen. Die Zusammenarbeit läuft mit dem Forschungsinstitut in Karlsruhe und finanzieller Unterstützung der deutschen Regierung. Wir werden das weiter verfolgen — es ist ein Langzeitengagement der Air Liquide Gruppe, um die Potentiale der Bioenergie weiter zu erforschen.

Das zweite Projekt, ebenfalls ein Projekt der zweiten Generation von Biobrennstoffen, ist ein ziemlich großes Projekt, das im Jahr 2010 in Frankreich startete. Es befindet sich in Bure in der Haute Marne und ist eine BTL-Brennstoffanlage (BTL: biomass to liquid). Es wird weltweit die erste kommerzielle Referenzanlage sein, mit der die gesamte Prozesskette dargestellt werden kann. Abbildung 8.5 zeigt die Lufttrennungsanlage, die Sauerstoff darstellt

Anwendungsbausteine

Abb. 8.4 Schnellpyrolyse-Prozess-Anlage

Abb. 8.5 Lufttrennungsanlage

sowie zwei Varianten für Wasserstoff. Danach folgt der klassische Lurgi-Prozess mit der Syngas-Reinigung mit dem Rectisol-Prozess und der CO-Konvertierung (CO-shift). Es folgt die Fischer-Tropsch Sequenz bis zur Produktion von Diesel und Naphtol. Dieser gesamte Prozess wird von der französischen Regierung kofinanziert. Warum? Weil es äußerst experimentell ist, mit ungewisser Wirtschaftlichkeit. Auch wenn ein Betrachter sagen mag, dass es doch insgesamt alles ausgereifte Technologien seien — was richtig ist — so muss man doch zugestehen, dass eine Integration dieser Prozessteile alles andere als bekannt und ad hoc wirtschaftlich ist. Hierzu ist noch viel Forschung nötig. Obwohl es keine Hexerei ist und niemanden besonders begeistern wird, so ist es doch sehr anspruchsvoll. Das sind einige Beispiele für unsere Herangehensweise, um alternatives Ausgangsmaterial zu nutzen, um die Abhängigkeit vom Erdöl für Chemikalien und Brennstoffe zu reduzieren.

8.5 Fazit

Es gibt einen starken Druck und Nachfrage seitens der Kunden um Alternativen zur Herstellung von petrochemischen Produkten zu finden, meist motiviert durch Energieversorgungssicherheit. Daneben gibt es die Kunden, die große Mengen schwerer Reststoffe auf Lager haben und sich die Frage stellen, wie man diese nutzen kann angesichts der darin enthaltenen großen Kohlenstoffmengen. So gibt es Kunden im Mittleren Osten, die sich die Frage stellen, was sie mit dem Petrokoks und den schweren Reststoffen anfangen können, die bei der Verbrennung von Erdgas zur Energieproduktion anfallen. Lassen sich daraus petrochemische Grundstoffe oder eine Verstromung ableiten? Zugleich besteht ein Interesse an Syngas, woraus sich wiederum CO_2 herstellen lässt, das seinerseits für die Ölgewinnung der *dritten Generation* (enhanced oil recovery) genutzt werden soll.

Für Air Liquide-Lurgi ist Syngas die Vorzugsvariante zur Nutzung alternativer Ressourcen um petrochemische Produkte herzustellen, meist über die Phase Methanol. CO_2-Neutralität ist eine weitere Forderung und ein großer Druck, um umweltfreundlich z. B. Wasserstoff herzustellen. Heute wird Wasserstoff aus natürlichem Erdgas transformiert, doch wie lässt es sich aus Biomasse oder Bioethanol darstellen? Unser Ziel ist es, Alternativen zu finden, die den CO_2-Fussabdruck unserer Kunden neutralisieren.

Das Langzeitziel ist es, eine breite Palette petrochemischer Endprodukte darzustellen, die auf alternativen Quellen beruhen. Das ist die Vision von Air Liquide, die in Partnerschaften erarbeitet wird. Allein in 2009 hat die Firma 218 Mio. Euro für Neuentwicklungen ausgegeben. Der Ansatz von Air Liquide ist, mit Universitäten wie der TU Bergakademie Freiberg zusammen zu arbeiten und die externen Kompetenzen auszugleichen. Wir sind sehr zufrieden mit der Zusammenarbeit mit Freiberg und daran interessiert, die Zusammenarbeit mit diesem Teil Deutschlands zu intensivieren.

Kernaussagen

- Die (kryogene) Trennung von Luft, die von Air Liquide entwickelt wurde, erlaubt heute die Darstellung gereinigter Reingase von O_2 (Sauerstoff), N_2 (Stickstoff), CO_2 (Kohlendioxid) und CO (Kohlenmonoxid), Wasserstoff (H_2) und Helium (He), der Edelgase Argon (Ar) und Xenon (Xe), sowie Azetylen (HC_2H) und Silane (Si_nH_{2n+2}). Eine neuere Entwicklung ist die Erzeugung von Syngas.

- Neben bekannten Anwendungen wie in der Schweißtechnik werden die Gase in der Halbleiter- und Photovoltaikindustrie eingesetzt, in der Nahrungsmittelindustrie, in Raffinerien, bei metallverarbeitenden Prozessen und der Kraftfahrzeugbranche, in der Düngemittelindustrie sowie neuerdings auch im Bereich der Humanmedizin.

- Ein wesentliches Entwicklungsziel ist es, eine breite Palette von petrochemischen Endprodukten darzustellen, die auf alternativen Quellen beruhen. Damit soll die Unabhängigkeit von fossilen Energieträgern bei zugleich stetig geringerem Rohstoff- und Energieaufwand erreicht werden.

- Unter anderem wird mit neuen Hochdrucksynthesetechniken experimentiert (HP POX in Freiberg), mit Schnellpyrolyse von Biomasse sowie mit BtL (Biomass to liquid) Techniken.

9 Die Einführung der Euro-Kraftstoffe in die Soziale Marktwirtschaft

Hermann Josef Werhahn

9.1 Zukunft aus Tradition

Mit der Braunkohle und mit Sachsen ist der Verfasser engstens verbunden. Bereits der Großvater Peter Werhahn, ein rheinischer Kaufmann, führte im Jahre 1911 dem letzten König von Sachsen, Friedrich August dem III., die Lausitzer Braunkohle vor. Der Vater, Wilhelm Werhahn, zählt zu den Erfindern der Troll-Briketts, ein damaliges Produkt der Brikettfabrik Kausche. Zuvor war er ein Miterfinder der großen Schaufelradbagger, die ihren ersten großen Triumph leider erst im 2. Weltkrieg feiern konnten. Er hatte die Abraumförderbrücke der Grube Meurostolln beschafft, die von den Mitteldeutschen Stahlwerken aus Riesa geliefert wurde. Dort waren Herr Riess und dessen Mitarbeiter die Planer, Hersteller und Partner meines Vaters.

Die Firma Wilhelm Werhahn in Neuss am Rhein beschaffte das nötige mittelständische Kapital. Mein Vater war voller Pläne und ein glühender Anstifter der wachstumsträchtigen Schaufelradbagger. Ich selber habe als 13jähriger Pennäler im Büro meines Vaters die große Bauzeichnung für diesen Schaufelradbagger der Senftenberger Kohlenwerke koloriert. Der wöchentliche Bericht von Herrn Riess musste von mir gelesen und in grüner Farbe in dieses Wandbild übertragen werden. So hatten wir den Baufortschritt dieser Großanlage stets vor Augen.

Auch an der Einführung der Sulzer Einrohrkessel in die Horremer Brikettfabrik bei Köln habe ich teilgenommen, weil die Maschinenfabrik Buckau aus Magdeburg die Schweizer Lizenz der Fa. Sulzer nutzen konnte. Auf diese Art wurde die Heißdampf-Technik in die rheinischen Braunkohlenbetriebe eingeführt. Später habe ich einige leitende Herren der Ruhrkohle ins rheinische Braunkohlenrevier geführt, um dort solche Anlagen vorzuzeigen. Es ist mir damals gelungen, in den Hoesch-Zechen in Essen und in Radbod gleichfalls solche Heißdampf-Anlagen einzuführen. Der Kesselbau Westdeutschlands war damals auf 28 atü und 450 Grad Celsius eingestellt. Alles in allem kamen die großen technischen Errungenschaften aus den sächsischen Revieren auch in den Westen.

Das führte 1946 in Rhöndorf zu einer denkwürdigen Begegnung. Der Vorstand von Rheinbraun und das Bankhaus Oppenheim, die Herren Robert Pferdmenges und Waldemar von Oppenheim, hatten Konrad Adenauer eingeredet, der Aufsichtsratsvorsitzende der RWE, Herr Wilhelm Werhahn, also mein Vater, brächte es zu einer sächsischen Übermacht im Vorstand von Rheinbraun. Das könne nur noch durch die Autorität des 70jährigen Adenauer verhindert werden. Man wollte in Morschenich die Anfänge des Schachtbaus aus Kriegszeiten fortsetzen. Der Tieftagebau mit Hilfe von Schaufelradbaggern war im Rheinland nicht vorgesehen. Der Tiefbau, also die rheinische

Braunkohle, sollte planmäßig 1964 aufgegeben werden, während der Tagebau als Möglichkeit eine geschätzte Überlebensdauer von 200 Jahren in Aussicht stellte. Deshalb konnte auch Konrad Adenauer Herrn Wilhelm Werhahn 1946 nicht umstimmen.

Denn gegen dessen Intuition war auch Herr Pferdmenges mit seinem rationalen Finanzwesen nicht stark genug. Mein Vater konnte dann sogar seine ehemaligen Konkurrenten, die Herren Dr. Franz Hellberg und Dr. Erwin Gärtner in Essen und in Köln, übernehmen, so dass in der Hauptverwaltung von Rheinbraun auf der obersten Etage tatsächlich auch sächsisch gesprochen wurde. Um den voraussichtlichen Niedergang der Ruhrkohle abzufangen, habe ich in den 1950er Jahren, im Auftrage des Ministerpräsidenten Dr. Franz Meyers, die industrielle Beratung der Gelehrten und Forscher in Jülich übernommen und bis heute beibehalten.

Damit wird deutlich, dass der Verfasser als Bergbaubeflissener seit Jahrzehnten vom Bau kommt. Zudem war ich dann noch vor 18 Jahren im Aufsichtsrat der Mibrag in Bitterfeld. Dort versuchte ich vergeblich, die Veredlung der Braunkohle in Richtung auf Euro-Kraftstoffe, auf Synthesegas und auf Methanol zu verwirklichen. Ich war von deren Potential überzeugt. Die vorherrschende Meinung war jedoch darauf eingestellt, Braunkohle auszubeuten statt sie aufzuwerten. Auch meine Gespräche mit dem damaligen Vorstandsvorsitzenden, Herrn Professor Dr. Klaus-Dieter Bilkenroth, konnten leider daran nichts ändern. Selbst die Firma CHOREN und Herr Dr. Bodo Wolf durften das Wort Kohleveredlung nur sehr leise aussprechen, hinter vorgehaltener Hand.

Abb. 9.1 Bilder der Braunkohlenpioniere im Rheinland, die Herren Wilhelm Werhahn und Dr.-Ing. E.h. Erwin Gärtner

9.2 Gespannkultur als Gegenmodell und Korrektiv

Als Energiepolitiker werbe ich also bisher scheinbar vergeblich für heimische Brennstoffe. Inzwischen rede ich von Hilfe zur Selbsthilfe, am liebsten von Ethanol, Wasserstoff und Methanol, aber auch von Synthesegas, Bio-Koks und schwefelfreiem Braunkohlenfeinkoks. Mein eigenes Auto, ein Ford Mondeo flexifuel, fährt mit Etha-Sprit E 85, wahl- und wechselweise mit Ethanol und mit Benzin in beliebigen Mischungen. Mechatronik macht es möglich.

Doch bevor ich auf Euro-Kraftstoffe eingehe, gestatten Sie mir eine einfache Charakterstudie. Denn wir brauchen mehr Gesamtvernunft, wie uns Konrad Adenauer und Ludwig Erhard gezeigt haben, wir brauchen unsere Geistesgegenwart in Politik, Wirtschaft, Wissenschaft und Technik. Dazu einige Worte von Macht und List, von Machtmissbrauch und von erstaunlichen Torheiten.

Von Stalin heißt es, er habe sich nach der Macht des Papstes erkundigt, und zwar mit den Worten: „Wie viele Divisionen hat der Mann?" Der wissenschaftliche Sozialismus der Sowjetunion existiert heute nur noch am linken Rande der Gesellschaft. In der Ruhrindustrie galten die Westdeutsche Landesbank und die gewerkschaftliche Organisation der Kumpel einige Jahrzehnte lang als unerschütterlich. Heute werden Kohle und Stahl in Europa von Herrn Lakshmi Mittal aus Indien kontrolliert. Und Volkswagen denkt an die Auswanderung einiger Betriebe.

„Der Energieriese EDF und dessen Zulieferer Areva kämpfen um mehr Macht" berichtete DIE WELT am 20. Januar 2010. Am selben Tag heißt es: *„Abu Dhabi vereinbart mit Süd-Korea den Bau von vier Atomkraftwerken der 2. Generation zum Preise von 20 Mrd. Dollar"* und Saudi-Arabien tritt der „Irena" bei, der Organisation für erneuerbare Energien. Nicolas Sarkozy, der französische Staatspräsident, verlangt eine Studie zur Zukunft der französischen Atombranche. Anscheinend kommt alles anders, als die mächtigen Wirtschaftsführer denken, zumal im Iran und in Nord-Korea zunehmend Langstreckenraketen aufkommen.

Konrad Adenauer hatte im Bundestag eine schlichte Antwort auf solche Zwischenfälle: *„Sie können mir doch nicht verbieten, daß ich in letzter Zeit hinzugelernt habe."* Er war besonders geistesgegenwärtig. Für ihn war nicht nur die Konzeption, sondern auch seine Rezeption eine Tugend, als Nährboden für bessere Möglichkeiten. Die Demokratie hat Charakterspanne, Doppelspitzen, zum Beispiel Adenauer und Erhard, unterschiedliche Charaktere, aber gemeinsame Ziele. Deutschland hat 1949 den Dialog ertüchtigt und ermächtigt. Dialoge zwischen Regierung und Parlament, zwischen Vorstand und Aufsichtsrat. Doch schon vor Jahrhunderten galt diese Regel zwischen Stadtverwaltungen und Stadträten.

Entscheidend für ganz Europa aber waren die Freunde Leonardo da Vinci und Fra Luca Pacioli mit ihrer Erfindung der kaufmännischen Bilanz. Sie wollten eine Verfassung des gesunden Menschenverstandes mit Aktiva und Passiva für Wirklichkeit und Möglichkeit — im Jahr 1494. Sie haben vor 500 Jahren die soziale Gespannkultur von Angebot und Nachfrage dialogisch gestaltet und unabhängig von Universalmenschen den europäischen Wohlstand herbeigeführt.

Goethe hat in seinen Gesprächen mit Eckermann die bilaterale, die kaufmännische Bilanz *„die größte Erfindung der Menschheit"* genannt. Er hatte, wie auch Leonardo, *„zwei Seelen, ach, in seiner Brust!"*. Bei den Chinesen heißt das „Yin und Yang". In Frankreich spricht man seit Pascal von *„l'esprit de geometriè et l'esprit de finesse"*.

Dagegen haben sich Napoleon, Stalin, Mao und Hitler mit ihren Führer- und Herdenkulten als Despoten, als Hochmeister des antiken

Cäsarismus erwiesen. Sie waren der Gewalttätigkeit und den Denkfehlern von Machiavelli verfallen. Sie trennten die Tatkraft von der Besonnenheit und lähmten die Besonnenheit.

Adenauer und Erhard dagegen haben den Respekt vor dem schöpferischen Werden im Menschenwesen vorgeführt; die bilanzierte Polarität von Verfügungswissen und von Orientierungswissen. Sie haben den rationalen Bereich und den intuitiven Bereich rechtschaffen erwogen, als Pragmatiker und als Idealisten. Sie hoben das jüdisch-christliche Menschenbild hervor, zum Beispiel die Charaktergespanne von Petrus und Paulus, von Marta und Maria, von Sachlichkeit und Poesie, Tatkraft und Besonnenheit.

Demnach haben wir als kulturbeflissene Erben einer Silberstadt mit der Fachverantwortung in Verbindung mit der Gesamtverantwortung die Aussicht, der menschlichen Klugheit Fenster und Türen zu öffnen. Wir leben zum Glück in der jüdisch-christlichen Gespannkultur, dem Kernbereich der christlich-sozialen Demokratie: Tatkraft und Besonnenheit als Fachverstand und Gesamtvernuft: die Spannkräfte für Bodenverbundenheit und Geistesgegenwart.

Wer oder was hat uns so einseitig auf die Fachverantwortung verwiesen? Erstens Platon mit seiner idealen Tyrannei und mit *„guten Tyrannen"*, zweitens Descartes mit seiner Reinkultur der Rationalität und drittens der Funktionalismus mit der Bekämpfung der Zeit. Wir Späteuropäer versuchen infolgedessen immer noch, den platonischen Herden- und Führerkult mannhaft zu beleben, Frauen zu verbiegen und die Reinkultur der exakten Wissenschaften kultisch hervorzuheben. Das muß jetzt anders werden! Denn nicht nur Frauen, sondern auch Männer leben im Gespann von Vorsorge und Geduld, von Konzeption und Rezeption.

Wie wäre es mit „Lehrstühlen für soziale Gespannkultur", als Fundgruben der Weisheit, für die Bilanzierung von Verfügungswissen und Orientierungswissen für die menschliche Evolution. Wie wäre es mit Doppelspitzen in Politik, Wissenschaft und Wirtschaft? Es ist doch nicht hinnehmbar, dass ein deutscher Bundeskanzler mit seinem Freund, einem kapitalstarken Wirtschaftsführer, riesige Natriumbrüter zu jedem Preis als fortgeschrittene Kernreaktoren bezeichnet und auf einmal acht Druckwasserreaktoren der 2. Generation an Brasilien verkauft hat, ohne zu bedenken, dass solche Anlagen weder versicherbar sind, noch bezahlbare Stromnetze vorfinden.

Es ist doch nicht hinnehmbar, dass die „pfiffigen Energiezwerge", Dampfmotore, Wankel- oder Stirlingmotore, im Mittelstand und in Stadtwerken von Energieriesen gejagt und durch Monopolnachlässe erlegt werden.

Das ist nicht nur Größenwahn, das sind vor allem fatale Denkfehler, weil das Verfügungswissen vom Orientierungswissen getrennt und das Orientierungswissen gelähmt wird. Das Menschenwesen und das dialektisch bewegte Denken ist auf die bilanzierte Form, auf Doppelspitzen und auf Verfassungen angewiesen, und zwar im Rahmen einer sozialen Gespannkultur aus Wirklichkeit und Möglichkeit.

9.3 Soziale Marktwirtschaft, Energiepolitik und Euro-Kraftstoffe

Die Vernachlässigung der Sozialen Marktwirtschaft führte zu einer fatalen Energiepolitik in Deutschland und in Europa. *„Der Strom kommt aus der Steckdose"*, wurde gesagt; der Strompreis dagegen wurde verschwiegen. Die Soziale Marktwirtschaft ist von Adenauer, Erhard und von Eugen Gerstenmaier in Westdeutschland gegen die unvermeidlichen Albert Speer-Verehrer, also gegen die alten Bewunderer der ehemaligen Mitmacher und Mitläufer durchgepaukt worden. Sie wird auch in ostdeutschen Ländern gerne in den Mund genommen. Die neue Marktwirtschaft ist also von Anfang an, seit 1949, von notorischen Wirtschaftsführern benachteiligt worden. Innenpolitisch durch die Abtrennung der autoritären Fremdfinanz von der fundierten Selbständigkeit mit ca. 36% Eigenkapital im Mittelstand.

Ein schwerer Denkfehler, denn die Kapitalbetreuer und die ungeduldigen Subventionsritter haben mit der Betreuung von unseren Bodenschätzen und Mutungen nicht viel am Hut. Sie wollen sich von ihrer Pflicht zur weitschauenden Vorsorge freimachen. Stattdessen fördern sie den puren Fachverstand, den technokratischen Führerkult und das Apparatewesen und reden am liebsten von Wirtschaftsführern, Experten und Branchenführern sowie von Zentralverbänden. Sie pflegen den sogenannten Stand der Technik, den dümmlichen Herdenkult. Wirtschaftsführer stützen sich auf die Weltpolizei, gelegentlich sogar auf Revolutionsführer.

Das aber bedeutet, dass die Gesamtverantwortung durch Schweigekartelle, durch eine Schweigespirale verdeckt wird, durch die organisierte Unverantwortlichkeit. Für Adenauer und Erhard war Gesamtverantwortung unverzichtbar. Die bilanzierte Polarität, das Regelwerk von Angebot und Nachfrage der mittleren Unternehmer ist dagegen verkannt und verdrängt worden. Mittelständische Unternehmer wurden von monomanen Wirtschaftsführern schon in den 1950er Jahren mit dem steuerbegünstigten Fremdkapital geködert und blockiert.

Herr Hjalmar Schacht, der 1970 in München verstorben ist, und seine alten Bewunderer vertraten die Meinung: *„Die Teilhaber und Miteigentümer von großen Betrieben und die Aktionäre seien dumm und frech und die Aufsichtsräte seien für die Katz"*. So habe ich es vor über 50 Jahren ganz persönlich von Hermann Josef Abs vernommen. Ich sollte das glauben! Als Bergbaubeflissener aber konnte und wollte ich das nicht annehmen.

Doch haben sich sehr viele daran gehalten, zum Beispiel einige seiner Nachfolger im Bankwesen. Diese andauernden Denkfehler, die Überwertung der Konzeption und die fatale Geringschätzung der Rezeption, überschatten die Soziale Marktwirtschaft bis heute. Das Apparatewesen triumphiert, weil das Menschenwesen durch Abwertung des intuitiven Bereiches zurückgesetzt wird.

9.4 Grüne Kerntechnik

Das dialektisch bewegte Denken wird verdrängt und der rationale Bereich wird übertrieben. Das Bilanzwesen wird zu Lasten der Passiva verzerrt und das Papiergeld kommt als Fremdkapital zur Geltung. Finanzartisten haben allzu lange behauptet, man könne alles „durchfinanzieren", zum Beispiel den europäischen Traum von Kohle und Stahl. Wenn die autoritäre Kapitalwirtschaft nicht unsere Fremdfinanz rationalistischen Vorurteilen ausgeliefert hätte, wäre zum Beispiel die Casinogesinnung mit aufgeblasenen Finanzderivaten nicht aufgekommen, geschweige denn die geistlose Ausbeutung von Braunkohlenvorkommen unserer europäischen Heimat.

Nun kommt aber hinzu, dass einige Technokraten der deutschen Industrie im Geiste auf die Braunkohle verzichtet hatten. Deshalb haben sie im einseitigen Machtmißbrauch und im Zuge der organisierten Unverantwortlichkeit mit viel Ehrgeiz riskante Energieriesen eingeführt, so dass die Vorsorge für heimische Kraftstoffe, für Euro-Kraftstoffe, auch im Braunkohlenrevier aufgegeben worden ist.

Die neuesten Winklervergaser in Berrenrath wurden abgebaut. Nach dem Abgang von Herrn Dr. Franz Hellberg und von Herrn Dr. Erwin Gärtner waren auch die 16 Stadtwerke kaum noch an städte- und industriefreundlichen Thoriumöfen interessiert. Auf diese Weise ist nicht nur die Planung für die Erzeugung von Euro-Kraftstoffen verdrängt worden, sondern auch die grüne Kernindustrie, die mit Kölner Grüngürteln und mit Panzerkörnern der 4. Generation verbunden ist. Doch zehn Jahre nach

Hiroshima, also 1955, ist mir die gute Hoffnung auf mittelgroße Thoriumöfen zugefallen und die Aussicht auf Wasserstoffquellen. Ich war im Hause Adenauer in Rhöndorf anwesend, als der damalige Oberstadtdirektor von Köln, Max Adenauer, seinem Vater Konrad, dem Erfinder eines Grüngürtels, über sein achtes Weltwunder berichtete, über kommunale Kugelbettöfen.

In der Zwischenzeit mussten unsere Aachen-Jülicher Errungenschaften bezüglich der Thoriumöfen der 4. Generation über Südafrika, China, Süd-Korea, Frankreich und Japan auch in Washington von der „GIF", (Generation IV International Forum) in der Öffentlichkeit mühsam bekannt gemacht werden (▶ Kap. 7). Mühsam, weil zuvor 436 Kernreaktoren weltweit fragwürdige Gewinne abliefern müssen, aber auch, weil der militärisch-industrielle Komplex deren Laufzeitverlängerung und wiederholte Nachrüstungen befürwortet.

Niemand weiß so richtig, wer hier die politische Gesamtverantwortung übernimmt. Dabei wird der intuitive Charakter der weiblichen Bevölkerung angesichts der zeitlosen Restrisiken herkömmlicher Kernindustrien in den Wind geschlagen, als wenn es keine fanatischen Terroristen gäbe, keine Erpresser und Selbstmordattentäter. Heute müssen wir erleben, dass unsere französischen Nachmacher aus Cadarache in Warschau die Einführung von Kugelbettöfen als die 4. Generation propagieren. Diese werden aber gleichzeitig ausgebremst, weil zuvor noch einige EPR-Anlagen der 3. Generation verkauft werden sollen, zum Beispiel in Finnland und Abu Dhabi, am persischen Golf und auf Weltkonferenzen.

Und dann die Vermehrung der Billig-Reaktoren aus Südkorea! Denn die Despoten und Autokraten sind, wie Frankreich und der Iran, auf das verdammte Plutonium versessen. Hiergegen müssten alsbald bombensichere Projekte aufgebracht werden, versicherbar und frei von kapitalen Restrisiken und von Plutonium, damit die europäische Energiepolitik uns nicht in Sackgassen treibt und in die Abhängigkeit von Importenergien und von Monopol-Preisen.

Kernwärme kommt auch der Industrie für Euro-Kraftstoffe zugute.

Dabei darf nicht versäumt werden, den keramischen Apparatebau zu ertüchtigen. Denn es geht um Wärmechemie. Alles in allem, geht es um vielfältige unternehmerische Intentionen, welche im Dialog eine gründliche Aufklärung der Energiepolitik aufbringen. Auch die Volksparteien können erklären, dass außer den Energieriesen auch noch Energiezwerge existieren. Energieforscher und Energiepolitiker, Selbstdenker, können eine grüne Energiepolitik und Inselbetriebe zulassen, eine soziale Gespannkultur für die Partnerschaft von Technik und Kapital, für Tatkraft und Besonnenheit.

Nun aber gibt es neuerdings in Berlin einen gewissenhaften Umweltminister Norbert Röttgen. Er will den bilateralen Weg mit Kern- und Sonnenwärme verlassen und beabsichtigt, mit 40% erneuerbaren Energien den Energiehunger der Menschheit zu stillen. Mir ist allerdings unbegreiflich, dass ein junger, bedächtiger Bundesminister nur von 40% spricht. Er könnte alsbald erklären, mit welchen Mitteln und wann wir uns mit der Politkonkurrenz von 60% Importenergien und mit Monopolpreisen befassen müssen. Alle Welt sucht händeringend nach Wasserstoffquellen.

Es ist absurd, wenn unser Mann in Brüssel die Jülicher Kernwärme als Basis für eine globale Wasserstoffindustrie und für Wasserstoffträger wie E85 (Ethanol) verschweigt. Doch fällt ein solches Versäumnis kaum auf, denn die deutschen Wirtschaftsminister haben sich für unsere Energiepolitik seit 31 Jahren, seit dem kleinen GAU in Harrisburg, eine zeitlose Sorglosigkeit genehmigt. Wer gibt den Weg frei für Volkskraftwerke in jedem Haus, für pfiffige Energiezwerge und für die Wasserstoffindustrien der Welt?

Seit der grünen Ausstiegswende von Johannes Rau und der Sozialdemokratie in Deutschland, am 1. Juli 1986, neun Wochen nach Tschernobyl, haben Herr Professor Dr. Rudolf Schulten, seine Nachfolger und ich 24 Jahre lang bisher vergeblich versucht, den deutschen Wirtschaftsministern und den Volksparteien mitzuteilen, dass es wärmehöffige Kernreaktoren gibt und eine „grüne Kernindustrie", idiotensicher, schurkensicher und raketenfest. Es gibt Kernwärmequellen, die keine kapitalen Restrisiken mit sich bringen, die versicherbar sind wie alle anderen Industrieanlagen und auch kontinuierlich arbeiten können, also ohne Unterbrechung: bombensicher und ohne strategische Plutoniumaufkommen. Die Endlagerung von Spaltprodukten und anderen Abfällen würde durch Panzerkörner der 4. Generation für Jahrmillionen gesichert.

Das Bundesministerium für Forschung und Technologie hat 8 Mrd. DM (ca. 4 Mrd. €) investiert und war selbstverständlich von jeher vollständig informiert. Dasselbe gilt natürlich auch für die 16 Stadtwerke, die mit Wissen und Willen von Konrad Adenauer die Jülicher Kerntechnik vor über 50 Jahren angestiftet und seitdem getragen haben. Sie wussten intuitiv und von Anbeginn, dass Nachrüstungen veralteter Kernkraftwerke per se unzulänglich und dass naturgegebene Sicherungen unverzichtbar sind.

Rheinbraun, die Ruhrkohle und die VEBA haben Jahrzehnte lang die nötige Begleitmusik beigesteuert. Die VEBA, der Vorstandsvorsitzende Herr Klaus Piltz, wollte aufgrund seiner Fairness — 1993 beginnend — im Verlaufe von 30 Jahren „umsteigen", so dass ab 2023 in Deutschland nur noch Kugelbettöfen betrieben werden. Die Kugelbettöfen und deren Vorzüge sind den Hauptverantwortlichen spätestens seit dem 22. August 1973, also seit 37 Jahren, bestens bekannt.

Doch haben unsere Bundeskanzler, die Nachfolger von Adenauer und Erhard, die Jülicher Kernindustrie, unsere friedfertige Energiekultur, die größte Innovation seit Hiroshima und Nagasaki, der puren Fachverantwortung von Wirtschaftsführern und Experten zugeschoben; als wenn man die Vorsorge für die Zeit nach dem Erdöl zweischneidigen Wahrscheinlichkeitsrechnungen überlassen könnte. Der Fachverstand ist aber auf außerparlamentarischen „Gipfeln" eingeweiht worden. Die demokratische Gesamtverantwortung und deren Ziele wurden so zum Schweigen gebracht. Unsere gesunde Gesamtvernunft und die bilaterale Fachverantwortung ehrbarer Kaufleute wurden „a tempo" verbaut.

Herr Bundesminister Norbert Röttgen hat ja recht, dass er die übertriebene Verlängerung der herkömmlichen Kerntechnik und die bisherigen Kernindustrien vollständig ablehnt. Er versucht die Anwendung des gesunden Menschenverstandes einzufordern. Denn für Langstreckenraketen, für Unholde und Erpresser sind solche Anlagen gefundene Fressen und behindern Europa schon jetzt. Sie sind mit ihren sogenannten Restrisiken Leckerbissen für Schurken und für die Menschheit eine wachsende Bedrohung. Der nächste GAU, er kommt bestimmt!

Doch denke ich mir, dass eine soziale Gespannkultur auch allen Wählerinnen und Wählern begreiflich machen kann, dass wir mit Thoriumöfen der 4. Generation genauso sicher und behaglich leben können wie vor den unmenschlichen Innovationen mit Atombomben, Fernraketen und mit mechatronischen U-Booten. Thoriumöfen dagegen sind als geduldige Wärmequellen für die Ertüchtigung von Euro-Kraftstoffen besonders geeignet. Wir sollten offen darüber sprechen und das dialektisch bewegte Denken für Männer und Frauen hervorheben und damit den Kernbereich der Demokratie glücklich ins Feld führen.

9.5 Fazit

Die Soziale Marktwirtschaft ist schon zu Anfang nicht zur vollen Entfaltung gekommen. Denn es ist uns nicht gelungen, die ganze Bevölkerung zu mündigen Teilhabern und Miteigentümern zu machen. Die autoritäre Allianz der Fremdfinanz mit den Arbeitsplatzgewaltigen hat nicht nur die hiesige Industrie von Kohle und Stahl verbraucht, sondern auch die Hilfe zur Selbsthilfe verkannt und die mittelständische Wirtschaft insgesamt in die Abhängigkeit vom Fremdkapital hineingezogen. Demgemäß sind vorsorgliche Intentionen, z. B. Dampfmotoren à la Hugo Junkers oder Felix Wankel und Miniturbinen unterdrückt worden.

Nachhaltige Innovationen, auch Freiberger Innovationen, gedeihen immer dann, wenn auch die Selbständigkeit der Sparer gewährleistet und die unsoziale Subventionsreiterei abgeschafft worden ist. Stattdessen aber haben wir seit über 40 Jahren ungeduldige Subventionsritter aufkommen lassen und ermächtigt. Bei uns ist der Herdenkult zum Feind der Gesamtverantwortung geraten. Deren Fachverantwortungen wurden zu Staaten im Staate.

Die Brücke ans andere Ufer aber ist die soziale Gespannkultur mit Doppelspitzen auf allen Ebenen und die Ablösung der fatalen Kommandowirtschaft durch die „Soziale Kapitalwirtschaft". Die Aufwertung und Ertüchtigung des Mittelstandes macht uns frei für die wahrhaft Soziale Marktwirtschaft. Jetzt geht es um die Belebung der mittelständischen Kreativität.

Im Sinne unserer kulturbeflissenen Universitäten will ich nicht allein für die Renaissance von Thoriumöfen der 4. Generation à la Rudolf Schulten und für die Einführung der Eurokraftstoffe in die Soziale Marktwirtschaft werben, sondern auch für eine Soziale Kapitatwirtschaft. Die Sparer, Landschaftsingenieure, Bergleute und Gelehrte, Männer und Frauen sollen ermutigt und ertüchtigt werden. Sie können sich als Teilhaber und Miteigentümer an dem grünen Wirtschaftsprozeß und dem natürlichen Wachstum der Wirtschaft beteiligen. Die soziale Gespannkultur für Angebot und Nachfrage schützt uns auf allen Ebenen vor den autoritären Denkfehlern à la Napoleon.

Unser „Glück auf!" gilt nicht nur ehrbaren Kauf- und Bergleuten, sondern auch den „Lehrstühlen für die soziale Gespannkultur" an europäischen Universitäten. Wir brauchen Verfassungen des gesunden Menschenverstandes für Aktiva und Passiva, für Wirklichkeit und Möglichkeit, Doppelspitzen für Tatkraft und Besonnenheit. Denn unsere Beteiligung an der Gesamtverantwortung von Männern und Frauen ist für unsere Demokratie, für die Wirtschaft und für die Wissenschaft unverzichtbar.

Zum Abschluß ist aus der Sicht des Zeitzeugen Folgendes festzustellen: Die Hochflut von Größenwahn in Deutschland hatte 1945 viele Millionen Tote und rauchende Trümmerhaufen hinterlassen. Wir waren auch als „Edel-Untertanen" gescheitert. Wir hatten Entsetzliches erlebt und überlebt, und hatten alle Hände voll zu tun, Wohnungen und Arbeit zu beschaffen. Der Führerkult hatte uns betrogen. Aber eine gewisse Elite, die gleichfalls überlebt hatte, klammerte sich an den Gedanken, wir seien mit Wunderwaffen immer noch bei den Siegern. Nur unser Endsieg sei durch die Überheblichkeit weniger Politiker vermasselt worden. Aber einige Wehrwirtschaftsführer seien ja noch vorhanden. Albert Speer z. B. hatte überlebt und galt als tüchtiger Architekt.

Wir hatten mit Otto Hahn scheinbar auch die Kernenergie entdeckt und wollten jetzt beweisen, dass wir ein neues Zeitalter anführen könnten. Biblis A, ein deutsches Kernkraftwerk der 1. Generation, war größer als sein amerikanisches Vorbild. Die pragmatische Gelassenheit von Konrad Adenauer war für die Versöhnung mit den Siegermächten willkommen. Ludwig Erhard dagegen wurde wegen seiner Grundsätze und seiner Menschenfreundlichkeit angezweifelt. In höchsten Kreisen meinte man: Von Wirtschaft verstünde Herr Erhard nichts. Man wollte für den Wiederaufbau die erprobte Kommandowirtschaft von Hjalmar Schacht: die autoritäre Kapitalwirtschaft. Sie hatte sich scheinbar bewährt.

Diese Unbesonnenheit führte 15 Jahre nach Adenauer einen deutschen Bundeskanzler, Arm in Arm mit einem Generaldirektor, zum

Uran-Einkauf nach Kanada und zum Verkauf von acht Kernkraftwerken der 2. Generation nach Brasilien, in ein fernes Land ohne Infrastruktur. Ein Unsinn, der dem amerikanischen Präsidenten Jimmy Carter beweisen sollte, dass wir Deutsche führend seien.

Vierzig Kernkraftwerke waren von unserem damaligen Wirtschaftsminister allein für die Ausstattung der deutschen Rheinufer vorgesehen. Und der Natriumbrüter in Kalkar sollte Industrie-Wasserstoff so billig erzeugen, dass man an der Ruhr die Zechen, Kokereien und Hochöfen abschaffen und Massenstahl durch Direktreduktion herstellen könnte. In München meinte ein Ministerpräsident: *„Aber eine kleine Plutoniumbombe im Keller sei auch kein Fehler"*.

Das dazu passende Tamtam führte zu einer allgemeinen Atom-Euphorie. Scheinbar war das Wirtschaftswunder nicht wegen, sondern trotz der Sozialen Marktwirtschaft von unseren Schattenregimen bewirkt worden. Adenauer und Erhard waren für diese Wirtschaftsführer unsere Aushängeschilder. Nur die Stadtwerke Düsseldorf und 15 weitere Stadtwerke errichteten in Jülich ein zivilisiertes Kernkraftwerk unter neuartigen Bedingungen.

Seit ca. 50 Jahren haben wir Jülicher unter der Regie der Stadtwerke Düsseldorf, der Firma Krupp, und der Professoren Dr. Rudolf Schulten und Dr. Leo Brandt die Thoriumöfen als Fundgrube für Kernwärme vorgeführt und unter Aufsicht von dem damaligen Ministerpräsidenten Johannes Rau einen Versuchsreaktor ertüchtigt. Damit war Adenauer von Anfang an einverstanden, zumal er ein Freund der Kommunalwirtschaft war. Wir haben vor Jahrzehnten die Voraussetzungen für eine zivilisierte, grüne Kernindustrie nachgewiesen: Kugelbettöfen der 4. Generation (▶ Kap. 7).

1. Kugelbettöfen kennen keine Kernschmelze, sie ist physikalisch ausgeschlossen. Deren naturgegebene Sicherungen kennen keine kapitalen Restrisiken.

2. Der größte anzunehmende Unfall, deren GAU, wurde im Kraftwerksbetrieb vorgeführt: er ist harmlos und deshalb regulär versicherbar. Dieses einzigartige Großexperiment ist seit Jahrzehnten weltbekannt.

3. Kugelbettöfen arbeiten kontinuierlich. Sie dienen deshalb der Ertüchtigung von mittleren Industriebetrieben, vor allem der industriellen Wasserstofferzeugung, auch in Inselbetrieben, z. B. der Wärme- und Stromversorgung von Großstädten.

4. Thoriumöfen hinterlassen kein Plutonium und sind deshalb auch für Pazifisten geeignet.

5. Thorium bringt uns die Verzehnfachung der Rohstoffbasis.

6. Die keramischen Komponenten aus Graphit und Siliziumkarbid sind geeignet, die Wasserstoffsynthese mit CO_2 zu betreiben. Man verarbeitet auf diese Art schädliche CO_2-Mengen und vermeidet deren Sequestrierung. Wir erreichen die Verflüssigung von Wasserstoff in Form von Alkoholen, z. B. von Methanol, Ethanol und Butanol.

7. Die Endlagerung von radioaktiven Spaltprodukten ist für Milliarden Jahre durch Panzerkörner in Siamant (Panzerkörner der 4. Generation) gesichert.

Die Ölmagnaten, die Stromriesen und die Bellizisten arbeiten hier selbstherrisch, als hätten sie keine politische Gesamtverantwortung, halbseitig mit Blindheit geschlagen. So kommt es seit Jahrzehnten zu der deutschen Schweigespirale, die bis heute die Projekte von Aachen und Jülich unterdrückt und nachgewiesene Errungenschaften wider besseres Wissen vergeudet. „Europa kann sofort umsteigen statt auszusteigen!"

Teil 3

Das Zeitalter nach Öl und Gas

Bildquellen der vorangehenden Seite
Großes Bild links: Kohlebergbau in Deutschland;
zur Verfügung gestellt von NASA/GSFC/MITI/ERSDAC/JAROS, und U.S./Japan ASTER Science Team;
Quelle: NASA Visible Earth website http://visibleearth.nasa.gov
Bild Rechts: Gleichstromkonverter, Photo: Siemens Pressebild und
Inset Mitte: S-Bahn-Station in Berlin, Photo: Jörg Matschullat

10 Biobrennstoffe und grüne Energie

Alois Heißenhuber

10.1 Einleitung

Der Einsatz von Bioenergie erfolgt aus unterschiedlichen Gründen. Ein Argument besteht darin, die Abhängigkeit von fossilen Energieträgern zu verringern. Als weiterer Grund wird die Minderung von Emissionen klimawirksamer Gase genannt. Schließlich wird als Nebeneffekt die Schaffung zusätzlicher Arbeitsplätze, speziell im ländlichen Raum, angeführt. Es stellt sich die Frage, welches Ziel die höhere Priorität hat. Wenn es vorrangig um die Einsparung fossiler Energieträger geht, dann müsste den Verfahren der Bioenergieerzeugung der Vorrang eingeräumt werden, die je Flächeneinheit den höchsten Netto-Energieertrag bringen. Steht dagegen der Klimaschutz im Vordergrund, dann sind Verfahren zu bevorzugen, welche die geringsten CO_2-Minderungskosten oder die höchste CO_2-Einsparung je Flächeneinheit aufweisen. Aktuell dürfte der Klimaschutz im Vordergrund stehen.

10.2 Rahmenbedingungen

Die Diskussion um die Einführung nachwachsender bzw. erneuerbarer Energieträger hängt unmittelbar mit dem Preis der fossilen Energieträger zusammen. Wie Abbildung 10.1 zeigt, lag der Rohölpreis vor 50 Jahren auf einem extrem niedrigen Niveau. Erstmals wurden erneuerbare Energieträger wettbewerbsfähig, als

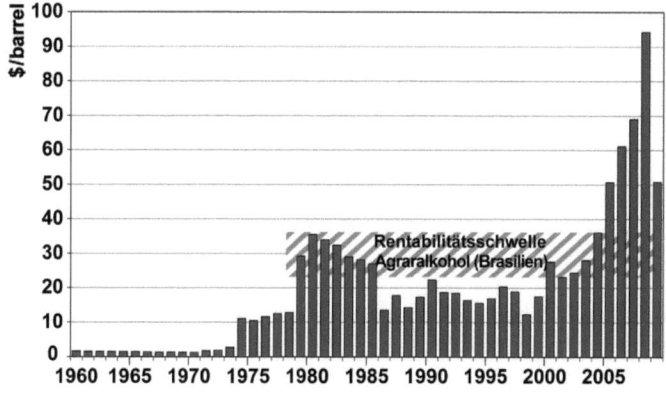

Abb. 10.1 Entwicklung des Rohölpreises 1960 bis 2009. Anmerkung: 1960–2008 Jahresdurchschnittspreise + 2009 Durchschnitt Stand Oktober. Quelle: MWV (2009)

um 1980 der Rohölpreis auf über 30 Dollar pro Barrel angestiegen ist.

Aus der Fülle von nachwachsenden Energieträgern stellt Ethanol aus Zuckerrohr die kostengünstigste Möglichkeit dar (Abb. 10.2). In der Tat wurde in Brasilien bereits in den 80er Jahren der Einsatz von Ethanol vorangetrieben. Das Thema Klimaschutz spielte zu diesem Zeitpunkt noch keine maßgebliche Rolle, sondern es waren ausschließlich wirtschaftliche Überlegungen. Als dann in den 90er Jahren das Rohöl billiger wurde, war in Brasilien der Einsatz von Ethanol wieder weniger attraktiv. Erst der neuerliche Anstieg des Rohölpreises führte in Brasilien neuerlich zu einer Ausweitung der Ethanolproduktion. Generell steigt die Wettbewerbsfähigkeit der alternativen Energieträger mit dem Rohölpreis an (Abb. 10.2). Demzufolge rechnete man damit, dass bei Rohölpreisen von z. B. 80 Dollar pro Barrel in Europa die Herstellung von Ethanol aus Getreide wettbewerbsfähig sein würde (Abb. 10.2), ohne dass der Staat eingreift. Dieser Zusammenhang ist aber nur zutreffend, wenn sich die Preise biogener Rohstoffe nicht ändern. Wie Abbildung 10.3 verdeutlicht, trifft dies nicht zu. Man kann davon ausgehen, dass mit steigendem Rohölpreis auch der Preis von Getreide ansteigt. Aus hohen Rohölpreisen resultiert auch ein hoher Substitutionswert von Getreide bezogen auf den Energiegehalt. Auf die sich daraus ergebenden Konsequenzen wird noch eingegangen.

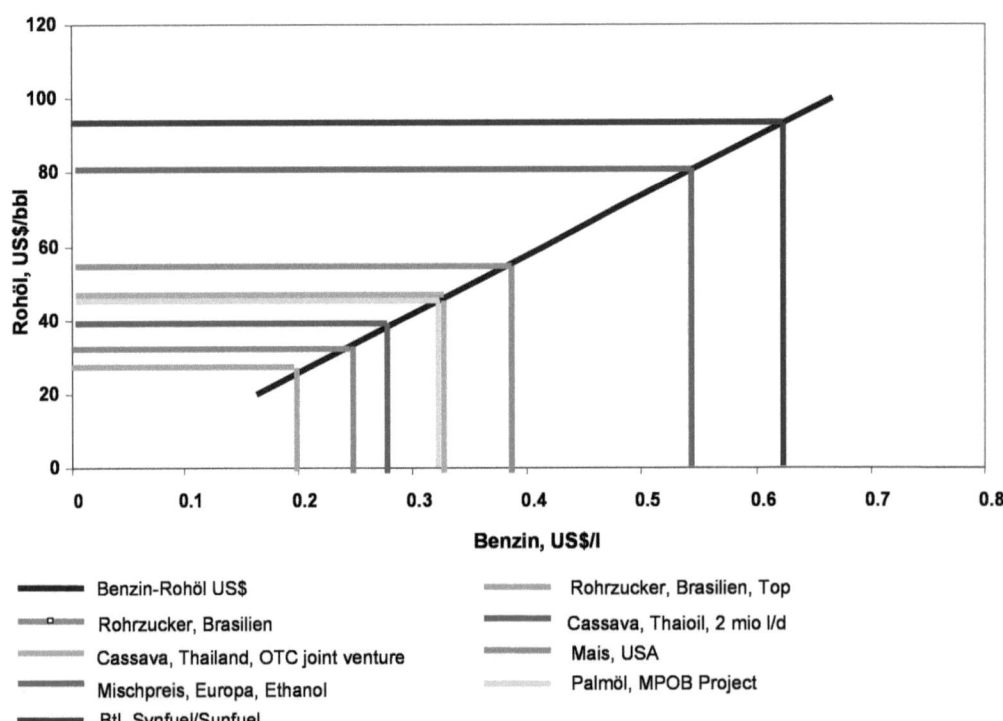

Abb. 10.2 Gleichgewichtspreis zwischen fossilem und erneuerbarem Treibstoff (Paritätspreise: Benzin – Rohöl – Biosprit). Quelle: Schmidhuber (2006)

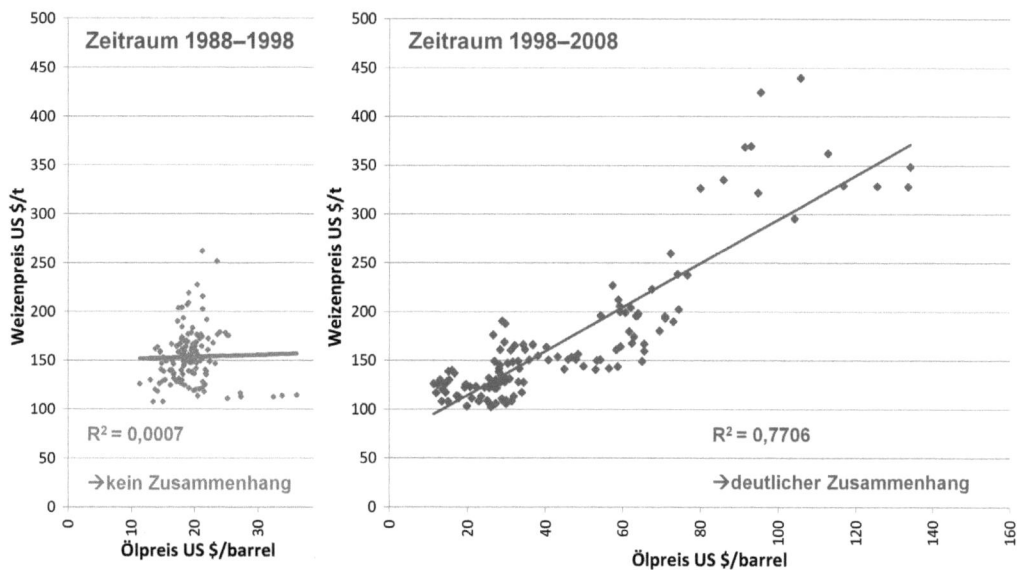

Abb. 10.3 Korrelation zwischen Rohöl- und Weizenpreis (Zeitraum 1988 bis 1998 bzw. 1998 bis 2008). Quelle: nach MWV (2009) und ZMP (o.J.)

10.3 Chancen des Energiepflanzenanbaues

Die Chancen des Energiepflanzenanbaues hängen von den Preisen der fossilen Energieträger und der biogenen Energieträger sowie von den staatlichen Eingriffen in den Markt ab. In Abbildung 10.4 sind die in Deutschland zur Diskussion stehenden Kulturen zur Energieerzeugung dargestellt. Daraus ist abzulesen, dass bei den einzelnen Energielinien große Unterschiede zwischen dem Primär- und dem Endenergieertrag bestehen.

10.3.1 Biokraftstoffe

Chancen und Risiken des Energiepflanzenanbaues werden, wie schon gesagt, auch maßgeblich vom Preisniveau auf den Nahrungsmittelmärkten beeinflusst. Wie Abb. 10.5 verdeutlicht, besteht ein Zusammenhang zwischen Rohöl-, Benzin-, Ethanol- und Getreidepreis. Bei einem hohen Rohölpreis ist auch ein höherer Ethanolpreis möglich. Für den Ethanolhersteller besteht dann die Möglichkeit, einen höheren Getreidepreis zu bezahlen. Sofern sich der Getreidepreis auf einem niedrigen Niveau befindet, wie es z. B. bis 2005 der Fall war, ergibt sich eine relativ hohe Wettbewerbskraft von Ethanol aus Getreide und damit eine günstigere wirtschaftliche Situation des Ethanolherstellers. Bei hohen Getreidepreisen, wie sie 2007 und 2008 anzutreffen waren, sind die Getreideproduzenten in der besseren Situation, während die Hersteller von Ethanol in eine Kostenklemme kamen. Die Mineralölfirmen sind zwar zur Beimischung von Biosprit verpflichtet, können aber auch importierte Ware verwenden. Deshalb ist es darüber hinaus von Bedeutung, zu

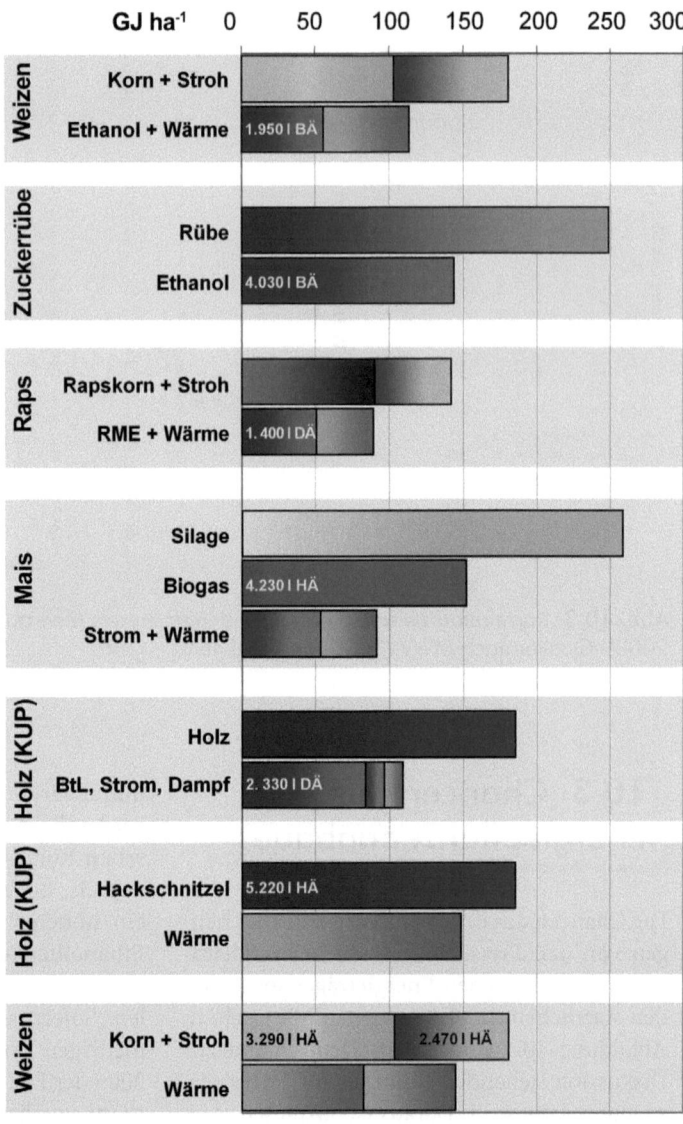

Abb. 10.4 Primär- und Endenergieertrag ausgewählter Kulturen, Weizenkorn: 7,7 t/ha, Rapssaat: 3,5 t/ha, Mais: 45 t/ha, Zuckerrübe: 60 t/ha, Pappel: 10 tatro/ha.
Abk.: *BÄ* Benzinäquivalent; *DÄ* Dieseläquivalent; HÄ Heizöläquivalent; *RME* Raps-Methyl-Esther (Biodiesel); *KUP* Kurzumtriebsplantagen (Flächen, auf denen gezielt günstige, schnell wachsende Baumarten angepflanzt werden, um Holz als Energieträger zu gewinnen); *BtL* Biomass-to-Liquid Kraftstoffe (synthetische Kraftstoffe, die aus Biomasse hergestellt werden). Quelle: eigene Berechnungen (nach BMVEL 2002, 2004; Quirin et al. 2004; FNR 2005)

welchem Preis Importware zur Verfügung steht. Diesbezüglich gilt es anzumerken, dass Ethanol aus Brasilien — hergestellt aus Rohrzucker — ausgesprochen günstig angeboten werden kann — trotz eines Zollsatzes von 100% und entsprechender Transportkosten. In der jüngsten Zeit hat der Preis für importierten Alkohol aufgrund des relativ hohen Weltmarktpreises für Zucker etwas angezogen, so dass aufgrund des derzeit niedrigen Getreidepreises Biosprit aus Deutschland durchaus wettbewerbsfähig angeboten werden kann (Abb. 10.5).

Weltweit gesehen sieht man große Chancen bei der Produktion von Kraftstoffen aus Biomasse (Abb. 10.6). In Indonesien ist eine deutliche Ausweitung der Palmölproduktion geplant. Ähnliche Entwicklungen sind in anderen Ländern (z. B. USA und Brasilien) zu beobachten.

Die Nutzung der Bioenergie verursacht jedoch auch Nebenwirkungen. Zum einen besteht eine Konkurrenzbeziehung zur Nahrungsmittelproduktion. Das drückt sich z. B. in einem Einfluß auf den Produktpreis aus. Zum anderen wirkt sich diese Konkurrenz zwischen Nahrungs- und Energieproduktion in bestimmten Regionen auf den Preis von Pachtflächen massiv aus. Bei knappem Ackerland führt eine großflächige Ausdehnung der Bioenergie zwangsläufig auch dazu, dass bisher nicht ackerbaulich genutzte Flächen in Kultur genommen werden (Grünlandumbruch, Waldrodung) bzw. dass die Bewirtschaftung der Flächen intensiviert wird. Das verursacht erhöhte CO_2- und N_2O-Emissionen mit der Folge, dass die Ausdehnung der Bioenergieerzeugung auf Ackerflächen im Endeffekt für den Klimaschutz sogar kontraproduktiv sein kann (Abb. 10.7). Diese Risiken sind mit den ab 2010 vorgeschriebenen Zertifizierungs-Systemen nicht vollständig zu kontrollieren, da als Nebeneffekt der Ausweitung des

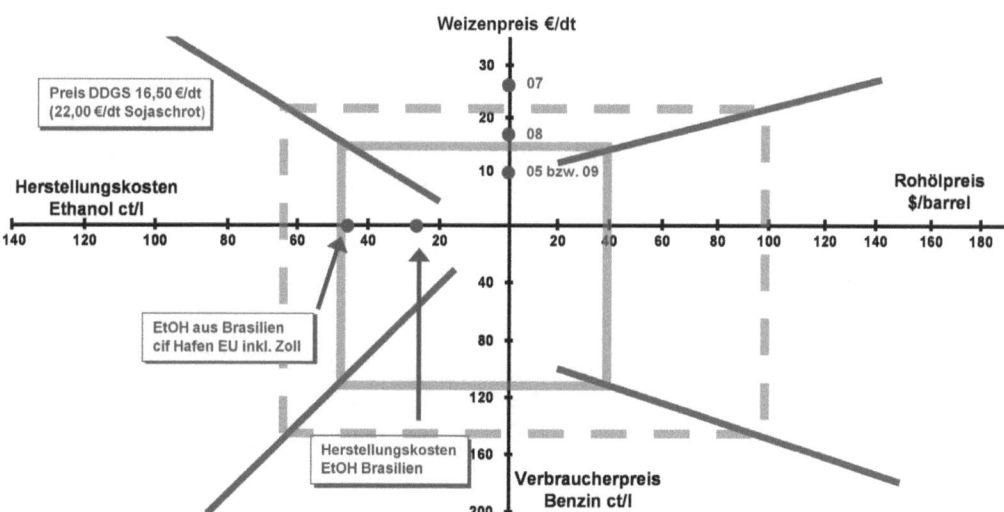

Abb. 10.5 Bioethanol aus Weizen als Benzinersatz. Die orangefarbenen Linien beschreiben für zwei Preisniveaus den Zusammenhang zwischen Erdölpreis, Benzinpreis, den Herstellungskosten von Ethanol und dem Getreidepreis. Die blauen Linien zeigen die jeweilige Relation an. Quelle: eigene Darstellung nach Igelspacher (2003) und MWV (2009)

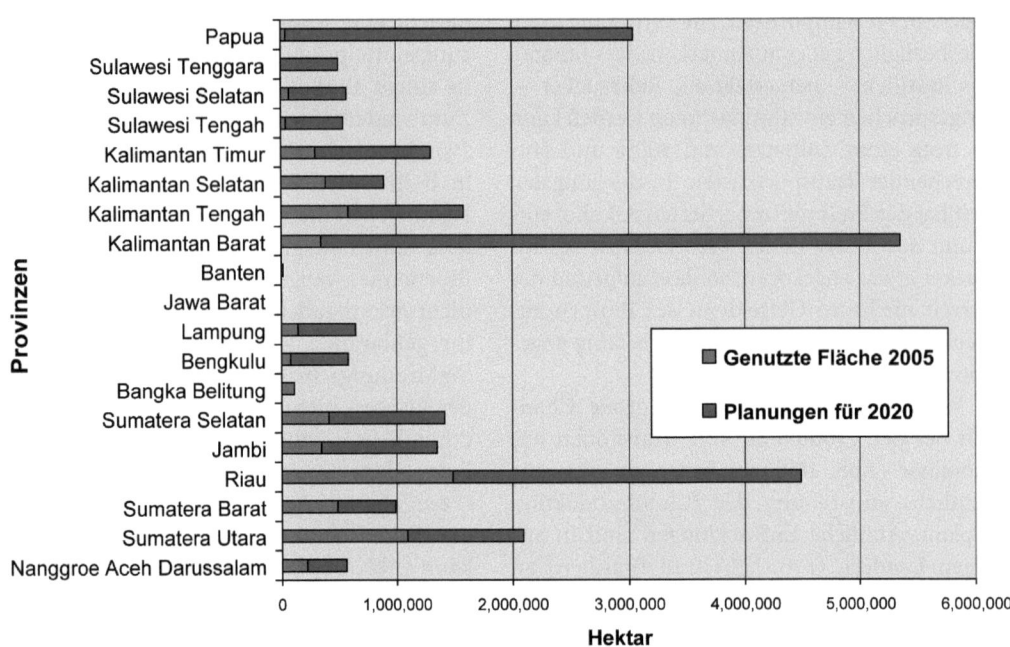

Abb. 10.6 Entwicklung der Palmölplantagenflächen in Indonesien. Quellen: nach Sawit Watch in: Colchester et al. (2006)

Energiepflanzenanbaues z. B. an anderer Stelle für den Nahrungsanbau eine Rodung des Urwaldes vorgenommen werden kann. Auf jeden Fall dürfen ab 2010 nur noch diejenigen Biospritherkünfte auf die Beimischungsverpflichtung angerechnet werden, wenn damit eine CO_2-Minderung um mindestens 35% erreicht wird (Abb. 10.8).

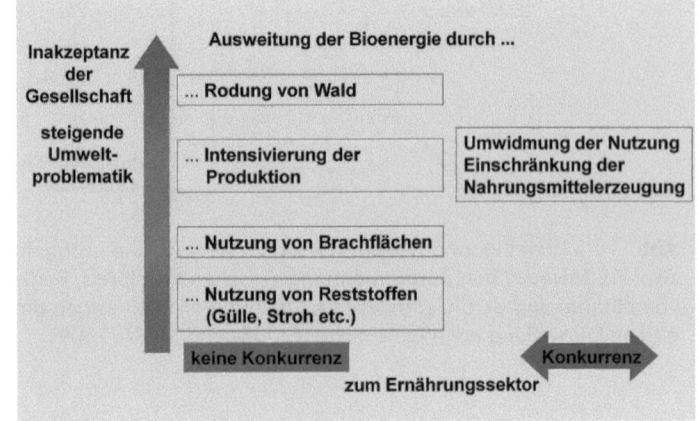

Abb. 10.7 Möglichkeiten und Konsequenzen der Nutzung von Bioenergie. Quelle: eigene Darstellung

Chancen des Energiepflanzenanbaues

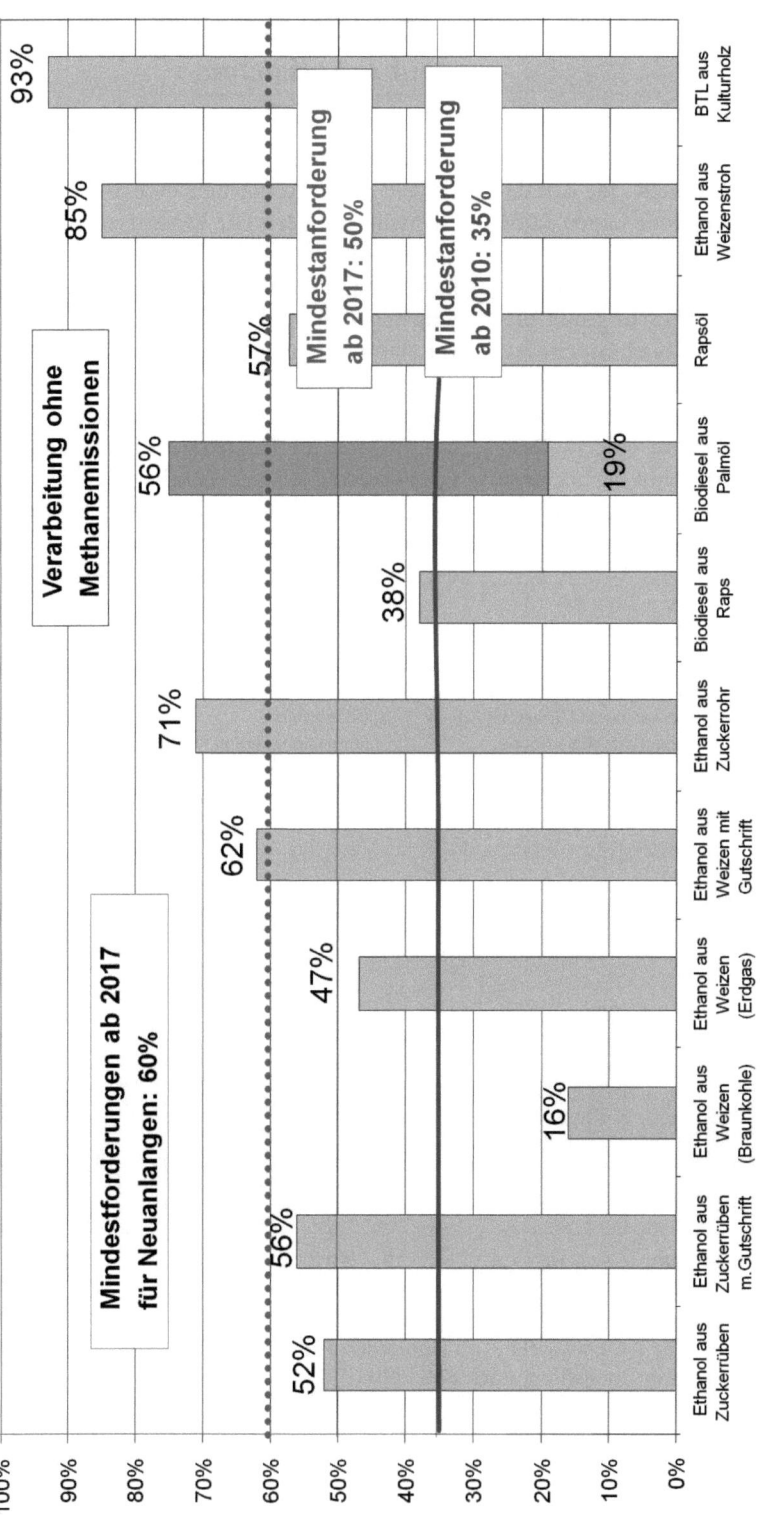

Abb. 10.8 Standardeinsparung bei Treibhausgasemissionen ausgewählter Verfahren (inkl. Gutschriften) Als Gutschriften wurden verwendet: Ersatz des Futtermittels Sojaschrot durch Vinasse bei Zuckerrüben und DDGS bei Weizen. Quelle: eigene Darstellung nach Klenk u. Kunz (2008).

10.3.2 Biogas

Die Nutzung von Biogas ist unter Marktbedingungen nicht wettbewersbsfähig. Die im EEG festgelegten Einspeisevergütungen für den damit erzeugten elektrischen Strom sorgen dafür, dass Biogas aus Biomasse als Energieträger zum Einsatz kommt. Diesbezüglich sind die Unterschiede zwischen den Ländern sehr groß (Abb. 10.9). Vereinfacht gesagt, erst bei Einspeisevergütungen von über 10 ct/kWh kommen Pflanzen zum Einsatz, die speziell dafür angebaut wurden. Ansonsten werden nur biogene Reststoffe (z. B. Gülle) verwendet. Mit die höchsten Einspeisevergütungen gibt es in Deutschland. Deshalb sind hier die meisten Biogasanlagen installiert worden.

10.3.3 Photovoltaik auf Ackerflächen

In der jüngsten Zeit hat sich mit der Photovoltaik auf Ackerflächen eine weitere Energiequelle etabliert. Die Einspeisevergütungen liegen dort wegen der höheren Gestehungskosten deutlich höher als bei Biogas. In der jüngsten Zeit sind die Preise für die Photovoltaikmodule deutlich gesunken, deshalb ist die Wettbewerbsfähigkeit der Photovoltaik angestiegen, was zu einer enormen Ausweitung führte. Im Vergleich zu Biogas liegt der Energieertrag je Flächeneinheit vielfach höher (Abb. 10.10). Die zwischenzeitlich von der Politik beschlossene Änderung in den Förderungsrichtlinien bedeutet einerseits eine

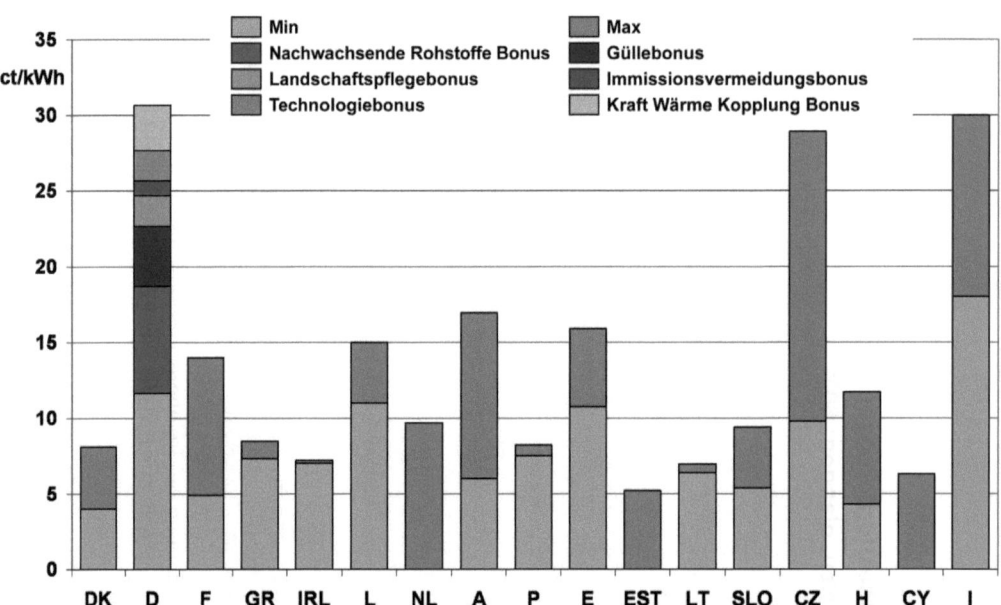

Abb. 10.9 Einspeisevergütung für Strom aus Biomasse in ausgewählten EU-Ländern. Anmerkung: verwendete Umrechnungskurse: 1 € entspricht 7,45 Dänischen Kronen, 3,43 LT Litas, 24,6 CZK, 252 Forint (HFU). Quelle: eigene Darstellung nach BMU (2010)

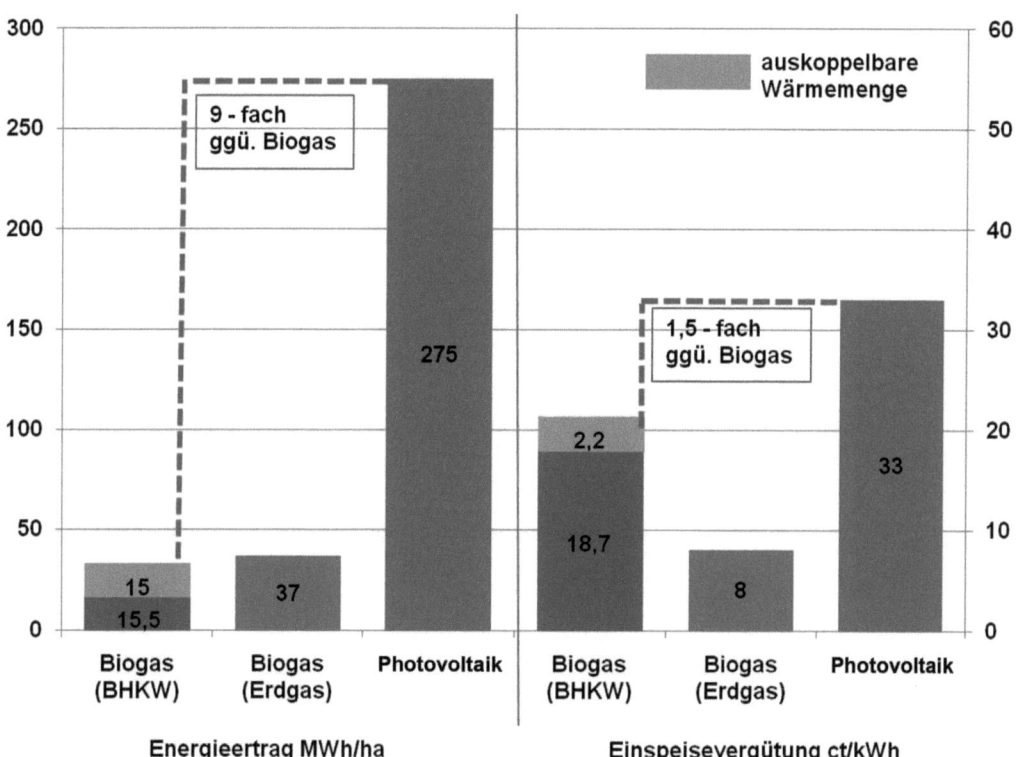

Abb. 10.10 Vergleich von Biogas und Photovoltaik (**BHKW** = Blockheizkraftwerk). Quelle: eigene Berechnungen nach BMU, 2010

Reduzierung der Einspeisevergütung für Photovoltaikstrom, andererseits wird es zukünftig keine Photovoltaik-Anlagen mehr auf Ackerflächen geben.

10.3.4 Holz

Holz ist ein klassischer Energieträger. Vor 50 Jahren wurde Brennholz als Energieträger durch das billige Heizöl in den Hintergrund gedrängt. Bei den heutigen Ölpreisen ist Holz in Verbindung mit neuen Techniken auch ohne staatliche Einflußnahme wieder wettbewerbsfähig geworden (Abb. 10.11 und Tabelle 10.1). Besonders ist darauf hinzuweisen, dass die Nutzung von Brennholz zu sehr niedrigen bzw. sogar negativen CO_2-Minderungskosten führt (Tabelle 10.1). Negative CO_2-Minderungskosten bedeuten, dass es kostengünstiger ist, mit Brennholz als mit Heizöl zu heizen und zudem reduziert man noch die Emission von CO_2. Für den Hausbesitzer ergibt sich bei den komfortablen Versionen, z. B. Holz-Hackschnitzelheizung, aber noch das Problem des höheren Investitionsbedarfs im Vergleich zu einer Ölheizung (Tabelle 10.1).

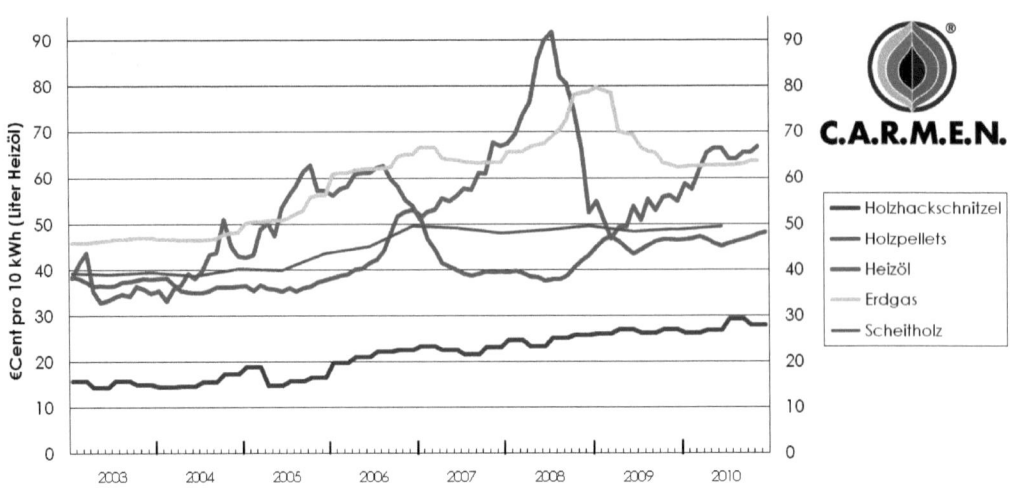

Abb. 10.11 Preisentwicklung bei Holzbrennstoffen, Heizöl und Erdgas. Quelle: CARMEN (2010)

Tabelle 10.1 Kostenvergleich von Öl- und Holzheizung (eigene Berechnungen)

	Einheit	Heizöl	Scheitholz	Holzpellets	Hackschnitzel
Investition gesamt (abzgl. Förderung)	€	9100	8425	13150	19200
jährliche Fixkosten	€/a	682	772	1205	1760
Kosten Brennstoff	€/L bzw	0,60	155	228	111
	€/MWh	60	38	47	28
variable jährliche Kosten	€/a	1583	1267	1485	1274
davon für Brennstoff	€/a	1416	1333	1022	1094
Gesamtkosten pro Jahr	€/a	2266	2040	2691	3034
CO_2-Ausstoß	kg/Jahr	7363	858	336	806
CO_2-Minderungskosten	€/t CO_2	—	-35	60	117

10.4 Ökonomische Aspekte

Der Energiepflanzenanbau kann einerseits einen Beitrag zur Erreichung der Klimaschutzziele leisten, andererseits zu einer nachhaltigen Energieversorgung beitragen. Den größten Beitrag zu einer nachhaltigen Energieversorgung aus dem Energiepflanzenanbau erreicht man mit den Energielinien, die den höchsten „Klima-Ertrag" aufweisen.

Die aktuellen Diskussionen lassen jedoch den Schluss zu, dass der Klimaschutz die höchste Priorität aufweist. Bei der Gestaltung der Bioenergiepolitik ist es deshalb wichtig, die knappen Ressourcen auf die effizientesten Klimaschutzstrategien zu konzentrieren. Eine zentrale Rolle spielen dabei die CO_2-Vermeidungskosten. Die Verfolgung der Klimaschutzziele bringt als Nebeneffekt auch einen Beitrag zur nachhaltigen Energieversorgung. Bei begrenzt zur Verfügung stehenden Finanzmitteln und begrenzt verfügbaren Anbauflächen erreicht man den größten Beitrag zum Klimaschutz, wenn die Energielinien mit den niedrigsten CO_2-Vermeidungskosten zum Zuge kommen.

Die bisher im Fokus der Bioenergiepolitik stehenden Bioenergie-Linien (Biokraftstoffe; Biogas auf Maisbasis) weisen relativ hohe CO_2-Vermeidungskosten in einer Größenordnung von 150 bis weit über 300 €/t CO_2 auf (Abb. 10.12). Wenn die deutsche Politik mit Hilfe der Bioenergie Klimaschutzpolitik betreiben möchte, so sollte sie sich auf solche Energielinien konzentrieren, bei denen sich Klimaschutz mit relativ niedrigen CO_2-Vermeidungskosten erreichen lässt. Das wäre erstens die Biogaserzeugung auf Güllebasis, möglichst mit Kraftwärmekopplung (KWK), zweitens die kombinierte Strom- und Wärmeerzeugung auf Basis Hackschnitzeln aus Kurzumtriebsplantagen und drittens die gemeinsame Verbrennung von Hackschnitzeln und (in gewissem Umfang) Stroh in bestehenden Großkraftwerken. Die Erzeugung von Biodiesel und Bioethanol in Deutschland ermöglicht nur dann niedrige

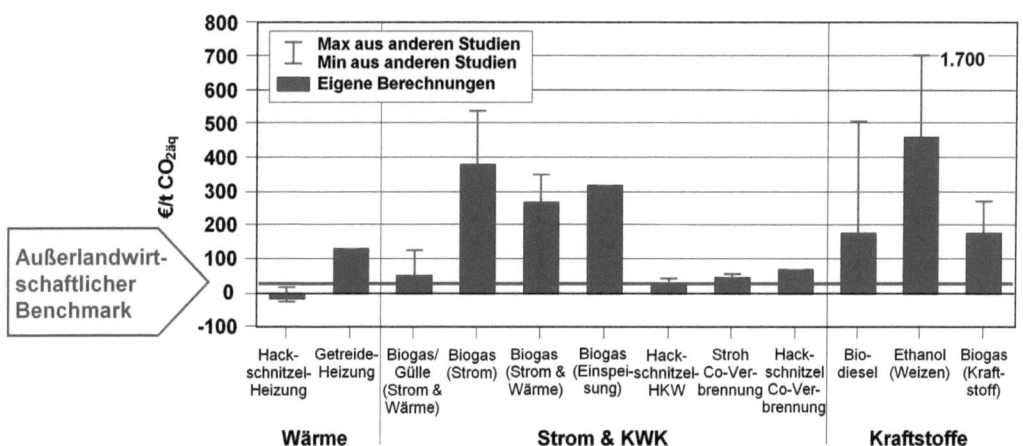

Abb. 10.12 CO_2-Vermeidungskosten ausgewählter Bioenergielinien. Quelle: Eigene Berechnungen, ergänzt nach Quirin et al. (2004), Specht (2003), Schmitz (2006), Leible et al. (2007), Weiske et al. (2007), Kalies et al. (2007), JCR (2007), Zah et al. (2007); in: Wissenschaftlicher Beirat Agrarpolitik beim BMELV (2007)

CO_2-Vermeidungskosten, wenn die agrarischen Rohstoffe zu niedrigen Preisen zur Verfügung stehen und die Nebenprodukte optimal genutzt werden. Nebenbei bemerkt, an der EEX Leipzig werden die CO_2-Zertifikate zu einem Preis von unter 20 Euro gehandelt (Abb. 10.13), weil zu viele Zertikate im Umlauf sind.

Die Kritik an der zu hohen Subventionierung von energetisch und klimapolitisch weniger effizienten Bioenergielinien bedeutet keine Absage an regenerative Energien. Im Gegenteil: Mehr Effizienzorientierung in der Bioenergie ermöglicht mehr Klimaschutz bei gleichem Aufwand. Bei einer entsprechenden Kurskorrektur in der deutschen Förderpolitik könnte die durch Bioenergie erreichte CO_2-Vermeidung bei konstantem Budget erhöht werden, ohne dass hierfür mehr Agrarfläche in Anspruch genommen werden müsste.

Das Dilemma der Bioenergie besteht darin, dass mit steigenden Agrarpreisen auch die Kosten der Bioenergie und damit die CO_2-Vermeidungskosten steigen. Ersteres ist für die Produzenten von Bioenergie ein Problem und zweiteres für die Klimaschutzpolitik. Eine massive Förderung der Bioenergie, wie dies z. B. in Deutschland bei Biogas der Fall ist, hat aber in bestimmten Gebieten noch einen anderen Nebeneffekt. In viehdichten Regionen besteht schon eine hohe Konkurrenz um die Ackerfläche, eine Ausweitung der Biogasgewinnung verschärft diese Konkurrenz u.a. in Form von steigenden Pachtpreisen. Das verschlechtert die Wettbewerbskraft der viehhaltenden Betriebe bzw. verstärkt den Trend, von der Viehhaltung zur Biogasproduktion zu wechseln. Der zu Beginn des Jahres 2009 eingeführte Güllebonus verbessert auch die wirtschaftliche Lage der viehhaltenden Betriebe, hat aber als Nebeneffekt eine verstärkte Nachfrage nach anderen Substraten (z. B. Maissilage), da der Güllebonus von 4 ct/kWh nicht nur für Energie aus Gülle gewährt wird, sondern auch für 70% (bezogen auf die Masse) zusätzliche Gärsubstrate.

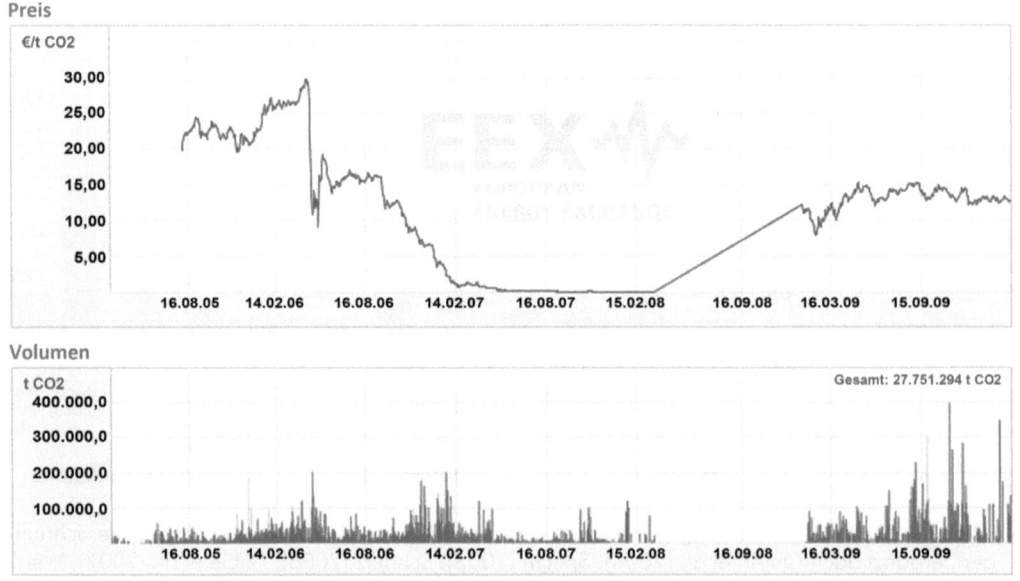

Abb. 10.13 CO_2 Zertifikatspreise an der EEX Leipzig. Quelle: EEX (2009)

10.5 Zusammenfassung

Die Politik sollte aus klimaschutzpolitischer Sicht die Förderung der Bioenergieerzeugung schrittweise auf solche Bioenergie-Linien ausrichten, die (a) nicht in Konkurrenz zur Nahrungsmittelproduktion stehen, (b) zur Vermeidung von Methan-Emissionen aus Gülle beitragen oder (c) besonders niedrige CO_2-Vermeidungskosten bzw. ein sehr hohes CO_2-Vermeidungspotenzial aufweisen.

Die nationale Bioenergiepolitik muss einen deutlichen Akzent auf eine Erhöhung der Effizienz legen, um so einen höheren Beitrag zur Verringerung der nationalen CO_2-Emission pro Kopf der Bevölkerung zu leisten. Dessen ungeachtet muss man sich im Klaren sein, dass hierdurch zur Lösung des globalen Klimaschutzproblems nur ein bescheidener Beitrag geleistet werden kann. Die nationalen Bemühungen sind aber dennoch notwendig, weil damit eine Vorbildfunktion verbunden ist. Darüber hinaus ergibt sich dadurch eine Vorreiterrolle bezüglich technischer Innovationen, was wiederum Exportchancen eröffnet.

Vorrangiges Ziel sollte es sein, im internationalen Verbund erfolgversprechende Klimaschutzstrategien zu entwickeln und umzusetzen. Hierzu gehört ein erfolgreicher Abschluss eines weltweiten Klimaschutzabkommens, bei dem alle Wirtschaftssektoren einbezogen werden.

Bezüglich des Beschäftigungseffektes ist anzumerken, dass mit der Verbreitung der Bioenergieerzeugung in Ackerbauregionen per Saldo positive Beschäftigungseffekte zu erwarten sind. Wenn hingegen die Förderung der Bioenergie zu einer Verdrängung der Tierproduktion führt, sind die Beschäftigungssalden für die betroffenen ländlichen Räume eindeutig negativ. Positive Beschäftigungseffekte bestehen vor allem in der Technologieentwicklung und im Anlagenexport.

Für die Bewertung der Bioenergieerzeugung stehen mehrere Kenngrößen zur Verfügung. Aus politischer Sicht steht heute die Reduzierung der klimawirksamen Gase im Vordergrund. Demzufolge ist die Bioenergieerzeugung in erster Linie anhand der CO_2-Vermeidungskosten zu beurteilen. Auf dieser Basis besteht auch die Möglichkeit, einen Vergleich mit anderen Maßnahmen zur Klimaschonung anzustellen. Aufgrund der Vielzahl von Einflussgrößen ergibt sich bezüglich der CO_2-Vermeidungskosten grundsätzlich eine große Schwankungsbreite, wenngleich die Biotreibstoffe diesbezüglich auf einem deutlich höheren Niveau liegen als die Verfahren der Wärmegewinnung aus Biomasse. Letztlich gilt es darauf hinzuweisen, dass der außerlandwirtschaftliche Benchmark für die CO_2-Vermeidungskosten bei unter 50€/t liegt. Diesbezüglich sind vor allem die Möglichkeiten zur direkten Energieeinsparung (z. B. durch Wärmedämmung) und zur Effizienzsteigerung (z. B. durch sparsamere Antriebstechniken) zu nennen.

Aus einzelbetrieblicher Sicht wird die Bioenergieerzeugung bei niedrigen Preisen für Energiepflanzen begünstigt, bei steigenden Preisen für agrarische Rohstoffe aber stark belastet. Eine entscheidende Rolle spielen schließlich auch die Preise für importierte Bioenergie.

Zusammenfassend bleibt festzuhalten, dass fossile Energieträger die Emission von Treibhausgasen und die Bioenergie eine Konkurrenz zur Nahrunsgmittelproduktion zur Folge haben. Deshalb ist es notwendig, Energieträger zu nutzen, welche diese beiden Nachteile nicht aufweisen.

10 Quellenverzeichnis

BMU — Bundesministerium für Umwelt, Naturschutz und Reaktorsicherheit (2010) www.bmu.de/gesetze/verordnungen/doc/2676.php

BMVEL — Bundesministerium für Verbraucherschutz, Ernährung und Landwirtschaft (Hrsg. 2002) Statistisches Jahrbuch über Ernährung Landwirtschaft und Forsten. Münster: Landwirtschaftsverlag GmbH Münster-Hiltrup

BMVEL — Bundesministerium für Verbraucherschutz, Ernährung und Landwirtschaft (Hrsg. 2004) Statistisches Jahrbuch über Ernährung Landwirtschaft und Forsten. Münster: Landwirtschaftsverlag GmbH Münster-Hiltrup

CARMEN — Centrales Agrar-Rohstoff-Marketing-Netzwerk e.V. (2010) Preisentwicklung bei Hackschnitzeln, Holzpellets, Heizöl und Erdgas

Colchester M, Jiwan N, et al. (2006) Promised land: palm oil and land acquisition in Indonesia – implications for local communities and indigenous peoples. Forest Peoples Programme, Sawit Watch, HuMA und ICRAF http://www.forestpeoples.org/documents/prv_sector/oil_palm/promised_land_eng.pdf

EEX — European Energy Exchange (2009) EU Emmissionsrechte. http://www.eex.de/

FNR — Fachagentur Nachwachsende Rohstoffe e.V. (Hrsg. 2005) Leitfaden Bioenergie – Planung, Betrieb und Wirtschaftlichkeit von Bioenergieanlagen. Gülzow

Igelspacher R (2003) Ganzheitliche Systemanalyse zur Erzeugung und Anwendung von Bio-ethanol im Verkehrssektor. Bayerisches Staatsministerium für Landwirtschaft und Forsten, Gelbes Heft 76, München

Klenk I, Kunz M (2008) Europäisches Bioethanol aus Getreide und Zuckerrüben — eine ökologische und ökonomische Analyse. Zucker Industrie. Sonderdruck aus Band 133: 625–635 und 712–718, Ochsenfurt

MWV — Mineralölwirtschaftsverband e.V. (2009) Mineralölzahlen. http://www.mwv.de (Abrufdatum: 10.9.2009)

Quirin M, Gärtner SO, Pehnt M, Reinhardt GA (2004) CO_2-neutrale Wege zukünftiger Mobilität durch Biokraftstoffe — Eine Bestandsaufnahme. Heidelberg. Institut für Energie- und Umweltforschung Heidelberg GmbH

Schmidhuber J (2006) Impact of an increased biomass use on agricultural markets, prices and food security: A longer-term perspective. International symposium of Notre Europe, 27.–29. 11. 2006, Paris

Wissenschaftlicher Beirat Agrarpolitik beim Bundesministerium für Ernährung, Landwirtschaft und Verbraucherschutz (2007): Nutzung von Biomasse zur Energiegewinnung — Empfehlungen an die Politik. http://www.bmelv.de/cln_044/nn_751706/SharedDocs/downloads/14-WirUeberUns/Beiraete/Agrarpolitik/GutachtenWBA.html (Abrufdatum: 10.4.2008)

ZMP — Zentrale Markt- und Preisberichtsstelle (Hrsg. verschiedene Jahrgänge) ZMP Marktbilanz: Getreide, Ölsaaten, Futtermittel; Bonn

Kernaussagen

- Der Einsatz von Bioenergie erfolgt aus unterschiedlichen Gründen: die Abhängigkeit von fossilen Energieträgern zu verringern, die Minderung von Emissionen klimawirksamer Gase, und die Schaffung zusätzlicher Arbeitsplätze.

- Die Chancen des Energiepflanzenanbaues hängen von den Preisen der fossilen Energieträgerund der biogenen Energieträger und von den staatlichen Eingriffen in den Markt ab.

- Der Energiepflanzenanbau kann einerseits einen Beitrag zur Erreichung der Klimaschutzziele leisten, andererseits zu einer nachhaltigen Energieversorgung beitragen.

- Die Politik sollte aus klimaschutzpolitischer Sicht die Förderung der Bioenergieerzeugung schrittweise auf solche Bioenergie-Linien ausrichten, die (a) nicht in Konkurrenz zur Nahrungsmittelproduktion stehen, (b) zur Vermeidung von Methan-Emissionen aus Gülle beitragen oder (c) besonders niedrige CO_2-Vermeidungskosten bzw. ein sehr hohes CO_2-Vermeidungspotenzial aufweisen.

11 CO$_2$ — ein Rohstoff mit großer Zukunft

Martin Bertau

11.1 Die Rolle des Kohlenstoffs

Kohlenstoff ist der zentrale Wohlstandsträger unserer Volkswirtschaft. In seinen Erscheinungsformen Kohle, Erdgas und Erdöl, aber auch in Form von Biomasse wie z. B. Holz dominiert er als Energieträger und Syntheserohstoff das moderne Leben wie kaum ein anderes Element. Er schafft hinsichtlich des Massenwohlstands ungeahnte Möglichkeiten — aber auch Abhängigkeiten.

In der Lithosphäre kommen 50 Mrd. Gigatonnen (1 Gt = 10^9 t) Kohlenstoff vor (0,087% Massenanteil), von denen 75% in Carbonatgesteinen gebunden sind. Lediglich 25% liegen als organischer Kohlenstoff vor, von welchem wiederum nur 22.600 Gt mittelfristig als nutzbar gelten. Der technisch nutzbare Kohlenstoff kommt damit deutlich seltener vor als Gold. Vor diesem Hintergrund muss die Verfahrensweise, Kohlenstoff in Form von Kohlendioxid (CO$_2$) unwiederbringlich in die Atmosphäre abzugeben, kritisch hinterfragt werden.

Deutlich wird die Bedeutung des Wertes für *nutzbaren* Kohlenstoff an dem immensen Aufwand, den die Natur betreibt, um den Kohlenstoff im Kreislauf zu halten. Bildhaft gesprochen, überzieht ein hauchdünnes Häutchen Biomasse die obersten Meter der Erde, das mit 40.000 Gt gerade einmal 80 mg kg^{-1} des Gesamtkohlenstoffs ausmacht, und von dem 0,5 Gt wirtschaftlich nutzbar sind (Abb. 11.1).

In der öffentlichen Diskussion wird immer wieder angeführt, dass die Kohlenstoffreserven und -ressourcen bei gleichbleibendem Verbrauch von ca. 26 Gt a^{-1} ca. 1.000 a Versorgungssicherheit bieten. Allerdings übersieht eine allein auf die verfügbaren Mengen beschränkte Betrachtung die unterschiedlichen Rohstoffqualitäten. So sind für die Synthesechemie insbesondere wasserstoffreiche Kohlenstoffverbindungen interessant, wie sie in Erdgas und leichten Rohölsorten gefunden werden, während bei schlechteren H/C-Verhältnissen ein hoher energetischer und stofflicher Aufwand zu betreiben ist, um über Verkokung die für unseren Wohlstand bedeutsamen Syntheserohstoffe mit einem H/C-Verhältnis von ca. 2:1 zu generieren. Das durchschnittliche H/C-Verhältnis gegenwärtiger Rohölqualitäten von ~1:1 macht die Diskrepanz deutlich. Bei Kohle liegt es naturgemäss sortenabhängig noch geringer, weswegen hier Umwege über Kohlevergasung bzw. Kohleverflüssigung beschritten werden. Allein Erdgas (CH$_4$) erweist sich als günstig. Es wird damit aber auch deutlich, dass sich für Synthese- und Treibstoffzwecke geeignete Kohlenstoffverbindungen auf petrochemischer Basis perspektivisch verteuern werden. Mögliche Konsequenzen für die Volkswirtschaft müssen daher, auch in Hinblick auf geopolitische Abhängigkeiten, frühzeitig erkannt und mögliche Lösungsszenarien diskutiert werden.

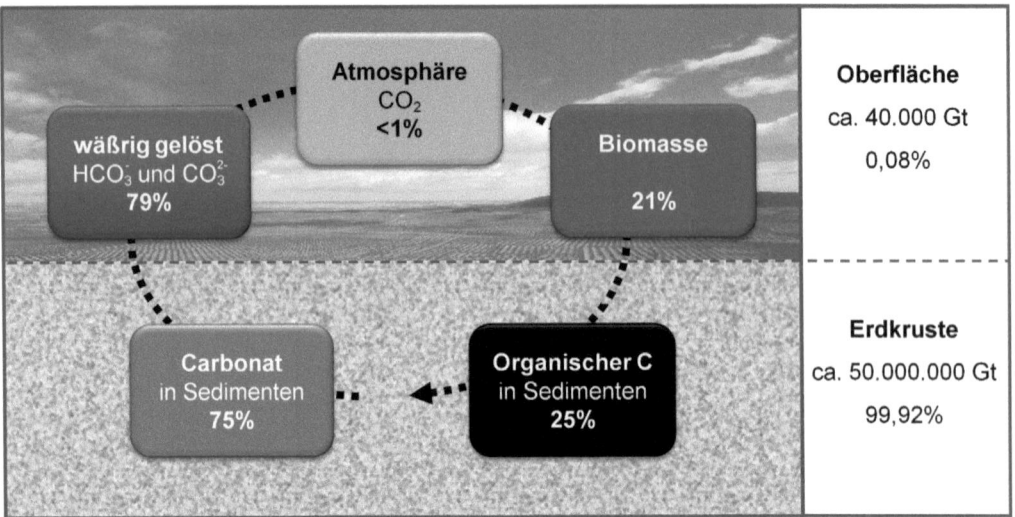

Abb. 11.1 Kohlenstoffverteilung zwischen Erdkruste und Erdoberfläche.

11.2 Die Notwendigkeit zum Handeln

Vor dem Hintergrund der Endlichkeit der qualitativ hochwertigen Kohlenstoffreserven muss daher eine Abkehr von der Einbahnstrassenpolitik der vergangenen Zeit hin zu einer nachhaltigen Kohlenstoff-Kreislaufwirtschaft stattfinden. Viel zu lange wurde CO_2 als Schadstoff betrachtet, und eine Vielzahl von Chancen vertan, CO_2 als Rohstoff zu begreifen, der es uns gestattet, ohne massive Eingriffe in die Umwelt, sei es in Form von bergbaulicher Tätigkeit oder Schadstoffemissionen, hochwertige Kohlenstoffverbindungen aus CO_2 zu rezyklieren. Tatsächlich hat ein Molekül selten so viel Aufsehen erregt und Emotionen erzeugt wie das CO_2. Die sachfremden Attribute, mit denen das Gas versehen wird, sind hinreichend bekannt — und jede dieser Bezeichnungen übersieht, dass es ohne CO_2 kein Leben auf der Erde gäbe. Das Aufkommen der ersten Mikroorganismen auf der frühen Erde im Präkambrium war an das Vorhandensein von CO_2 genauso gekoppelt wie die erste Freisetzung von Sauerstoff (O_2) vor ca. 2 Mrd. Jahren. Damit ist dieses so vielgeschmähte Gas nicht weniger als der Rohstoff allen Lebens!

Es wäre also nur folgerichtig, in CO_2 den idealen Rohstoff für die Generierung von Kohlenstoffverbindungen zu sehen — wie dies durch verschiedene Wissenschaftler wie Friedrich Asinger, dessen Anregungen auch in Georg Olahs Buch „Beyond oil and gas" aufgegriffen wurden, bereits 1986 dargelegt wurde. So sehr aber auch eine Abkehr von fossilem Kohlenstoff hin zu einer Kohlenstoffregenerationswirtschaft alternativlos ist, war die Nutzung von CO_2 als Kohlenstoffrohstoff lange Zeit technisch nicht zu realisieren. Stattdessen dominiert seit Mitte des 19. Jhd. (erste Anfänge des deutschen Steinkohlebergbaus an der Ruhr reichen zurück bis in das 13. Jhd.) bis zum heutigen Tag die Nutzung von Kohle, Erdöl und Erdgas die Gewinnung von Energie und organischen Grundstoffchemikalien. Gleichzeitig etablierten sich für petrochemische Produkte Verarbeitungs- und Distributionstechnologien, die zu ersetzen volkswirtschaftlich nur schwer zu realisieren wäre. Eine Alternative zu bisherigen Konzepten kann nur dann Aussicht auf

Erfolg haben, wenn sie so weit wie irgend möglich auf gewachsene Strukturen zurückgreifen kann. Es sind also in hohem Maße ökonomische Fragestellungen, welche gegenwärtig dazu veranlassen, am Status quo festzuhalten.

Dabei hätten bereits vor 25 Jahren sowohl die Gelegenheit als auch die Technologiebasis bestanden, eine Abkehr von der Kohlenstoffeinbahnstrassenpolitik einzuleiten. Stattdessen sehen wir uns heutzutage einer Bewirtschaftung von Kohlenstofflagerstätten gegenüber, die mit gemeinhin akzeptierten Normen eines nachhaltigen Umgangs mit der Natur nur schwer in Einklang zu bringen sind. Man muss kein Pessimist sein, um zu erkennen, dass die immer weiter steigende Risikobereitschaft in der Ölförderung nicht ohne Folgen bleiben wird, wobei es zu kurz gedacht wäre, der Erdölindustrie allein den „Schwarzen Peter" zuzuschieben. Vielmehr erweist sich das Führen einer sachbezogenen Themendebatte als äusserst schwierig. Denn keineswegs ist es sicher, dass sich unser Lebensstandard, der so elementar von Kohlenstoff und dessen Verfügbarkeit abhängt, auf Dauer in der gewohnten Weise halten lässt, wenn nicht eine Öffnung gegenüber alternativen Formen der Kohlenstoffwirtschaft einsetzt. Die seit einigen Jahren zu beobachtende Verschiebung der Erdölqualitäten hin zu schwereren Ölsorten bedeutet, dass für die Bereitstellung von Leicht- und Mitteldestillaten ein immer höherer Aufwand zu betreiben ist, der sich, wie auch die absehbar steigenden Kosten der Ölförderung, zwangsläufig im Rohölpreis niederschlagen wird — woraus sich mittelfristig sehr erhebliche sozioökonomische Konsequenzen ergeben werden.

11.3 CO_2 — Rohstoff für Basischemikalien

Aus den oben genannten Gründen wird ein universeller Ansatz benötigt, CO_2 stofflich zu nutzen und somit wieder in den Wertstoffkreislauf einzugliedern. Aus betriebswirtschaftlicher Sicht ergibt dies jedoch nur für die Produktion der Basischemikalien Methanol und Essigsäure Sinn, die weltweit in großen Mengen gehandelt werden. Weniger effektiv ist es, CO_2 als Rohstoff für geringtonnagige Produkte nutzen, denn hier lässt sich das Aufwand/Nutzen-Verhältnis im Vergleich zu Basischemikalien nicht mehr ökonomisch darstellen. Allein die Prozesskosten übersteigen den selbst in günstigen Prognosen zu erwartenden Produktpreis deutlich.

Dem liegt zugrunde, dass Kohlenstoff im CO_2 seine höchste Oxidationsstufe erreicht hat; er vermag keine chemischen Reaktionen mehr zu befördern. Zugleich ist er in ein reaktionsträges Molekül eingebunden. Deswegen hat die Natur in Form der Photosynthese eine ausgefeilte Strategie entwickelt, um CO_2 im Kohlenstoffkreislauf zu halten, allerdings liegt der Netto-Wirkungsgrad bei $\eta = 1…2\%$. Mechanistisch handelt sich hier um eine Partialhydrierung von CO_2, derselbe Ansatz also, den eine moderne Chemie verfolgt, um CO_2 mit H_2 unter Zuhilfenahme von Katalysatoren in Methanol zu überführen. Auch Mikroorganismen vermögen CO_2 und H_2 zur Reaktion zu bringen, sie erzeugen hieraus Essigsäure, die achtwichtigste organische Basischemikalie.

Derzeit werden Essigsäure und Methanol petrochemisch hergestellt. Dabei wird zunächst unter Einsatz von Erdgas oder Kohle Synthesegas produziert, aus dem Methanol generiert wird, welches wiederum Rohstoff für die Produktion von Essigsäure ist. Im Zuge dieser klassischen Prozesse wird jedoch auch CO_2 erzeugt und freigesetzt. Hier besteht Bedarf an einer umweltfreundlichen und wirtschaftlich konkurrenzfähigen Alternativtechnologie. Eine solche ist immer auch eine Chemie des Wasserstoffs, die wiederum elementar an dessen Verfügbarkeit gekoppelt ist. Beispielnehmend an der Photosynthese erscheinen insbesondere solche Strategien sinnvoll, welche regenerative Energien einsetzen, um aus Wasser H_2 zu generieren, der zusammen mit CO_2 zu vielseitig einsetzbaren Grundstoffchemikalien umzusetzen ist (Abb. 11.2).

Die Vorteile des Rohstoffs CO_2 liegen auf der

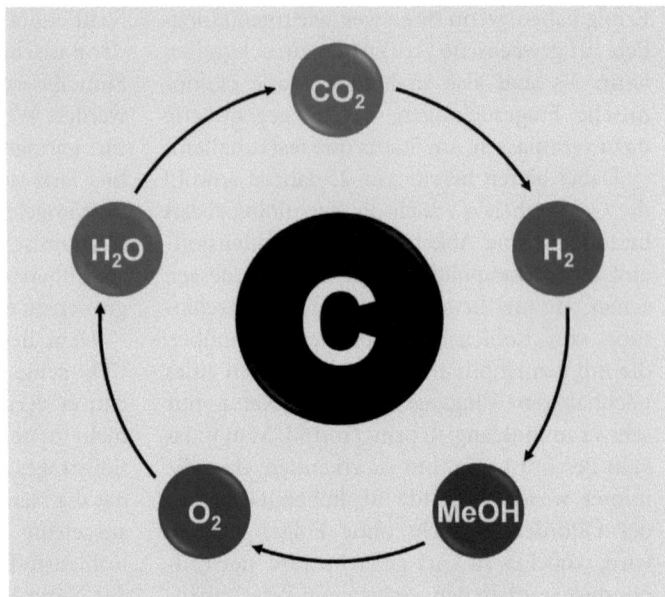

Abb. 11.2 Kohlenstoffrecycling über Methanol.

Hand: Es ist weltweit in großen Mengen und hoher Reinheit verfügbar. Von besonderer Bedeutung ist jedoch, dass es chemisch einheitlich ist! Historisch fand dieser so wichtige Aspekt nur untergeordnete Bedeutung. Die Kohlevergasung führt zu Synthesegas (CO/H_2), in dem die unüberschaubare Vielfalt organisch-chemischer Konstituenten auf nur zwei Produkte zusammengeführt wurde. Das Synthesegas wiederum ist der Schlüssel für eine Folgechemie, wie sie zwanglos auch für CO_2 einsetzbar ist, indem dieses als vielseitig einsetzbarer C_1-Baustein begriffen wird, der sich über eine Umsetzung mit Wasserstoff — die Analogie zum Synthesegas lautet CO_2/H_2 — in Basischemikalien, wie z. B. den bereits genannten Methanol konvertieren lässt (Abb. 11.3). Selbst für die Kraftstoffgewinnung ist Methanol der ideale Folgerohstoff, da es über klassische Verfahren wie z. B. MTG (Methanol to gasoline) effizient in synthetische Kraftstoffe überführt bzw. konventionellen Kraftstoffen beigemischt werden kann. Der Vorteil des CO_2 gegenüber Kohle oder Erdöl ist darin begründet, dass es bereits chemisch einheitlich vorliegt, und der enorme technische Aufwand, der betrieben wird, um wenigstens eine Teilvereinheitlichung zu erreichen, nicht notwendig ist.

Somit ist CO_2 der ideale Energie- und Syntheserohstoff der Zukunft und eine geeignete Strategie für die Kohlenstoffversorgung im Nach-Peak-Oil-Zeitalter.

11.4 Wasserstoff

Das kleinste und leichteste Element, der Wasserstoff, ist ein idealer Energieträger und Syntheserohstoff, seine Energiedichte $w = 120$ MJ kg^{-1} wird durch keinen anderen Stoff übertroffen. Allerdings ist die direkte Nutzung von Wasserstoff mit Komplikationen behaftet. Das Gas muss unter Energieaufwand komprimiert werden, um in Druckbehälter abgefüllt zu werden, und seine Handhabung im Alltag ist komplizierter und teurer als der Umgang beispielsweise mit Flüssigkraftstoffen (Diesel, Benzin). Doch das Potential der chemischen Bindung als Energiespeicher ist unerreicht; so ist beispielsweise die Energiedichte von Methanol (w = 23 MJ kg^{-1}) ca. 50 mal größer als die eines Lithiumionenakkumulators (w = 0,5 MJ kg^{-1}). Ein System, welches Kohlenstoff im Kreislauf führt und in dem H_2 zur CO_2-Hydrierung zu Basischemikalien eingesetzt wird, speichert die chemische Energie von H_2 in den Produkten der Hydrierung und macht sie auf diese Weise kostengünstig nutzbar.

Das Zukunftsthema Wasserstoff ist also nicht die Frage nach der energetischen Nutzung, sondern die Frage nach der synthetischen Verwendung. Wasserstoff wird somit im Sinne eines Rohstoffes produziert und gehandhabt, der sich zur Produktion etablierter chemischer Grundstoffe eignet und alle Vorteile weltweit etablierter Technologien zur Herstellung und Handhabung von Basischemikalien wie Flüssigkraftstoffen (z. B. Super-Benzin) mit sich bringt.

Unterzieht man organisch-chemische Verbindungen einer nüchternen Betrachtung, ist die Sichtweise zulässig, im Kohlenstoff chemischer Verbindungen lediglich einen Träger für H (Wasserstoff) und O (Sauerstoff) zu sehen, d.h. die jeweiligen Eigenschaften und Verwendungsmöglichkeiten ergeben sich aus der wechselseitigen Beladungsdichte für die Elemente, wie sich am Beispiel der Kette Methan (CH_4; H=4, O=0), Methanol (CH_3OH; H= 4, O=1), Kohlendioxid (CO_2; H=0, O=2) gut verdeutlichen lässt.

Die Rückführung des Kohlenstoffs in den Rohstoffkreislauf erfolgt über die Hydrierung von CO_2. Die Natur nutzt dieses Prinzip mit der Photosynthese, de facto eine durch Sonnenenergie getriebene CO_2-Hydrierung, seit Jahrmillionen erfolgreich (Abb. 11.4). Dabei erhöht sie durch die Desoxygenierung von CO_2 in Einheit mit der Anlagerung von Wasserstoffatomen an den Kohlenstoff dessen Elektronendichte und speichert, indem sie aus einem energiearmen C einen energiereichen C erzeugt, Sonnenenergie in chemischen Bindungen. Um dieses Prinzip in technische

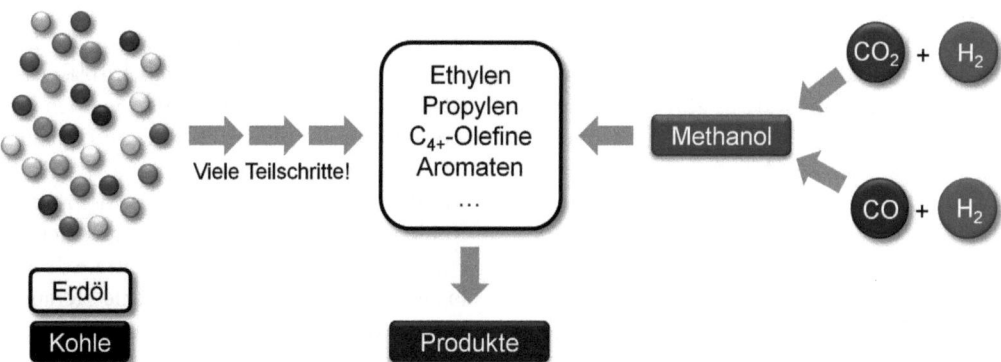

Abb. 11.3 Graphische Veranschaulichung des Vereinheitlichungsprinzips in der chemischen Technik. Ausgehend von hochheterogenen Einsatzstoffen wie Erdöl oder Kohle wird über eine Vielzahl technischer Einzeloperationen eine geringe Zahl vielseitig verwendbarer Grundstoffchemikalien wie Ethylen o.ä. hergestellt. Aus ihnen werden dann die eigentlichen chemischen Produkte zugänglich. Für diese Teilvereinheitlichung ist ein erheblicher Aufwand zu betreiben. Umgekehrt liefern CO_2/H_2-Gemische sowie Synthesegas (CO/H_2) den vielseitig einsetzbaren Rohstoff Methanol in einem Schritt. In nur einem einzigen Folgeprozess können dieselben Grundstoffchemikalien über das MTO-Verfahren (Methanol to olefins) bzw. MTA-Verfahren (Methanol to aromatics) hergestellt werden. Über das MTG-Verfahren (Methanol to gasoline) ist Methanol sogar als Ausgangspunkt für die Synthese von Kraftstoffen geeignet.

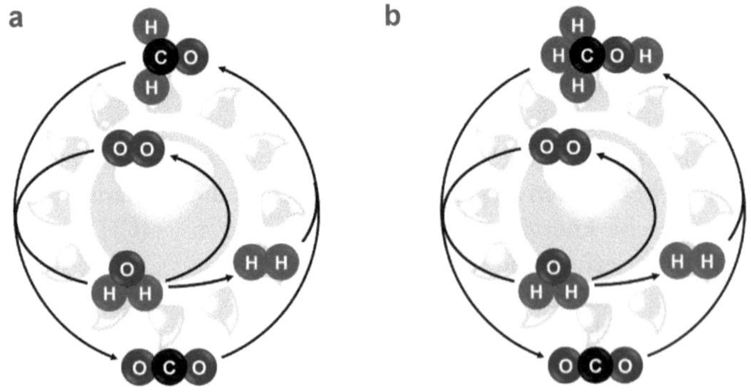

Abb. 11.4 Solar getriebenes Kohlenstoffrecycling:
a) Photosynthese,
b) Technische Umsetzung über Methanol ↔ CO_2

Anwendungen überführen zu können, ist die weltweite kostengünstige Bereitstellung von Wasserstoff eine der zentralen Herausforderungen. Die Zukunft der C-basierten Chemie liegt in der Verfügbarkeit von H_2!

Von der Funktionsweise her gesehen, stellt die Photosynthese eine solar getriebene Wasserspaltung dar, in deren Gefolge CO_2 hydriert und als Produkt Kohlenhydrate, $C_n(H_2O)_n$ erzeugt werden, jedoch mit einem Wirkungsgrad $\eta \sim 1 \ldots 2\%$. Das Kohlenstoffrecycling bedarf ebenfalls einer Wasserspaltung sowie einer Hydrierung von CO_2, allerdings mit Wirkungsgraden über denen der Photosynthese. Andernfalls wäre es günstiger, Biomasse zum Zwecke der CO_2-Fixierung über die natürliche Photosynthese zu erzeugen.

11.5 Die Kohlenstoff-Kreislaufwirtschaft

Ein Kohlenstoffrecycling hängt im Wesentlichen von fünf Parametern ab:

1. Bereitstellung von CO_2
2. Bereitstellung von H_2
3. CO_2-Hydrierung
4. Verwertung der Produkte
5. Volkswirtschaftlich kostenneutrale Integration in existierende Stoffströme

Von diesen dürfen die letzten beiden als gelöst gelten, während die Beantwortung der Frage nach der CO_2-Hydrierung vom Produkt abhängt, welches erzeugt werden soll. Die Bereitstellung von CO_2 und H_2 verlangt hingegen technische Konzepte, die noch aufzubauen sind.

Auch muss zu Beginn dieser Betrachtungen geklärt werden, um welchen maximalen Anteil des fossilen Kohlenstoffs es sich handeln kann, wenn ein Kohlenstoff-Kreislauf angestrebt wird. Gegenwärtig werden ca. 90% der Rohstoffe Erdöl, Erdgas und Kohle für die Energieerzeugung verwendet, lediglich 10% werden stofflich genutzt. Nur diese 10% werden langfristig in einen Kohlenstoff-Kreislauf einzubinden sein, wie an späterer Stelle noch erläutert werden wird. Die überwiegende Mehrheit des Kohlenstoffs wird für die Energieerzeugung eingesetzt. Diese durch CO_2-neutrale Technologien zu ersetzen, ist eine globale Herausforderung, die sich innerhalb der nächsten ein bis zwei Jahrzehnte nicht abschließend lösen lassen wird. Gründe dafür sind Vertragslaufzeiten und Abnahmeverpflichtungen oder mit dem Kohlebergbau bzw. der Öl- und Gasförderung direkt und indirekt verbundene Arbeitsplätze sowie Infrastrukturmaßnahmen der privaten und öffentlichen Hand, aber auch der Neubau von Kraftwerken und eine Vielzahl in Zusammenhang damit zu lösender technologischer und politischer Fragestellungen.

Es wird auch stets eine Anzahl CO_2-produzierender Verfahren geben, die sich gar nicht substituieren lassen, wie z. B. in der Erzverhüttung, bei der metallische Rohstoffe durch Reduktion mit Kohlenstoff gewonnen werden. Hier erscheint jedoch eine langfristige Umstellung möglich, denn keineswegs muss der hierfür erforderliche Kohlenstoff aus Kohle stammen. Bei der großtechnischen Anwendung der CO_2-Hydrierung werden hinreichend große Mengen Koks anfallen, über die zumindest eine Teilsubstitution erreicht werden kann.

Das dem Kohlenstoffrecycling zugrundeliegende Prinzip beinhaltet eine Abgasreinigung gefolgt von der Hydrierung von CO_2 zu einem der Entstehung möglichst naheliegenden Zeitpunkt, so wie dies analog bei der katalytischen Reinigung von KFZ-Abgasen realisiert wird. Gleichwohl dieses Konzept idealerweise für KFZ genauso wie für private Häuser realisiert werden können soll, erscheint es für die nahe Zukunft realistischer, von Großanlagen mit Kraft-Wärme-Kopplung bzw. Industrieanlagen auszugehen und sich erstgenannten Zielen iterativ über Down-Scaling zu nähern.

Das Ziel, die großmaßstäbliche Energieerzeugung von fossilem Kohlenstoff zu entkoppeln, kann darüber erreicht werden, dass Kraft-Wärme-Kopplungsanlagen nicht mit konventionellen Brennstoffen befeuert werden, sondern mit sämtlichen über die Abfallwirtschaft zugänglichen organisch-chemischen Materialien, einschliesslich Biomasse. Dies beinhaltet die thermische Verwertung von Kunststoffabfällen, Altholz oder niederwertigem Altpapier, aber auch Grün- und Baumschnitt, Klärschlämme etc. Das Abgas wird entsprechend den hohen Luftreinhaltebestimmungen gereinigt und gelangt als entschwefeltes CO_2 in einen Konverter, in dem es mit H_2 zu Methanol umgesetzt wird (Abb. 11.5).

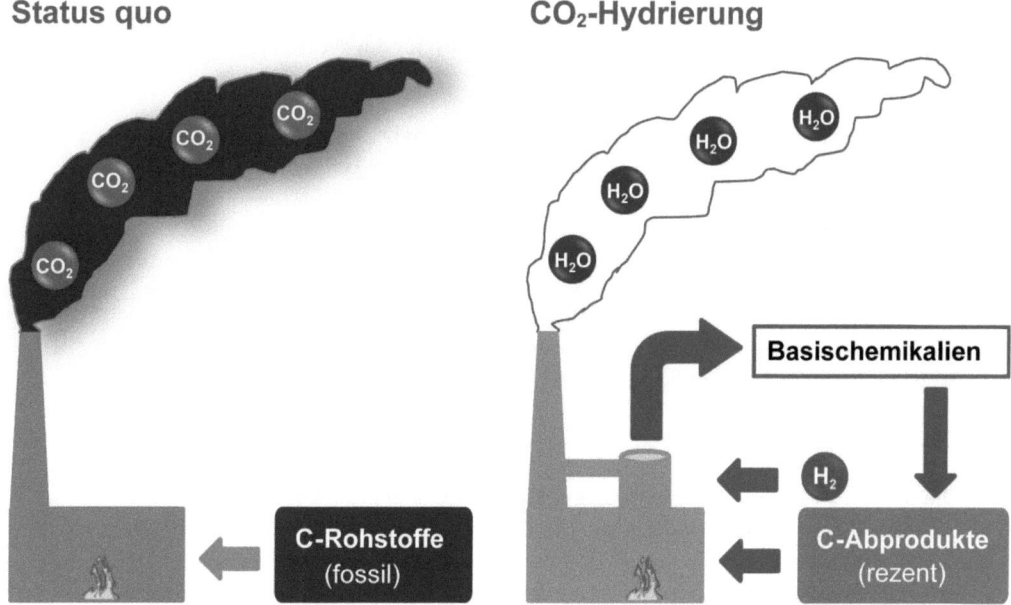

Abb. 11.5 Im Gegensatz zur bisherigen Einbahnstrassenpolitik führt das Kohlenstoffrecycling den einmal in die Verbrennung eingebrachten Kohlenstoff über die CO_2-Hydrierung in den Wertstoffkreislauf zurück. Nach Erreichen der jeweiligen Produktlebensdauer beginnt der Kreislauf von neuem.

Ein Kohlenstoff-Recycling in der gezeigten Weise hat mehrere Vorteile, sie reichen von einer vollständigen Kohlenstoffrückführung in der Wertstoffkreislauf über eine effektive Wärmestromintegration bis hin zu einer Schadstoffentfrachtung der Abfallströme, verbunden mit der Option zur Rückgewinnung anorganischer Wertkomponenten aus den Abbrandrückständen (Tabelle 11.1). Mit der Verbrennung C-basierter Abfälle in Müllverbrennungsanlagen (MVA) wird das freigesetzte CO_2 quasi in-situ hydriert und der C-Kreislauf geschlossen.

Alternativ oder in Ergänzung dazu kann eine zusätzliche Stromerzeugung über die Photovoltaik erfolgen. Selbst bei einer sehr konservativen Einschätzung der Wirkungsgrade für die Solarmodule ($\to \eta = 15\%$) sowie

Tabelle 11.1 Vorteile des Kohlenstoff-Recycling über CO_2-Hydrierung

Die Vorteile des Kohlenstoff-Recycling ergeben sich aus:
• Die Nutzwärme kann zur Energieerzeugung bzw. für Fernwärme verwendet werden.
• Die Abwärme kann zur H_2-Erzeugung eingesetzt werden.
• Kunststoff- und Papierabfälle sind wegen ihres hohen Brennwertes sehr gut geeignet und werden nicht mehr dem Downcycling zugeführt.
• Mit der Biomasse wird der Atmosphäre entnommenes CO_2 in die Produktion chemischer Grundstoffe eingespeist, die in der Biomasse in Form chemischer Energie konservierte Sonnenenergie wird zur Erzeugung von Wärme, Strom oder Wasserstoff eingesetzt (CO_2-Senke!).
• Es werden mit Ausnahme von Wasser keine Abgase mehr emittiert; es resultiert eine aktive Maßnahme zur Verbesserung der kommunalen Luftqualität.
• In den Einsatzstoffen enthaltene anorganische Komponenten können aus der Asche zurück gewonnen werden bzw. werden der Umwelt anorganische Umweltgifte entzogen (Schadstoffsenke!).
• Die erzeugte Energie wird über die Abwärmenutzung zur H_2-Produktion nahezu vollständig verwertet.
• Die heterogenen Einsatzstoffgemische werden zu CO_2 vereinheitlicht.
• Die über Kraft-Wärme-Kopplung erzeugte elektrische Energie kann alternativ zur H_2-Produktion eingesetzt werden, so dass Zukauf von Fremdstrom nur noch zur Deckung des H_2-Restbedarfs erfolgen muss. Eine Belieferung mit Wasserstoff wird wegen des damit verbundenen technischen Aufwandes bis hin zu den mit der aufzubringenden Kompressionsarbeit bei Transport in Druckgasbehältern einhergehenden Energieverlusten nicht favorisiert.

für die Elektrolyseeinheit ($\eta \sim 60\%$) wird mit $\eta_{ges} \sim 9\%$ immer noch ein Gesamtwirkungsgrad erzielt, der mindestens viermal so effektiv ist wie die Photosynthese. Durch die photovoltaisch getriebene Wasserstofferzeugung wird die Erzeugung regenerativer Energien vom Erneuerbare-Energien-Gesetz (EEG) entkoppelt. Gleichzeitig werden CO_2-Teilströme nutzbringend in organische Basischemikalien überführt, für die es weltweit einen Markt gibt. Da hier Abgasströme als Rohstoffquelle eingesetzt werden, hat dies ohne Zusatzkosten eine direkte Auswirkung auf eine höhere Luftqualität, die Reduzierung der Treibhausgasemissionen ist evident.

Ein Zusatznutzen ergibt sich aus dem Entfallen die Kosten für die petrochemischen Rohstoffe und die einzusetzende Energie. Aus Wirtschaftlichkeitsgründen werden jedoch mittelfristig nur die o.g. Anlagengrössen realisiert werden können. Der primäre Vermarktungsansatz ist hier eine Teilstromverwertung von CO_2.

11.6 Produkte der Kohlenstoff-Kreislaufwirtschaft

Wie oben bereits ausgeführt, wird sich ein C-Recycling auf wenige, universell einsetzbare Basischemikalien beschränken. Erwähnt wurden bereits Methanol und Essigsäure.

Methanol ist einer der wichtigsten Basischemikalien. Weltweit werden etwa 90% in der Chemischen Industrie und 10% als Energierohstoff genutzt. Der C_1-Körper kann in sämtliche bekannte bislang petrochemisch basierte Prozesse bis hin zur Verbrennung eingebunden werden und ist damit das universell einsetzbare, bestmögliche Veredelungsprodukt für CO_2 schlechthin. 2008 betrug der Methanolverbrauch weltweit 45 Mio. t. Für 2012 werden 50 Mio. t erwartet. Die wachsende Nachfrage ist Folge der zunehmenden Verwendung als Zumischkomponente für Ottokraftstoffe (Kraftstoffblend). Methanol ($w = 23$ MJ kg^{-1}) ist als Kraftstoff trotz der im Vergleich zu konventionellen Kraftstoffen ($w = 43$ MJ kg^{-1}) nur halben Energiedichte weniger als halb so teuer wie besteuerter Kraftstoff. Auch die Verwendung von Methanol als Energiespeicher ist ein Zukunftsmarkt, nicht zuletzt, weil er einfach und gefahrlos gehandhabt und gelagert werden kann.

Essigsäure steht unter den wichtigsten organischen Grundchemikalien mit ~9 Mio t a^{-1} an 8. Stelle. Das globale Produktionswachstum steigt jährlich um 3 bis 4%. Die Verwendung als chemischer Energiespeicher ist wegen der noch hinreichend hohen Energiedichte und der Vorteile in der Handhabung gegenüber gasförmigem Wasserstoff auch für Essigsäure ($w = 14$ MJ kg^{-1}) ein potentieller Zukunftsmarkt. Ihre Herstellung erfolgt petrochemisch über die Methanolcarbonylierung nach dem Cativa- bzw. Monsanto-Prozess. Der Zugang zu Essigsäure aus CO_2 und H_2 läßt sich biotechnologisch, z. B. mit *Moorella* sp. realisieren.

Die Preise für Methanol und Essigsäure aus petrochemischer Erzeugung hängen meist direkt mit der Produktionskapazität von Erdgas zusammen. Aufgrund der Verknappung hochwertiger fossiler Rohstoffe wird in den kommenden Jahren eine tiefgreifende Steigerung der Preise erwartet. Die Produktion von Methanol und Essigsäure aus Abgasen mit solar generiertem Wasserstoff wäre vollkommen unabhängig vom Preis für fossile Brennstoffe und frei von geopolitischen Abhängigkeiten sowie ethischen Implikationen.

Dort, wo CO_2 wie in der Großchemie in großen Mengen anfällt und direkt in Produktionsprozesse eingebunden werden kann, können sich u.U. auch geringere Produktionsvolumina lohnen, etwa in der Herstellung von Polycarbonaten auf Basis von CO_2 oder

Polyacrylaten, deren Monomer, die Acrylsäure, ebenfalls mit Hilfe von CO_2 gewonnen werden kann. Aussichtslos ist die Situation für Nischenprodukte, bei welchen der synthetische Aufwand Wirtschaftlichkeitsgesichtspunkten diametral gegenübersteht.

Am letztgenannten Punkt werden sich schlussendlich alle Konzepte zur Kohlenstoffreintegration in die Wertschöpfungskette bzw. ganz allgemein zur CO_2-Verwertung messen lassen müssen. Gerade bei Nischenprodukten muss der Preisvorteil elementar sein, während sich bei Massenprodukten wie den chemischen Grundstoffen bereits geringe Kostenänderungen über das Produktionsvolumen auf die Prozessökonomie auswirken.

Methanol kostet derzeit (1. Quartal 2011) ca. 315 € t^{-1}. Die petrochemischen Produktionskosten liegen zwischen 110 € t^{-1} ausgehend von Erdgas und 150 € t^{-1} für die Herstellung aus Kohle. Essigsäure kostet derzeit ca. 630 € t^{-1} bei Produktionskosten von 210 bis 350 € t^{-1}. Zum jetzigen Zeitpunkt muss die Konkurrenzfähigkeit CO_2-basierter Alternativen kritisch eingeschätzt werden, was nicht zuletzt daran liegt, dass CO_2 als Syntheserohstoff in der erforderlichen Reinheit derzeit nicht in ausreichendem Maße zur Verfügung steht und sich die zugrundeliegende Technik bezüglich ihrer Anwendung im großtechnischen Maßstab noch im Anfangsstadium befindet. Auch die Konverter für die Hydrierung von CO_2 zu Methanol sind gegenwärtig noch Einzelanfertigungen. Dahingegen existieren in Japan und Singapur bereits langfristige Überlegungen zur Kohlenstoffrückgewinnung. Hier wird die Methanolsynthese ausgehend von CO_2 bereits im Pilotmaßstab betrieben; aufbauend auf den seit über 25 Jahren bekannten Verfahren. Doch auch hierzulande ergeben sich Neuentwicklungen wie das Lurgi-Verfahren (Gronemann et al. 2010) oder die Aktivitäten am Institut für Technische Chemie der TU Bergakademie zeigen. Wie jede neue Technologie wird sich also auch ein Kohlenstoffrecycling über die Jahre in die Gewinnzone arbeiten müssen. Das ist ein normaler Vorgang, und es wäre vermessen zu erwarten, dass es hier anders sein würde. Einen flankierenden Vorteil hat dieses Konzept dennoch, da sich verändernde Rohölqualitäten, der Erdöl- und Energiehunger kommender Weltmächte wie China, Indien und Brasilien eine steigende Preisentwicklung erwarten lassen und damit steigende Produktionskosten für petrochemische Erzeugnisse.

Insgesamt ist der Nutzen für die potentiellen Anwender der Technologie vielfältig. Die Auswirkungen steigender Ölpreise auf das sozio-ökonomische Gefüge einer Volkswirtschaft werden dadurch abgefedert, dass mit CO_2 ein Abprodukt zum Syntheserohstoff wird und CO_2-basierte Chemieprodukte bezahlbar bleiben. Auf diese Weise werden bei industriellen CO_2-Produzenten nicht nur Emissionsgebühren eingespart, überflüssige Zertifikate können auch gewinnbringend gehandelt werden. Ein Bedarf für das Kohlenstoffrecycling ergibt sich somit bei allen Betrieben, die durch hohe CO_2-Emissionen gekennzeichnet sind. Letztlich findet in demselben Maße, wie CO_2 als Rohstoff in die Petrochemie eingespeist wird, eine zunehmende Entkopplung der Rohstoffversorgung von den Unwägbarkeiten des Öl- und Gasmarktes statt — mit allen volkswirtschaftlichen Vorteilen. Deutlich wird dies an der Preisentwicklung für Methanol (+24%) und Essigsäure (+40%) in den letzten 6 Monaten. Für die Anfangsphase wird aufgrund der kontinuierlichen Emission das höchste Einsatzpotential in der Chemieindustrie sowie in Blockheizkraftwerken gesehen. Der Vertrieb der Endprodukte sollte nicht nur die Refinanzierung der Anlage ermöglichen, sondern langfristig auch rentabel sein. Zwar sind noch erhebliche Anstrengungen in der Technologieentwicklung vonnöten, gleichzeitig sind sehr erhebliche Kostenreduktionen durch Serienfertigung zu erwarten.

11.7 Woher kommt der Wasserstoff?

Bereits vorhin wurde die zentrale Rolle der Wasserstoffverfügbarkeit angesprochen. Sie hängt in hohem Maße von der kostengünstigen Verfügbarkeit von Energie ab, und somit stellt die Nutzung regenerativer Energien für das Kohlenstoffrecycling eine der großen technologischen Herausforderungen dar. Langfristig wird es hierzu keine Alternative geben, und die internationalen Entwicklungen zeigen, dass diese Herausforderung frühzeitig erkannt wurde und bereits jetzt, so wie in Japan und Singapur, Lösungskonzepte entwickelt werden. Angesicht einer perspektivisch sich verschärfenden Situation auf dem Energie- und Rohstoffsektor ergibt sich eine volkswirtschaftliche Notwendigkeit, drohende Abhängigkeiten und Engpässe frühzeitig abzuwenden und durch eine vorausschauende Technologieentwicklung Zukunftssicherung zu betreiben. Der Preisdruck auf regenerative Energien wird perspektivisch ebenfalls zunehmen. Es ist somit ein gesellschaftliches Verständnis vonnöten hinsichtlich der Möglichkeiten und Grenzen einer auch in unseren Breiten wirtschaftlichen Versorgung mit „CO_2-neutral" erzeugter Energie.

Hierzu gehören zunächst klassische regenerative Energien wie Windkraft, Wasserkraft, Photovoltaik und Geothermie. Auf der anderen Seite steht die Kernenergie, welche unter Betrachtung neuer, inhärent sicherer Technologien wie den Reaktoren der 4. Generation (Hochtemperaturreaktoren, HTR) abseits politischer Diskussionen zu bewerten ist (▶ Kap. 7). Dass wir uns von althergebrachten Konzepten zugunsten langfristig tragfähiger Strategien lösen müssen, bedarf nicht nur einer mutigen, zukunftsgewandten Politik, es ist in unser aller elementaren Interesse. Das unterschiedlichen „CO_2-neutralen" Energieträgern innewohnende Potential soll an drei Beispielen exemplarisch herausgearbeitet werden.

Die *Kernenergie* ist die Energieform, welche die grössten Energiemengen bereitstellen kann. Allerdings ist schon ein konventioneller Kernreaktor mit 4.000 MW Leistung für diese Zwecke überdimensioniert. Mit der erzeugten elektrischen Energie könnten in einer Sekunde ~500 kg H_2O gespalten werden, genug um das aus einem 6.000 MW Braunkohlekraftwerk emittierte CO_2 vollständig in Methanol zu überführen, was aber der mehr als achtfachen Weltjahresproduktion des Alkohols entspräche. Abgesehen davon, dass es kaum sinnvoll ist, Kernkraftwerke zu betreiben, um damit die CO_2-Emissionen der kohlebasierten Stromerzeugung zu neutralisieren, würde eine technische CO_2-Hydrierung von Abgasen aus der Energieerzeugung schon allein an der Handhabung der Stoff- und Wärmeströme scheitern. Der Kohlenstoff-Kreislaufgedanke muss sich an realistischen Zielgrössen orientieren, was heisst, dass während darauf hingearbeitet wird, den einmal gewonnenen Kohlenstoff im Wertstoffkreislauf zu führen, flankierend Alternativkonzepte für eine CO_2-freie Energieerzeugung entwickelt werden müssen. Denn letztere verschlingt gegenwärtig ca. 90% des geförderten fossilen Kohlenstoffs.

Eine *photovoltaisch getriebene CO_2-Hydrierung* erzeugt Wasserstoff mit Hilfe von Sonnenenergie. Ausgehend von 1.600 Sonnenstunden pro Jahr (Freiberg/Sa.) können über die Photovoltaik 95 kg Methanol bzw. 180 kg Essigsäure pro installiertem KW Anlagenleistung produziert werden. Bei den Marktpreisen von 2010 für Methanol und Essigsäure ergibt sich ein Jahresertrag von 30 € KW^{-1} Anlagenleistung für Methanol und 113 € KW^{-1} Anlagenleistung für Essigsäure, denen die Investitionskosten für Solarmodule, Elektrolyseur und Konverter gegenüberstehen. Hieraus wird deutlich, dass die Photovoltaik für eher geringtonnagige Konversionsleistungen geeignet ist. Für diese Art der Stromerzeugung erscheinen insbesondere Dachflächen auf bereits versiegeltem Boden oder anderweitig nicht nutzbare Brachen interessant.

Die Nutzung *niederkalorischer Restwärme* ist nach wie vor eine technische Herausforderung. Für klassische technische Anwendungen, gerade für die Stromerzeugung, sind Dampftemperaturen <120°C in der Regel unbrauchbar. Deswegen werden riesige Energiemengen vernichtet — und damit verschwendet — um den Dampf auf ~25...27°C abzukühlen. Grund dafür ist die geringe Temperaturdifferenz zum Siedepunkt des Wassers ($\Delta T = 20$ K) und die damit für krafterzeugende Zwecke zu geringe Triebkraft.

An der TU Bergakademie Freiberg wird gegenwärtig eine Technologie zur Restwärmenutzung entwickelt. Sie macht von den besonderen Eigenschaften pyroelektrischer Verbindungen wie dem Schmuckstein Turmalin Gebrauch, im Temperaturwechselfeld Ladungen zu erzeugen, die sich zur elektrolytischen Zerlegung von Wasser nutzen lassen. Gleichwohl sich dieses Konzept noch in einer sehr frühen Phase befindet, wurde das Funktionsprinzip dieses Ansatzes belegt. Es gelang erstmals, Wasserstoff aus Abwärme zu erzeugen. Einsatzgebiete sind sämtliche Prozesse, bei denen Restwärmen anfallen. Theoretisch reichen sogar so geringe Temperaturdifferenzen von $\Delta T = 1$ K, um den Effekt hervorzurufen. Der so erzeugte Wasserstoff kann perspektivisch unterschiedlichen Verwendungen zugeführt werden:

1. Das abgasarme Auto: CO_2 aus dem Abgas wird mit dem Wasser im Abgas am pyroelektrischen Kontakt in Gegenwart eines Katalysators zu Methanol umgesetzt, der in den Treibstofftank geführt wird und so den Wirkungsgrad des Motors steigert und zugleich die CO_2-Kennzahlen reduziert — denkbar sind Oberklasefahrzeuge mit dem CO_2-Ausstoss eines Kleinwagens.

2. Produktion von Grundstoffchemikalien: Die in Chemieanlagen oder bei der Kraft-Wärme-Kopplung freigesetzte Abwärme wird zur Erzeugung von Methanol aus dem Abgas-CO_2 genutzt. Das Methanol kann als leicht handzuhabender Energiespeicher über eine Brennstoffzelle wiederum Strom generieren oder als Syntheserohstoff vermarktet werden. Analoges gilt für Essigsäure.

3. Brennstoffzelle: Energieerzeugung aus H_2 und O_2 in einer Brennstoffzelle.

4. Kombination obiger Verfahren mit photovoltaisch erzeugter Elektrizität.

Das Verfahren ist deshalb so attraktiv, weil es durch Vereinigung von Nachhaltigkeit und Wirtschaftlichkeit die Möglichkeit eröffnet, unter Kapitaleinsatz erzeugte Abwärmen zu nutzen und unter Einsparung des Kapitalbedarfs für die Wärmevernichtung mit geringem Aufwand kapitalgenerierende Produkte zu erzeugen. Bis dieses Verfahren in die technische Anwendung gelangt, sind weitere Forschungs- und Entwicklungsaufwand vonnöten.

11.8 Das Potential der Biomasse

In Biomasse ist Sonnenenergie über die Fixierung von atmosphärischem CO_2 in Form von chemischer Energie konserviert. Sie eignet sich daher ideal zur Einbindung von atmosphärischem Kohlenstoff wie CO_2 aus Abgasen in den Rohstoffkreislauf. Durch das Aufbauen komplexer Strukturen mit Hilfe von Sonnenenergie ist Biomasse ein wertvoller Rohstoff hinsichtlich einer energetischen wie stofflichen Nutzung kohlenstoffbasierter Verbindungen. Für das Kohlenstoffrecycling wird sie vor allem am Ende der Wertschöpfungskette interessant, denn es ist wenig hilfreich, wertvolles Frischholz ohne eine vorhergehende stoffliche Nutzung (Papier, Holzprodukte) in CO_2 zu überführen.

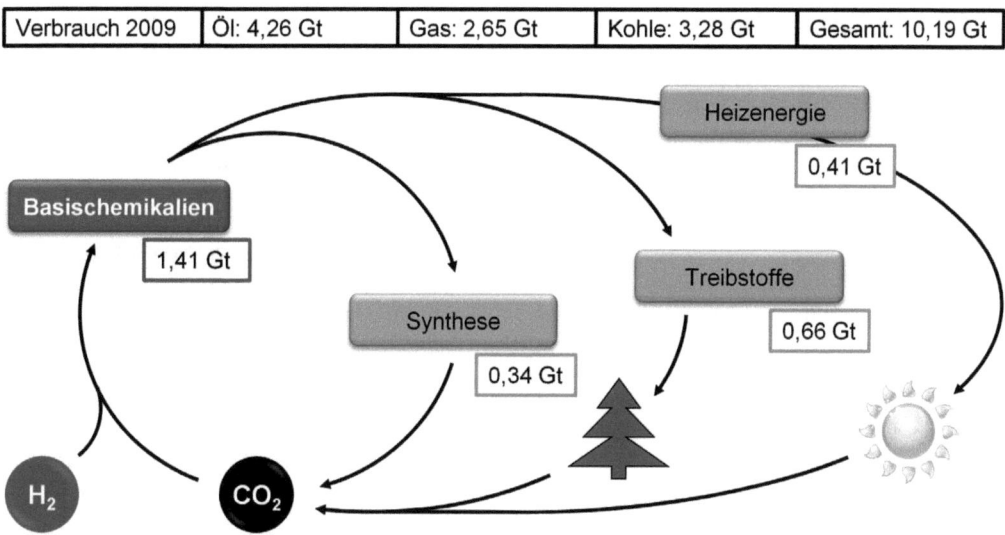

Abb. 11.6 Ein System für das Kohlenstoffrecycling ist mittelfristig für den Einsatz und die Erzeugung von Basischemikalien wie Methanol realisierbar. Aus Methanol können alle beliebigen konventionellen petrochemischen Erzeugnisse hergestellt werden bis hin zur Produktion von Treibstoffen und Heizenergie für Privathaushalte und Kleinbetriebe. Das aus deren Verwendung freigesetzte CO_2 kann der Atmosphäre durch Einbindung von Biomasse wieder entzogen und für die organisch-chemische Grundstoffproduktion eingesetzt werden. Damit ist der Kreislauf geschlossen.

11.9 Fazit

Dieser Beitrag soll als Plädoyer für die primäre Integration von Kohlenstoffrecycling bei der Neuplanung von CO_2-emittierenden Anlagen verstanden werden. Die dafür notwendige Energie wird aus Energiequellen zu gewinnen sein, deren Nutzung weiteren Forschungs- und Entwicklungsaufwand bedarf. Dabei soll eine Diskussion darüber angeregt werden, welche Möglichkeiten derzeit und in Zukunft existieren, um das drängende Problem der Reichweite des uns zur Verfügung stehenden Kohlenstoffs zu lösen.

Dass auf diesem Gebiet viel erreicht werden kann, haben die in diesem Beitrag vorgestellten Konzepte gezeigt. Nur 1% C-Recycling bedeutet, dass 10% des in der chemischen Synthese eingesetzten Kohlenstoffs im Kreislauf geführt werden (Abb. 11.6)!

Auf den Synthesekohlenstoff werden sich auf absehbare Zeit die hier genannten Strategien auswirken können. Es wird deutlich, dass bereits heute vieles davon umgesetzt werden kann, wobei stets auch die sozio-ökonomische Komponente zu berücksichtigen ist. Die Perspektive, Sonnenlicht zu tanken und konventionell Auto fahren zu können, rückt in greifbare Nähe.

11 Quellenverzeichnis

Aresta M (Hrsg, 2010) Carbondioxide as Chemical Feedstock, Wiley-VCH, Weinheim ISBN 978-3-527-32475-0.

Asinger F (1986) Methanol. Chemie und Energierohstoff. Springer Verlag, Heidelberg ISBN 3-540-15864-2.

Barber J (2009) Photosynthetic energy conversion: natural and artificial. Chem. Soc. Rev. 38: 185–196.

Beckmann M, Hurtado A (2009) Kraftwerkstechnik — sichere und nachhaltige Energieversorgung, TK-Verlag Karl Thomé-Kozmiensky, Neuruppin, ISBN 978-3-935317-42-9.

Berg JM, Tymoczko JL, Stryer L (2007) Biochemie, 6. Aufl. Spektrum Akademischer Verlag, Heidelberg, S. 603–628.

Bertau M, Effenberger FX, Keim W, Menges G, Offermanns H (2010) Methanol findet zu wenig Beachtung als Kraftstoff und Chemierohstoff der Zukunft. Chem. Ing. Tech. 82:2055–2058

Bertau M, Meyer DC (2010, im Druck.) Abgasvorrichtung für Verbrennungsgase. Deutsche Patentanmeldung DE 10 2009 048 121.4.

Bertau M, Tröbs R (2009) Mikrobielle Herstellung von Essigsäure aus Kohlendioxid und Wasserstoff in Minimalmedium. Deutsche Patentanmeldung DE 10 2009 045 962.6.

Bertau M, Pätzold C, Kiener C (2009) System zur prozeßintegrierten energiesparenden Trocknung von Biomaterialien unter Verwendung technischer Gase. Deutsche Patentanmeldung DE 10 2010 002 134.2.

BP (2010) Statistical Review of World Energy. http://www.bp.com/statisticalreview.

Drake HL, Gössner AS, Daniel SL (2008) Old acetogens, new light. Ann. N.Y. Acad. Sci. 1125: 100–128.

Gronemann V, Liebner W, di Zanno P, Pontzen F, Rothaemel M (2010) CO_2 based methanol ready for industrial scale. Nitrogen + Syngas. 308: 36–39

IPCC (2009) 4th Asessment Report. http://www.ipcc.ch.

Kaltschmitt M, Hartmann H, Hofbauer H (Hrsg, 2009) Energie aus Biomasse, 2. Aufl., Springer Verlag, Heidelberg.

Killops SD, Killops VJ (1997) Einführung in die organische Geochemie, Ferdinand Enke Verlag, Stuttgart.

Olah GA, Goeppert A, Prakash GKS (2009) Beyond Oil and Gas: The Methanol Economy, 2. Aufl., Wiley-VCH, Weinheim, ISBN 978-3-527-31275-7

Pimentel D, Marklein A, Toth MA, Karpoff MN, Paul GS, McCormack R, Kyriazis J, Krueger T (2009) Biofuels: Environmental and Economic Costs. Human Ecol. 37: 1–12.

Romm JJ, Moser JG (2006) Der Wasserstoff-Boom: Wunsch und Wirklichkeit beim Wettlauf um den Klimaschutz. Wiley-VCH, Weinheim, ISBN 978-3-527-31570-3.

Saito M (1998) R&D activities in Japan on methanol synthesis from CO_2 and H_2. Catalysis Surveys from Japan 2: 175–184.

Sakaia S, Nakashimadaa Y, Inokumaa K, Kitaa M, Okadab H, Nishio N (2005) Acetate and ethanol production from H_2 and CO_2 by Moorella sp. using a repeated batch culture. J. Biosci. Bioeng. 99: 252–258.

Schidlowski M (1988) A 3,800-million-year isotopic record of life from carbon in sedimentary rocks. Nature 333: 313–318.

Schüth F (Hrsg, 2007) Energieversorgung der Zukunft — der Beitrag der Chemie — Gemeinsames Positionspapier „Energieversorgung der Zukunft" von DECHEMA, VCI, GDCh, DGMK, DBG und VDI.

Sea B, Lee KH (2003) Methanol synthesis from carbon dioxide and hydrogen using a ceramic membrane reactor. React. Kinet. Catal. Lett. 80:33–38

Specht M, Bandi A (1999) Der Methanol-Kreislauf — Nachhaltige Bereitstellung flüssiger Kraftstoffe. Forschungsverband Sonnenenergie Themen 98/99, 59–65.

Struis RPWJ, Stucki S, Wiedorn M (1996) A membrane reactor for methanol synthesis. J. Membrane Sci. 113: 93–100.

Ushikoshi K, Mori K, Kubota T, Watanabe T, Saito M (2000) Methanol synthesis from CO_2 and H_2 in a bench-scale test plant. Appl. Organometal. Chem. 14: 819–825.

Xu K, Liu H, Du G, Chen J (2009) Real-time PCR assays targeting formyltetrahydrofolate synthetase gene to enumerate acetogens in natural and engineered environments. Anaerobe 15: 204–213.

Kernaussagen

- Kohlendioxid ist ein Zukunftsrohstoff.

- Die Rohstoff- und Energieversorgung und damit die Volkswirtschaft werden in zunehmendem Maße von der Verfügbarkeit von Wasserstoff abhängen.

- Wasserstoff wird nicht in elementarer Form eingesetzt, sondern an Kohlenstoff gebunden, in Form von Kohlenwasserstoffen.

- Die Kohlenstoff-Kreislaufwirtschaft ist auf Basis etablierter Grundstoffchemikalien wirtschaftlich.

- Technologien zur Rückführung von CO_2 in den Wertstoffkreislauf schaffen dauerhaft Arbeitsplätze und sichern Exportmärkte.

- Das Kohlenstoff-Recycling entkoppelt die Volkswirtschaft von den Unwägbarkeiten des Öl- und Gasmarktes.

12 Optionen einer nachhaltigen Energietechnik

Michael Weinhold

12.1 Die Pioniere

Die zweite Hälfte des 19. Jahrhunderts war eine Zeit der Pioniere: Werner von Siemens gründete mit Georg Halske im Jahr 1847 das Unternehmen „Siemens & Halske", damals eine Firma mit 400 Mitarbeitern; heute arbeiten über 400.000 Menschen bei Siemens. Werner von Siemens entdeckte 1866 das dynamo-elektrische Prinzip und damit den wirtschaftlichsten Weg, Strom zu erzeugen. Ende der 1870er-Jahre beschloss Thomas A. Edison, mit seiner Glühlampe Licht in alle Haushalte zu bringen. George Westinghouse und Nikola Tesla experimentierten mit Wechselstrom, Oskar von Miller gelang es erstmals, große Energiemengen über 175 km zu transportieren — und Werner von Siemens erkannte, dass Strom *„unzählige Einrichtungen in Häusern, Fabriken und auf den Straßen hervorrufen wird, welche zur Erleichterung des Lebens dienen"*. Viele davon entwickelte er gleich selbst: etwa die erste elektrische Eisenbahn, den elektrischen Kutschenwagen — einen Vorläufer von Elektroauto und Straßenbahn — sowie den ersten elektrischen Aufzug … um 1890 begann dann endgültig die Elektrifizierung der Welt.

Es ist faszinierend, was in diesen 160 Jahren passiert ist. Zunächst hatten wir Inselnetze, in denen die Erzeugungseinheiten sehr eng miteinander Lasten verbunden waren. Edison z. B. baute in New York in jedem Stadtviertel ein Kraftwerk, um Diesellasten zu versorgen. Damals ließ sich die Gleichspannung nicht hoch genug transformieren, was zum Siegeszug der Wechselspannung führte. Das 20. Jahrhundert war durch diesen Siegeszug gekennzeichnet, zusammen mit der Bildung großer Verbundnetze. Diese Netze haben den Vorteil, Last planbar zu gestalten und jeweilige Ausfälle durch andere Kraftwerke zu kompensieren. Das letzte Jahrhundert war ein Zeitalter, in dem das elektrische Energiesystem unter dem Begriff „Erzeugung folgt Last" gekennzeichnet war.

12.2 Neue Herausforderungen

Im 21. Jahrhundert gilt es, sich neuen Herausforderungen zu stellen. Global erleben wir nach wie vor Bevölkerungswachstum und zugleich eine alternde, sich immer mehr urbanisierende Gesellschaft. Diese Menschen brauchen zunehmend elektrische Energie. In Manhattan (New York) gibt es pro Quadratkilometer einen Stromverbrauch analog zur Produktion eines Kernkraftwerkes (ca. 800 MW).

Eine weitere Herausforderung bezieht sich auf die Verteuerung der Primärenergieträger, insbesondere von Erdöl. Darin liegt eine hohe Motivation zur Effizienzsteigerung. Dabei ist diese Steigerung nahezu gleichbedeutend mit der Nutzung elektrischer Energie, vor allem in der Endanwendung. Das ist zum Beispiel in der Erdölindustrie zu erleben, wo signifikante Effizienzsteigerungen bei der Exploration möglich sind, wie durch die Anwendung von elektrischen statt mechanischen Antrieben. Nicht zuletzt ist auch die Herausforderung Klimawandel anzusprechen.

12.3 Das zweite Pionierzeitalter der Elektrotechnik

Heute stehen wir vor dem zweiten Pionierzeitalter der Elektrotechnik, dem Neuen Stromzeitalter (Abb. 12.1). Elektrische Energie wird künftig mehr als je zuvor zum allumfassenden Energieträger. Getrieben wird diese Entwicklung durch den demografischen Wandel mit der stark steigenden Zahl der Weltbevölkerung, der Ressourcenverknappung und vor allem von der Erkenntnis, die Treibhausgas-Emissionen drastisch zu senken, um dem Klimawandel Paroli zu bieten. Elektrische Energie ist hier der Weg zum Ziel, denn er kann umweltfreundlich produziert, sowie hoch effizient übertragen werden und ermöglicht sehr hohe Wirkungsgrade in einer Vielzahl von Endanwendungen wie Antriebstechnik, Wärme- und Kälteerzeugung sowie Verkehr. Elektrische Energie ist damit ideal für den gleitenden Übergang in das nachhaltige Energiesystem. Das Charakteristikum des nachhaltigen Energiesystems ist die Ausgewogenheit zwischen Umweltfreundlichkeit, Wirtschaftlichkeit und Versorgungssicherheit. Viele Technologien für dieses nachhaltige Energiesystem sind bereits vorhanden — es gilt nun, sie einzusetzen.

Abb. 12.1 Das zweite Pionierzeitalter der Elektrotechnik. Paradigmenwechsel beim Energiesystem: das neue Stromzeitalter *) ICT = Information and Communication Technologies. Quelle: Siemens AG Energy Sector

12.4 Das Energiesystem im Wandel

Die Menge an CO_2-frei erzeugtem Strom wird stark zunehmen. Nach Berechnungen der Internationalen Energieagentur (IEA) wird die Menschheit im Jahr 2030 etwa 13-mal mehr Strom aus Wind ernten als heute und sogar 140-mal mehr aus Solarenergie gegenüber 2008. Für die EU27 schätzt der Europäische Windverband EWEA (EWEA 2008) die Erzeugungskapazitäten bis 2030 mit 300–350 GW. In ihrer jüngsten Schätzung hat EWEA das Ziel für 2020 sogar von 210 auf 230 GW angehoben. Diese Windturbinen werden an Land und verstärkt auf See gebaut. In beiden Fällen müssen hohe Strommengen möglichst verlustarm über weite Strecken übertragen werden — hier kommt die Hochspannungs-Gleichstrom-Übertragung (HGÜ) ins Spiel. In China hat Siemens gerade die leistungsfähigste „Stromautobahn" der Welt in Betrieb genommen, die 5.000 Megawatt Leistung von Wasserkraftwerken im Landesinneren über 1.400 km zu den Städten an der Küste befördert — mit nur minimalen Verlusten (Abb. 12.2).

Doch gerade der massive Zubau der fluktuierenden Erzeugungsarten durch Wind und Solar bringt die heutige Versorgungsstruktur an die Grenzen ihrer Leistungsfähigkeit. In manchen Regionen kann die Balance zwischen Erzeugung und Last nicht mehr ausreichend sichergestellt werden. Es kommt zu Abschaltungen einzelner erneuerbarer Erzeuger, um die Systemstabilität zu wahren. Ein forcierter strategischer Netzausbau bis hin zu sogenannten Supergrid-Strukturen ist dringend erforderlich.

Abb. 12.2 Hochspannungs-Gleichstrom-Übertragung (HGÜ) zwischen der Provinz Yunnan im Südwesten Chinas und der im Süden liegenden Provinz Guangdong. Quelle: Siemens-Pressebild

So schätzt die IEA das Investitionsvolumen für die Stromnetze bis 2030 mit bis zu 6,5 Billionen US$ (IEA 2009).

Besonders viel versprechend ist das Desertec-Konzept, in dessen Mittelpunkt Solar- und Windkraftwerke in Nordafrika und dem Mittleren Osten stehen (Abb. 12.3). Für die Planung und Umsetzung dieser Idee wurde im Juli 2009 ein Industriekonsortium gegründet, die Desertec Industrial Initiative (DII), jetzt „DII — Renewable energy bridging continents". Aber auch die Ausbaupläne für Wind off-shore in der Nordsee erfordern enorme Investitionen in Übertragungskapazitäten. Als Resultat wird voraussichtlich in der Nordsee somit das erste Hochspannungsgleichstrom-Übertragungsnetz der Welt entstehen.

Auch sind die Verteilnetze an die neuen Herausforderungen anzupassen. Vor allem auf der Niederspannungsebene kommt es durch den massiven Ausbau von dezentralen Einheiten, insbesondere durch Photovoltaik (PV), zu ganz neuen Stromversorgungssituationen. Auf der Lastseite werden Infrastrukturen neu bzw. in zunehmender Intensität an das Verteilnetz angeschlossen. Beispiele hierfür sind die Ladeinfrastrukturen der Elektromobilität sowie Wärmepumpen zur Gebäudeheizung und Warmwassererzeugung.

12.5 Regenerative Energie

Die Rolle der erneuerbaren Energien wurde bereits mehrfach angesprochen (▶ Kap. 2 und 3). Für die Entwicklung des globalen Stromverbrauchs bis 2030 sind mehrere wichtige Dinge zu beachten. Die fossilen Energieträger und die Kernenergie werden weiterhin einen signifikanten Beitrag leisten. Absolut gesehen wird darüber mehr Energie erzeugt werden als über

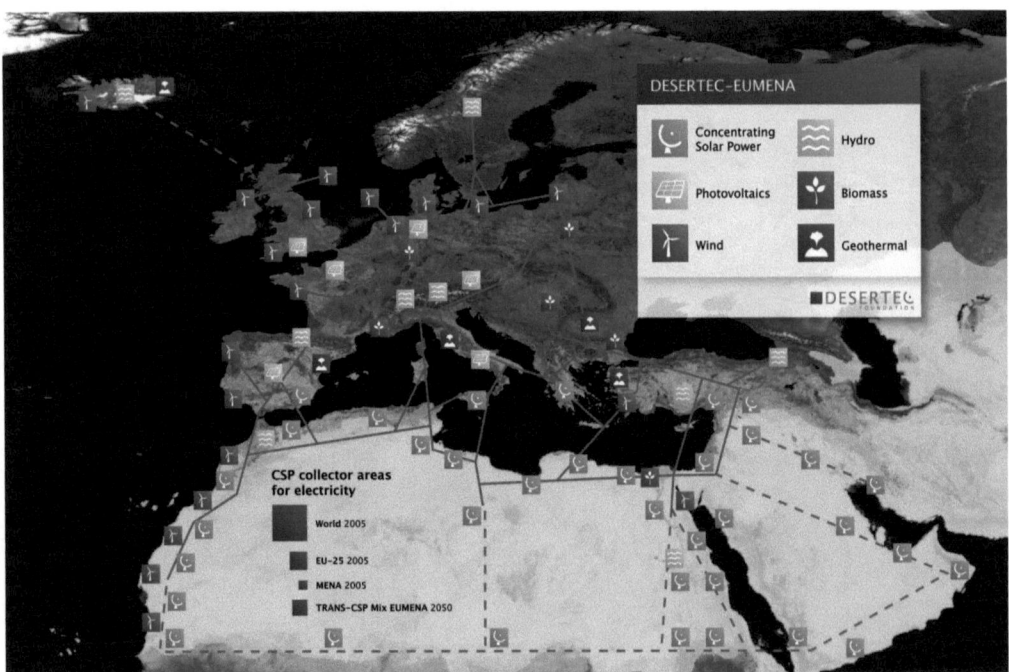

Abb. 12.3 Skizze einer möglichen Infrastruktur für eine nachhaltige Stromversorgung in Europa, dem Nahen Osten und Nordafrika. Quelle: DESERTEC Foundation, www.desertec.org

die erneuerbaren. Diese entwickeln sich jedoch sehr stark — so wird der weltweite Anteil nach unseren aktuellen Prognosen von derzeit etwa 3% auf 17% bis 2030 steigen. Dabei geht es um Energie, d. h. dass die installierte Leistung anteilsseitig noch deutlich größer sein wird. In Deutschland tragen derzeit z. B. die 27 Gigawatt Windturbinenleistung nur zu ca. 7% zum Stromverbrauch bei. Wir bewegen uns einerseits in ein Energiesystem hinein, das wesentlich stärker als heute auf Strom basiert. Dieses Stromsystem ist jedoch durch zunehmend fluktuierende Einspeisung charakterisiert. Dies betrifft vor allem das Übertragungsnetz; man denke z. B. an die großen Windparks in der Nordsee, die dort im Bau sind oder schon gebaut wurden (Abb. 12.4). Das Netz wird durch die starke dezentrale und wechselnde Einspeisung gekennzeichnet, man denke an die Photovoltaikanlagen auf Gebäudedächern.

Die resultierenden Fluktuationen auf der Erzeugerseite hatten beispielsweise zur Folge, dass im Jahr 2009 18-mal negative Strompreise an der Strombörse auftraten. Dies ist zugleich eine Konsequenz des Erneuerbare-Energien-Gesetzes (EEG) und des Energie-Wirtschafts-Gesetzes (EWG). Die negativen Preise führten dazu, dass große Energieerzeuger ihren Kraftwerkspark flexibilisieren. RWE spricht von „Smart Megawatts" (www.rwe.com). Damit ist sowohl Effizienzsteigerung mit konventionellen Kraftwerksparks inklusive Nuklear gemeint, als auch eine flexiblere Fahrweise, das Hoch- und Runterfahren der Leistung allein aus wirtschaftlichen Gründen, damit die Firmen nicht in die Falle negativer Preise geraten.

RWE geht davon aus, dass 50% der Kraftwerksinvestitionen in Europa bis 2020 auf dem Gebiet der Erneuerbaren sein werden. Es besteht sogar die Aussicht, dass die installierte Windturbinenleistung in Europa in die Größenordnung der aktuellen Spitzenlast im europäischen Verbundnetz (UCTE-Netz) gelangen wird — das entspricht etwa 400 Gigawatt. Im Ergebnis steht eine Kraftwerksflotte, die wechselweise sehr viel bzw. sehr wenig einspeist. So gab es im Januar 2009 zur Zeit der Erdgaskrise im deutschen Netz kaum Windenergie und ebenso wenig solare Einspeisung. Bei derartigen Konstellationen sind die Kuppelleistungen unseres elektrischen Netzes zu den Nachbarländern stark eingeschränkt; noch 14 Gigawatt in der Verbindungsleistung entsprechend. Das sind große Herausforderungen. Deshalb gibt es zunehmende Diskussionen darüber, ob zusätzlich zu den vorhandenen Speicherkraftwerken weitere Energiespeicher benötigt werden. Was wird die Rolle von Wasserstoff sein? (▶ Kap. 11) Was ist die Rolle von Elektromobilität und von Lithium-Ionen-basierten Speichersystemen und dergleichen? (▶ Kap. 13).

Windenergie. Die Windparks in der Nordsee sind bereits Realität bzw. werden gebaut. Die Windfarm London Array, für die Siemens den Auftrag bekommen hat, ist ein Großkraftwerk an der Themsemündung mit 670 MW (www.londonarray.com). Dieser Park wird bis 2012 entstehen. Großbritannien möchte 25% seiner elektrischen Energieversorgung bis 2020 über offshore Wind produzieren. In Konsequenz bauen momentan große internationale Firmen ihre Fertigungskapazitäten gerade im Hinblick auf die Windturbinentechnik in Großbritannien aus.

Abb. 12.4 Offshore-Windpark Lillgrund im Öresund zwischen Malmö und Kopenhagen mit 48 Siemens Windenergieanlagen. Diese haben eine Leistung von jeweils 2,3 Megawatt. Quelle: Siemens-Pressebild

Neben diesen großen Windparks der Giga-Watt-Klasse wird es auch die Entwicklung eines offshore Verbundnetzes geben, basierend auf den Windparks. Das, was es bislang an Land noch nicht gibt, wird offshore entstehen — ein intelligentes Hochspannungs-Gleichspannungsnetz. Innerhalb der nächsten zehn Jahre werden gigantische Entwicklungen vollzogen werden. Eine der größten Herausforderungen dabei ist die Einigung auf eine Spannungsebene, ansonsten ist die notwendige „Werkzeugkiste" vorhanden. Dazu gehören die Leistungselektronik und die Konzepte für die Schaltungen. Es geht also wirklich „nur" um eine Vereinbarung auf die zu unterstützende Stromspannung und damit einhergehend um eine Harmonisierung der Regularien und um Anreizmechanismen der betroffenen Anrainerländer.

Photovoltaik. Im Jahr 2009 waren etwa 3,8 GW Photovoltaikleistung in Deutschland verbaut, davon die Hälfte in Bayern. Der Zubau dort von 1,9 GW ist massiv. Eine Anlage muss abschaltbar sein, weil bereits jetzt aufgrund der Wirkleistungseinspeisung Stabilitätsprobleme im Verteilernetz auftreten. Auch in Südeuropa werden zunehmend Solaranlagen errichtet und die visionäre Idee von erneuerbarer Energieerzeugung in Nordafrika (Desertec, Abb. 12.5) wurde bereits angesprochen. Elektrisch sind Nordafrika und Europa bereits heute über Gibraltar verbunden — mit einer „sehr zarten" 500 MW-Leitung. Derzeit wird eine Gleichspannungsverbindung zwischen Tunesien und Italien über Sizilien geplant, die Verbindung Sizilien und und Halbinsel Italien ist bereits im Bau. Wir bewegen uns quasi in ein Desertec-ähnliches Szenario hinein (www.desertec.org).

Für Deutschland wäre zur Deckung des derzeitigen Bedarfs eine Fläche von 50 km^2 Solarelementen notwendig; für die globale Energieversorgung wären es entsprechend größere Flächen (▶ Kap. 6). Sicherlich ist es Allen bewusst, dass man für eine strategische Netzplanung nicht alles an einen Ort bauen kann und dass für Redundanzen zu sorgen ist, um Versorgungssicherheit gewähren zu können. So werden Verbundnetze bereits konzipiert, seit es diese gibt. Die Schwachstellen eines Netzes liegen nicht allein im Ausfall eines oder mehrerer Kraftwerke, sondern auch im Ausfall von Teilnetzen oder Netzknoten bzw. in dem Ausfall von Lasten. Wenn z. B. ein Netzfehler neben einer Fabrik auftritt, dann ist diese Einrichtung davon betroffen, unabhängig davon, ob das Verbundnetz als solches ordentlich arbeitet.

Abb. 12.5 Solarthermie-Kraftwerk mit Parabolspiegel. Quelle: Siemens-Pressebild

12.6 Smart Grids

Diese Erkenntnisse sind nicht neu — und dennoch stand die Entwicklung in den letzten Jahren nicht still. Mittlerweile können wir z. B. das europäische Verbundnetz schneller als in Echtzeit simulieren. Derzeit werden die Netze weltweit mit entsprechenden Echtzeitmonitoring Systemen ausgerüstet. In einigen Jahren wird es möglich sein, den Stabilitätszustand eines Netzes in Echtzeit zu registrieren, alle möglichen drohenden Instabilitäten vorauszusagen und sehr frühzeitig gegenzusteuern. Diese Entwicklung wird durch die Arbeiten in Großbritannien beflügelt.

Unsere elektrischen Energiesysteme entwickeln sich jetzt in wenigen Jahren von Energiesystemen, in denen wir zentrale Kraftwerke hatten, bei denen die Energie „hinunter zu den Lasten tröpfelte", zu sehr komplexen Energiesystemen (Abb. 12.6). Wir werden katapultiert aus dem Zeitalter des Propellerflugs zum Düsenflug. Diese Entwicklungen sind nicht auf Europa beschränkt; sie sind in China viel dynamischer. Dort werden alle Möglichkeiten ausgeschöpft, um Innovationen voran zu treiben, um den massiven Strom- und Energieverbrauchsanstieg zu bewältigen. In China wird schon lange über Smart Grid gesprochen und konkret umgesetzt (Abb. 12.2), während wir über Smart Cities oder Eco Cities reden. Auch Länder wie Dänemark sollen hervorgehoben werden. Dieses Land ist bereits sehr weit in der Durchdringung mit Intelligenz zum Abfedern fluktuierender Einspeisung. Und die Welt schaut sich das gegenseitig ab. Wir treffen uns weltweit in Expertenkreisen und beraten gemeinsam, wie man diese Situation am besten bewältigen kann.

Die „Erzeugung folgt Last" im 20. Jahrhundert ist durch die an vielen Stellen der Welt massiv fluktuierende Einspeisung nicht mehr das Kernthema. Heute sind wir dabei,

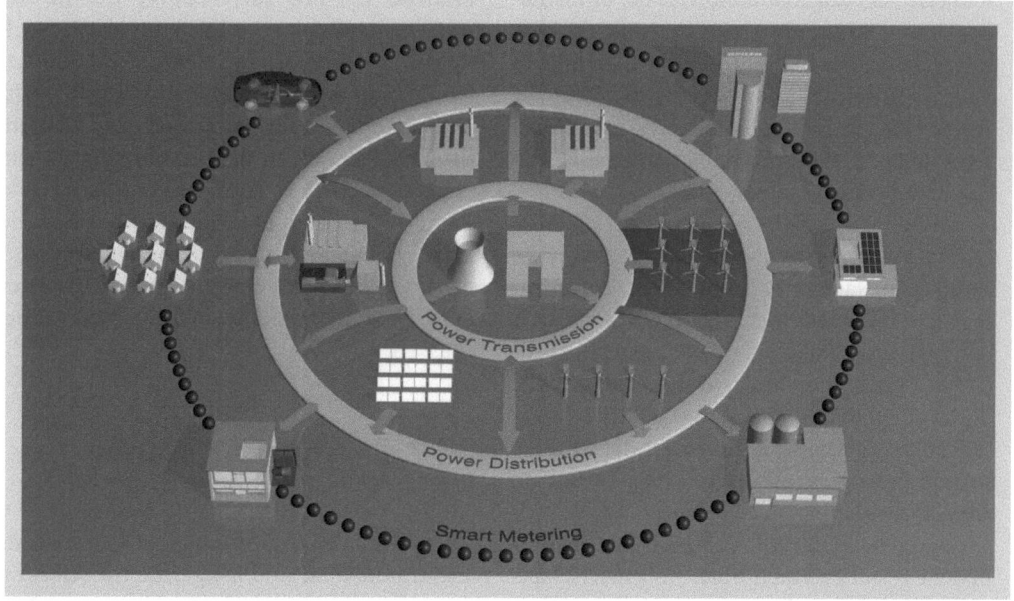

Abb. 12.6 Das Elektrische Energiesystem. Smart Generation, Grid und Consumption ermöglichen das Neue Stromzeitalter. Quelle: Siemens AG Energy Sector

unsere Infrastrukturen zunehmend an das Stromnetz anzuschließen, wenn sie noch nicht dort angeschlossen sind und ihr Verhalten und Energieaufnahme dem Energiedargebot nachzuführen. Das nennt man Smart Grid — load follows generation, „Last folgt Erzeugung". In Deutschland haben z. B. viele nicht das Problem, zu wenig Energie zu haben, sondern zeitweise zu viel Energie im Stromnetz zu haben. Also wohin damit? Hier setzen die Regelkreise ein und die massiven weltweiten Forschungsprogramme auf dem Gebiet der Energiespeicherung. Das hat gerade erst richtig begonnen, z. B. mit Demand-Side-Management oder der Ausrüstung von Haushaltsgeräten mit Sensorik. Ich sehe eine Welt, in der die wesentlichen Energie- und Stromverbraucher eine IP-Adresse haben und zum Beispiel in unseren Haushalten über ein W-LAN oder dergleichen mit einer Management-Zentrale im Haus oder anderswo kommuniziert. ‚Internet of things' nennt man das auch und Technologien wie Cloud Computing verzahnen auch hierein. Das ist die „Einflugschneise" der sogenannten ICT, der Informations- und Kommunikationstechnik Firmen. Interessant ist es zu betrachten, was im Silicon Valley, Kalifornien, passiert, wo die Start Up Szene vielfach größer ist als hier in Europa. Dort drehte sich der Trend vor einigen Jahren fast komplett auf Energiethemen.

Große Firmen haben in den letzten Jahren Energieableger gegründet. Google hat zum Beispiel im Januar 2010 die Lizenz zum Energiehandel bekommen, Google Energy. Wir bewegen uns also in eine Welt, die nicht mehr einfach linear beschreibbar ist, sondern die durch ein gewisses Chaos, in das Ordnung gebracht werden muss, gekennzeichnet ist. Also sowohl Erzeugung als auch flexible Lasten auf allen Spannungsebenen.

Jetzt geht es darum, den Energiemix optimal zu gestalten, auch unter volkswirtschaftlichen Gesichtspunkten. Es geht darum, Effizienzen voranzutreiben und das Energiesystem holistisch zu betrachten. Wir werden zunehmend Übertritte sehen von Strom in Wärmenetze, wie bei Wärmepumpen, die schon sehr stark in Skandinavien verbreitet sind, oder Übertritte von Stromnetz in die individuelle Mobilität.

Wir haben zunehmend die Herausforderung, das Gleichgewicht zwischen dem Dargebot an elektrischer Energie und der Last zu erreichen. Das ist der wesentliche Treiber warum wir hier in Deutschland insbesondere über Smart Grid reden und der Begriff überall auftaucht. Wir sind Weltmeister bezüglich der Stabilität des Energiesystems; wir haben vielleicht 17 Minuten Ausfall pro Jahr. Ein stabiles Energiesystem ist eine Voraussetzung für ein effizientes Energiesystem.

Wir transformieren das Energiesystem von einem linearen System in dieses komplexe System, in dem wir Kraftwerke bauen, wo keine Lasten vorhanden sind, z. B. in der Nordsee, und in dem wir Kraftwerke bauen, wo Lasten sind. Wenn die dezentrale Erzeugung sehr lastnah ist, muss man beachten, dass sie dann das Verbundnetz nicht zum Energietransport braucht, sondern zur Deckung der Restlast und eventuell zeitweise auch nur als ein Backup. Im Dezember/Januar gibt es in Deutschland kaum Photovoltaik-Einspeisung, dafür jedoch tendenziell relativ viel Wind. Damit die Windenergie zu den Lasten kommt, sind Netze nötig. Da es auch vorkommt, dass der Wind nicht bläst, brauchen wir ein Energiemix, bestehend aus Erneuerbaren, aber auch aus hocheffizienten konventionellen Kraftwerken, die zunehmend flexibel gefahren werden müssen.

12.7 Transformation

Anzeichen der Transformation wie auch die Elektromobilität sind Dinge, die wir selbst mit anderen gebaut haben. Man kann der Meinung sein *„Das kommt ja nicht, das ist Blödsinn"* usw. Die Bundesregierung denkt an eine

Million Fahrzeuge pro Jahr in 2020. während in Shanghai allein in 2012 eine Million Fahrzeuge produziert werden sollen. In China fällt Ihnen Eines besonders auf: die Durchdringung der Städte mit Elektrofahrrädern; es werden ungefähr 20 Mio. pro Jahr verkauft. Dabei sind es nicht allein Elektrofahrräder sondern auch Elektroautos, doch die Elektrofahrräder fallen wirklich auf. Vor 15 Jahren haben Sie in China tausende normaler Fahrräder gesehen, alle ohne Licht übrigens. Jetzt sind viele elektrifiziert und pfiffig gemacht (Abb. 12.7a). Unten links sieht man auf dem Foto einen kleinen Batterie-Kanister. Der wird nach einer Fahrt herausgenommen, z. B. während der Arbeit wieder aufgeladen und danach wieder eingesteckt. Das sind Fahrräder mit sehr guter Qualität, ich bin selbst in diversen Läden gewesen und herum gefahren, mittlerweile werden sie ja auch nach Deutschland importiert. Es gibt wahrscheinlich 100 Mio. Elektrofahrräder in China, ausgerüstet von Build Your Dreams (BYD), einer der größten Lithium-Ionen-Batterie Hersteller der Welt (www.byd.com). Sanyo sowie Sony und Panasonic sind weitere; alles asiatische Firmen. Daran lässt sich ein Problem, das wir hier in Deutschland haben, festmachen. Firmen wie BYD bauen jetzt Autos um die Batterien herum (Abb. 12.7b). Natürlich wissen die auch, dass Lithium-Ionen basierte Batteriensysteme eine elektrochemische Begrenzung haben, was die Speicher- und Energiedichte angeht. Doch Ingenieure sind dazu da, Lösungen zu finden und die werden gefunden und installiert. Natürlich fährt man mit so einem Auto mit einer Batterie nicht 1.000 km, weil die Kapazität derzeit nur ungefähr 150 km unterstützt. Man benötigt ungefähr 20 kWh pro 100 km. Und genau dort setzen gerade die Geschäftsmodelle an.

Welche Technologien sind eigentlich Kerntechnologien für Volkswirtschaften in diesem Umfeld des transformierenden Energiesystems? Dazu gehört sicherlich die Speichertechnologie. In den USA und auch in Deutschland wird derzeit sehr viel Geld in dieses Kompetenzfeld investiert, um dort wieder den Anschluss zu bekommen, denn die Speichertechnologie ist derzeit fast komplett nach Asien verlagert. Ein weiteres Feld ist die Informations- und Kommunikationstechnik. Das bezieht sich sowohl auf die Intelligenz, die dieses System steuert, als auch auf die Geschäftsprozesse. Wenn Sie 18-mal negative Preise erlebten, dann gab es 18-mal eine Gelegenheit, sehr viel Geld zu verdienen oder auch zu verlieren. Kraftwerksbetriebe sind gut im Risiko-Hedging geworden, weil Produktion und Nachfrage eben nicht mehr so planbar sind. Wir wissen nicht, wie die Sonneneinstrahlung

Abb. 12.7a Elektrofahrrad mit einen kleinen Lithium-Ionen-Batterie-Kanister.
Quelle: Siemens AG Energy Sector

Abb. 12.7b Steuerungstechnik – einer wesentlichen Säule des Smart Grid.
Quelle: Siemens-Pressebild

in zwei Wochen ist, ob Wolken den Himmel bedecken und plötzlich die Photovoltaik Einspeisung deutlich reduzieren. Neben Speicher-, Kommunikations- und Informationstechnik gilt die Aufmerksamkeit der Entwicklung der Erneuerbaren Energieträger wie Wind und Solar. Wir werden in den nächsten Jahren von einem Pull-Szenario, in dem durch Einspeiseförderung intensiviert Investoren die Anlagen bauen, in ein Push-Szenario reinkommen, in dem Bürger das machen werden, weil sie damit die Energie, die sie benötigen, günstiger produzieren können (▶ Kap. 6), natürlich nur, wenn die Sonne ausreichend scheint. Davon unabhängig funktioniert dies nur bei Vorhandensein zusätzlicher Backup-Möglichkeiten, bzw. Lösungen, die auch Nachts, im Winter oder für die Monate, in denen keine signifikante Sonneneinstrahlung auftritt, bereits stehen. Daran wird weltweit gearbeitet und ich denke, dass wir in Deutschland als wahrscheinlich immer noch führende Energietechnik-Nation der Welt, einiges zu bieten haben.

Bei Smart Grid geht es darum, effizient die Erneuerbaren zu integrieren, und zugleich zunehmend die Geschäftsprozesse zu berücksichtigen. Natürlich untersucht auch die chemische Industrie, ob es sich lohnt, Wasserstoff zu produzieren. Nicht unbedingt, um wieder Strom zu gewinnen, jedoch als Grundstoff für die chemische Industrie (▶ Kap. 11). All diese Regelkreise sind momentan im Einsatz. Dabei geht es auch um Integration von dezentraler Erzeugung und Lasten. Für Solardächer wurde vorgerechnet, dass sie ein typisches Einfamilienhaus energetisch gesehen komplett im Jahresmittel abdecken könnten (▶ Kap. 5 und 6). Doch im Winter muss man sich etwas einfallen lassen. Es geht auch um die Ausgestaltung urbaner Strukturen, um Infrastrukturen und um Bautechnik (▶ Kap. 5). Sehr interessante Projekte zum Beispiel gibt es in Zürich, und auch anderen Ländern wie China, wo Häuser durch gute energetische Ausführung, also insbesondere durch Wärmedämmung, zu EnergiePlus-Häusern gemacht werden können. Auch sehen wir derzeit ganz neue Baumaterialien, wie z. B. Latentwärmespeicher-Panele oder die Verwendung von Vakuumtechnik bei Hausfassaden. Da tut sich einiges. Und dieses „Tut sich" gilt weltweit, wird weltweit aggressiv angegangen. China wird vor Shanghai die Insel Chongming mit 600.000 Menschen in ein Vorzeige-Energiesystem entwickeln (www.som.com).

Häuser werden sich in den nächsten Jahrzehnten von Aufnehmern von Energie aus dem Energiesystem wandeln zu Komponenten des elektrischen Energiesystems, die zeitweise sogar elektrische Energie abgeben werden, zeitweise aber auch wiederum benötigen. Im Mittel werden sie vielleicht sogar als Plus-Häuser eine Nettoeinspeisung darstellen. Ein Städteplaner in Deutschland wird berichten, dass jährlich zwischen 1 und 2% des Gebäudebestandes saniert werden. Dabei ist natürlich sehr wichtig, dass man bei diesen Sanierungsmaßnahmen und damit bei der Städteplanung genau diese Entwicklungstrends richtig berücksichtigt. Das wirft natürlich die Frage auf, was die Rolle der Kraft-Wärme-Kopplung in einem Energiesystem sein soll, in dem Häuser durch Isolation nur noch Niedertemperaturwärme benötigen und vielleicht aus einem saisonalen Wärmespeicher oder einem Nah-Wärmenetz ziehen? Das sind alles aktuelle Fragen, die diskutiert werden müssen.

12.8 Das neue Stromzeitalter

Wie also sieht die Zukunft aus? Beginnen wir mit der Öl- und Gasexploration (▶ Kap. 2). Hier werden wir Tiefsee-Smart Grids sehen, weil wir aus den genannten Gründen des immer schwieriger zu explorierenden Erdöls und -gases auch in tiefe marine Regionen gehen, wo es einfach zu teuer ist, eine Bohrinsel zu betreiben. Im Betrieb einer offshore Bohrinsel in Nordnorwegen kostet ein Mensch dort im Jahr 1 Mio. US$. Deshalb wird momentan fieberhaft an stärker autonomen und automatisierten Systemen gearbeitet. Das werden voll automatisierte Explorationsstätten sein, zu denen elektrische Energie in der Größenordnung von einigen Zehner MW, vielleicht sogar mehr, auf den Meeresboden in Tiefen von 3.000 m und ggf. mehr geschickt werden müssen, bei sehr hohen Drücken — eine große Herausforderung.

Nicht ganz so tief und über Wasser sehen wir Riesen-Windparks, hier das Beispiel Nordsee (Abb. 12.8). Vor Shanghai zum Beispiel wird man auch sehr große offshore Windparks bauen. In der Nordsee ist die Idee, diese Windparks nicht nur an Großbritannien, Dänemark oder Schweden anzuschließen, sondern sie zu vernetzen. Ende letzten Jahres haben die neuen Anrainerländer-Regierungen bekannt gegeben, dass sie das voran treiben werden. Daneben gibt es noch weitere Initiativen, die die technische Machbarkeit darstellen, wie z. B. beim europäischen Übertragungsnetz-Vertreiberverband der ENTSO-E (www.entsoe.eu). In Norwegen ist eine Diskussion entstanden, wie das Land mit seinen sehr großen Pumpspeicher- bzw. Wasserkraftwerken hierzu beitragen kann. Eine Verbindung ist z. B. der NorNed-Interconnector mit 700 km Länge, der von Norwegen in die Niederlande führt. Der Übertragungsnetz-Betreiber holt sich in diesem Fall häufig kostenlose oder zu negativen Preisen Windenergie aus Dänemark und schiebt sie mit Gewinn in die Niederlande. Es gibt hier bereits existierende Internet-Connectoren, die rechnen sich durch die Arbitrage-Effekte bereits, wenn sie ein bis zwei Stunden am Tag in Betrieb sind.

Auf der sogenannten Dogger-Bank zwischen England und Dänemark plant man, 9 GW Windturbinen-Leistung zu installieren. Siemens wird hier vor UK mit anderen Partnern einen 4 GW-Windpark bauen.

Diese Ideen, die vor einigen Jahren noch für verrückt erklärt wurden, sind nun technisch machbar, und wir werden deren Verwirklichung sehen, weil die notwendigen Netzverstärkungen gebaut werden.

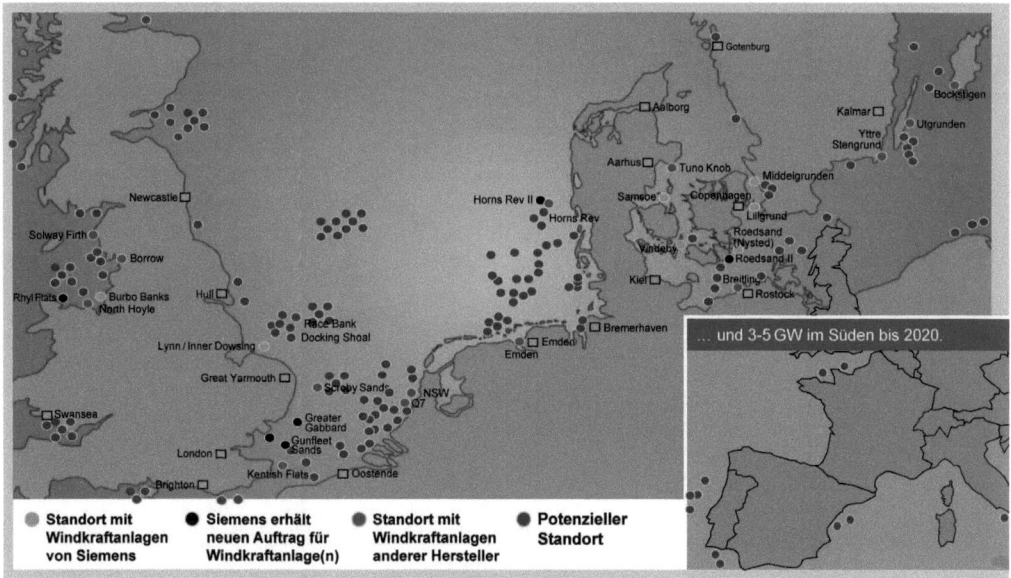

Abb. 12.8 Offshore Windparks. Quelle: Siemens AG Energy Sector

Noch einmal ein kleiner Blick nach China. Die längste Hochspannungs-Gleichstrom-Übertragungsline, die wir momentan bauen, wird, wenn sie im Jahr 2011 fertig wird, 2000 km Länge haben und 6,3 GW transportieren. Das ist mehr als die Spitzenlast Dänemarks. Wir haben im Dezember eine 5 GW und 1.400 km lange Linie in Betrieb genommen (Abb. 12.9). Das ist die Ausbauplanung der Gleichspannungsverbindung, der Punkt-zu-Punkt Verbindung in China. Den ersten Pole haben wir im Dezember in Betrieb genommen. Man geht hier in Dimensionen der Weitbereichsübertragung, die man vor fünf oder sechs Jahren nicht für möglich gehalten hätte. Ich war selbst deutscher Sprecher beim IEC für dieses Feld. Als ich damals dort begann, waren daran hauptsächlich die großen westlichen Firmen beteiligt.

Mittlerweile hat das IEC einen chinesischen Chairman dieses Studienkomitees und eine starke Teilnahme der asiatischen Landesvertreter. Dabei muss man übrigens auch sehen, dass gerade die Asiaten bzw. Chinesen bei dem wichtigen Standardisierungskommitees IEC viele Beiträge leisten. Die Abbildung 12.9 lässt auch erkennen, dass hier bislang keine Vernetzung existiert, sondern Energie von einem Punkt zum anderen, also in das Lastzentrum, übertragen wird. Es gibt Studien, die zeigen, dass es besser ist, Kohle zu verstromen und über Gleichspannung zu transportieren, als die Kohle zu transportieren und vor Ort zu verstromen. Gleichzeitig baut China ein 1.000 kV Wechselspannungsnetz auf. Indien wird auch auf 1.000 kV AC, wahrscheinlich sogar auf 1.200 kV AC gehen. Indien wird auch 800 kV-Linien bauen. Das

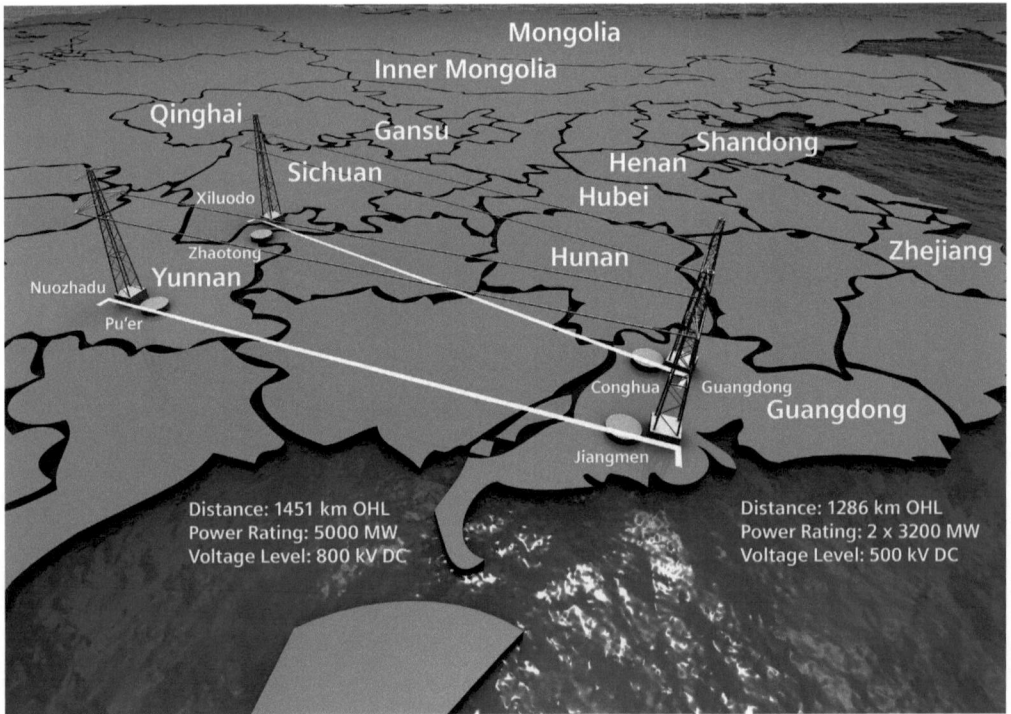

Abb. 12.9 Siemens liefert Schlüsselkomponenten für zwei große HGÜ-Projekte in China. Quelle: Siemens-Pressebild

alles ist natürlich auch mit einem massiven Anstieg der lokalen Kompetenz verbunden.

Die Abbildung 12.10 zeigt ein Foto einer 500 GW-Station (Chuxiong, China), in der die Energie aus dem Wechsel- bzw. Drehspannungsnetz entnommen und in das Gleichspannungsnetz hinein injiziert wird. Das Gleiche gibt es dann am anderen Ende der Leitung noch einmal. Das sind gigantische Dimensionen, die wir hier in Europa nicht kennen.

Unser Übertragungsnetz dagegen ist kein Weitbereichsübertragungsnetz; als Daumenregel gilt: 1 kV pro km. Wir haben maximal 400 kV, wir haben kein Weitbereichsübertragungsnetz, wir haben kein Super Grid. In China, Indien, Afrika und wahrscheinlich auch in Brasilien ist man dagegen gerade dabei, diese einzurichten. Die Hochtechnologie dazu kommt aus Deutschland, in diesem Fall aus Nürnberg.

Wo führt das alles hin? Werden wir plötzlich ein weltumspannendes Netz sehen, wo man versucht, tageszeitliche Energieschwankungen auszunutzen. Solche Ansätze gibt es bereits. Tatsächlich kann man Weitspannungssysteme beliebig weit bauen. Man hat nicht die Stabilitätsprobleme wie bei Wechselspannung, man muss keine zusätzlichen massiven Energie-Maßnahmen ergreifen. Wir haben auch schon 4.000 km lange HGÜ-Linien diskutiert. Überlegungen beziehen die Anbindung Islands an Europa ein und in Dänemark wurde schon diskutiert, Island an Kanada anzubinden. Damit sind wir tatsächlich zumindest elektrisch gesehen nicht weit von der Idee einer solchen Konstellation entfernt. Eine wichtige Frage bleibt, wie viel Energie tatsächlich über solche Verbindungen fließt, doch ist es denkbar, dass wir so etwas in den nächsten Jahrzehnten erleben werden weil es sich rechnet. Denn alles, was wir hier an technischen Möglichkeiten sehen, muss sich für die Stakeholder rechnen.

Momentan sind wir in einer Phase massiver Technologie-Fortschritte. Dabei sind auch die Akademiker und Techniker weltweit gefragt: was gibt es noch alles an brillanten Ideen, um dieses Energiesystem noch effizienter auszuführen, noch nachhaltiger werden zu lassen? Denn es gilt, das Energiesystem durch die Elektrifizierung CO_2-arm oder -frei und damit nachhaltig zu gestalten. So haben wir den Lillgrund Windpark, der zwischen Schweden und Dänemark liegt (www.vattenfall.com/en/lillgrund.htm), nach der ISO-Norm genauestens durchgerechnet. Bei einer Fahrt über die Öresund-Brücke kommt man daran vorbei. Dieser Park hat eine Energie-Amortisationszeit von 9 Monaten, alles eingerechnet. Die CO_2-Emission pro kWh ist bei einer 20-jährigen Lebensdauer 12 Gramm. Natürlich fluktuierend. Dennoch es macht Sinn, wenn man es systemisch angeht und das ist eben die Energiewelt, in die wir uns momentan hinein bewegen. Das ist das Smart Grid.

Abb. 12.10 500 GigaWatt–Station in Chuxiong, China. Quelle: Siemens AG Energy Sector

12.9 Dezentralität

Gehen wir eine Stufe weiter: was geschieht dezentral? Wenn die Dezentralität viel bedeutender wird, dann bewegen wir uns an einigen Stellen des Energiesystems in eine Welt hinein, in der wir elektrisch gesehen wieder dort sind, wo die Herren Edison oder Siemens vor 150 Jahren begannen: Inselnetz-Bildung, die sich zumindest zeitweise komplett autark versorgen. Wo wir diesbezüglich derzeit hinlaufen, weiß ich nicht, doch muss ich sagen: ich bin gespannt. Denn wenn ich sehe, wie viel Kraftwerksleitung installiert ist, welche Fertigungskapazitäten bestehen und projiziert werden, dann wird es noch ein langer Weg sein. Dennoch sehen wir bereits Ansätze in Richtung zunehmender Dezentralität, zum Beispiel in Bayern. In der Nähe von Nürnberg und Erlangen liegen Dörfer, in denen fast jedes Dach, jede Reithalle und jeder überdimensionierte Traktorüberstand mit Photovoltaikanlagen belegt ist. Dazu kommt die Verwendung von Biomasse, und zur Not wird der Dieselgenerator genutzt.

So kommen wir in eine Welt, in der tatsächlich zunehmend auch Energie-Autarkie in privilegierten Verbrauchergruppen entstehen wird. Es wird auf jeden Fall eine sehr komplexe Welt, die gut koordiniert werden muss. Als Einzelne können wir nicht am Börsengeschehen teilnehmen — oder vielleicht doch? Das wird derzeit in Dänemark untersucht, bei dem Projekt Eco Grid Bornholm (www.eu-ecogrid.net). Vielleicht sind es aber auch andere, die unser Energieleben koordinieren über den DSL-Anschluss oder die W-LAN Antenne im Haus, wo die mit entsprechender IP-Adresse und mit Funk ausgestatteten Haushaltsgeräte, das Heizungssystem oder die Elektrofahrzeuge dann der Zentrale melden ‚Ich brauche Energie' oder ‚Ich brauche keine Energie'. Und dann aggregiert jemand und spielt dabei die Energiemärkte. Es kann sein, dass wir uns diesbezüglich in eine Win-Win Situation für alle Beteiligten hinein bewegen. Auf jeden Fall bedeutet es, dass die Rolle aller jetzigen Teilnehmer am Energiesystem, aller jetzigen Stakeholder sich verändern wird und verändert.

Es ist eine faszinierende Zeit, in der wir leben. Eine Pionierzeit, in der Kreativität gerade auch unserer Hochschulen gefragt ist. Ich betrachte uns als weltweit führend in der Energietechnik, aber natürlich mit immensem Druck gerade aus Asien.

Wir haben vor wenigen Jahren unser Bild der Zukunft für Energienetze aktualisiert, indem wir über 100 Stakeholder weltweit befragt haben, wie sie die Welt in 2020 sehen (TNS Infratest 2004). Wenn ich das betrachte, sage ich mir, vielleicht war das sogar ein bisschen langweilig, vielleicht wird es 2020 doch ein bisschen besser aussehen. Vielleicht wird aber auch das, was 2020 insbesondere kennzeichnet, gar nicht sichtbar sein. Nämlich die massive Rolle der Informations- und Kommunikationstechnik. Denn 2020 haben wir wahrscheinlich alle ein Breitband-Internet in allen Haushalten. Wir haben wahrscheinlich eine signifikante Anzahl an Haushalten, also deutlich mehr als 80% Smart Meter, d. h. die Haushalte, die Häuser und die Industriebetriebe sind in der Lage, aktiv teilzunehmen am Energiegeschehen und sie werden zunehmend Energie auch selbst produzieren. Wenn man mit 5 GW für Photovoltaik Produktion im Jahr 2010 rechnet, wahrscheinlich die Hälfte davon in Bayern, erzwingt das geradezu, dass man mit Intelligenz ans Werk geht. Die Photovoltaik macht, isoliert betrachtet, keinen Sinn, aber systemisch betrachtet mit Intelligenz und neuen Infrastrukturen, auch mit Elektromobilität, macht sie plötzlich Sinn, das ist diese holistische Sichtweise (▶ Kap. 6).

12.10 Fazit

Der Energiemix ist in einem dynamischen Gleichgewicht, und er wird auf sehr lange Sicht in vielen Teilen der Welt ein Mix bleiben: von Kernenergie, fossilen Energieträgern und zunehmend Erneuerbaren Energieträgern. Insgesamt wird damit das elektrische Energiesystem sowohl auf der Erzeugungsseite als auch auf der Lastseite wesentlich komplexer (Abb. 12.2). Ein zunehmender Anteil der Last muss jetzt der volatilen Erzeugung folgen, was einen wesentlichen Paradigmenwechsel im elektrischen Energiesystem darstellt. Zur Abstimmung von Erzeugung, Netz und Last aufeinander werden wesentlich mehr Intelligenz aber auch Kurzzeit- und Langzeit-Energiespeicher im Stromnetz benötigt — ein Smart Grid entsteht. Klassische elektrische Energiesystemtechnik und Informations- und Kommunikationstechnik gehen eine nie dagewesene Symbiose ein: das Neue Stromzeitalter hat begonnen! Zudem müssen konventionelle Kraftwerke zukünftig noch schneller durch Hoch- und Runterfahren der Leistung auf Lastwechsel reagieren. In Konsequenz fokussiert das Energiesystem auf elektrische Energie als wichtigsten Energieträger und das elektrische Energiesystem selbst wird wesentlich komplexer. Es gilt, sowohl den Energiemix zu optimieren (Kraftwerkstyp und Ort), Wirkungsgrade entlang der gesamten Wandlungskette zu steigern und Infrastruktur und Regionen-übergreifende Lösungen zu finden (holistischer Ansatz). Das sind die drei Schritte zum Integrierten Energiesystem.

Eine wesentliche Komponente des Smart Grids sind intelligente Stromzähler (Abb.12.11), um z. B. über Preisanreize „Last folgt Erzeugung" zu ermöglichen, sowie leistungsfähige Informations- und Kommunikations- sowie Sensortechnik entlang der gesamten Energiekette. Für bestehende urbane Versorgungsgebiete sind erste Modellregionen und Pilotprojekte derzeit weltweit in der Erprobung, wie z. B. in Dänemark auf der Insel Bornholm, das von der EU geförderte Forschungsprojekt EcoGrid. Die dortige Energieversorgungsstruktur, bestehend aus Erneuerbaren Energien, Haus- und Industrieanwendungen und Elektrofahrzeugen, soll derart intelligent vernetzt und gesteuert werden, dass die Landanbindung nach Schweden nur noch für Notfälle genutzt werden soll. Voraussetzung für diese Art Insellösung ist die Verknüpfung der Strominfrastruktur mit einer IT-Infrastruktur — ein Smart Grid. Die Einführung von IT-Infrastruktur in unsere alltägliche Energieversorgungsstruktur wird vielfältige Implikationen hervorrufen, nicht nur technischer Art, sondern auch auf Seiten des Service Angebotes.

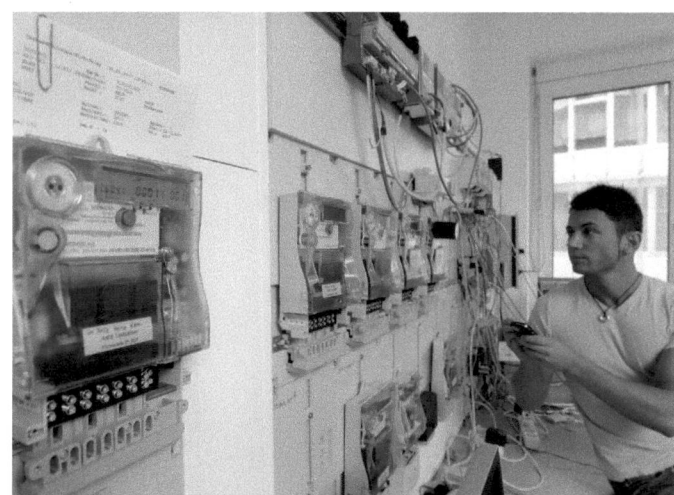

Abb. 12.11 Intelligente Stromzähler sparen Energie und Kosten. Quelle: Siemens-Pressebild

Die enormen Veränderungen unseres Energiesystems mit seinen z.T. über viele Jahrzehnte gewachsenen Infrastrukturen sind für einzelne Teilnehmer an diesem System kaum noch zu überschauen. Die Gestaltung des Neuen Stromzeitalters erfordert den Expertenaustausch aus verschiedensten Disziplinen inklusive der Sozialwissenschaften, um die Vielzahl der Einflussfaktoren einzuschätzen und Trends zu verstehen. Mit Hilfe des Open Innovation Ansatzes, d. h. die Welt als das Labor zu verstehen, versuchen wir bei Siemens die Vielzahl von Ideen und Meinungen zu filtern und zu schlüssigen Bildern zusammenzufügen. Mittels Extrapolation von Roadmaps als auch Retropolation von Szenarien ergeben sich daraus Handlungsmöglichkeiten gerade auch für die Technologieentwicklung. Zusammenfassend lässt sich festhalten, dass sich das zukünftige Energiesystem durch deutlich höhere Komplexität in Folge eines zunehmenden Strombedarfs mit steigenden Ansprüchen an Lastmanagement und Energieservice auszeichnet. Nur eine intelligente Lösung auf Basis eines Smart Grids ist in der Lage, den Herausforderungen eines Erzeugungsmixes mit wachendem Anteil erneuerbarer Energien und den erhöhten Serviceanforderungen im Neuen Stromzeitalter gerecht zu werden.

Dieser Beitrag beruht auf einem Vortrag unter demselben Titel, der am 23. April 2010 an der TU Bergakademie Freiberg gehalten wurde sowie einem weiteren Beitrag des Autoren unter dem Titel „Open innovation für die Anforderungen des neuen Stromzeitalters", der in *Forschung für das Zeitalter der erneuerbaren Energien — Themen 2010* erschienen ist und hier mit Genehmigung der Herausgeber, dem Forschungsverbund Erneuerbare Energien (FVEE) verwendet wird.

Quellenverzeichnis

EWEA (2008) Report March 2008: Pure Power — Wind Energy Scenarios up to 2030. 60 S.

IEA (2009) World Energy Outlook 2009. International Energy Agency. 22 S.

TNS Infratest (2004) Horizons 2020. A thought-provoking look at the future. 304 S. Diese Publikation wird komplementär von einer Siemens-internen Publikation ergänzt, die auf Wunsch Interessenten zugesandt werden kann (Siemens o.J.) Picture of the future of power transmission and distribution

Kernaussagen

- Energie muss bezahlbar bleiben. Deshalb ist folgender Dreisatz zur Entwicklung eines nachhaltigen Energiesystems notwendig: (a) volkswirtschaftlich sinnvolle Ausrichtung des Energiemixes aus konventioneller und erneuerbarer Stromerzeugung, (b) Effizienzsteigerung entlang der gesamten Energiesystemkette sowie (c) Infrastruktur- und Länder-übergreifende Optimierung des Energiesystems.

- Elektrische Energie wird zum wichtigsten Energieträger weil sie so effizient erzeugt, übertragen und in der Endanwendung eingesetzt werden kann. Zudem gestattet sie die direkte und hocheffiziente Integration von großen Mengen Erneuerbarer Energien wie Wind und Solar.

- Zunehmend werden Infrastrukturen an das Stromnetz anschließen, z. B. Wärmeversorgung über Wärmepumpen und Elektrische bzw. elektrifizierte Autos. Der Bedarf nach Elektrizität als wertvollster Energieträger steigt deshalb stärker als der Energiebedarf.

- Dem Stromnetz kommt eine ganz zentrale Bedeutung zu. Um Schritt zu halten mit den Veränderungen auf Erzeugungs- und Lastseite ist in allen Regionen der Welt ein strategischer Übertragungsnetzausbau aber auch ein strategischer Verteilnetzausbau notwendig. In China und Indien werden bereits Supergrids erstellt, d. h. Ultrahochspannungs-Stromtransportnetze zur hocheffizienten Weitbereichsübertragung von Strom.

- Gasturbinen bzw. Gas und Dampfturbine-Kraftwerke werden aufgrund ihrer hohen Effizienz, niedrigen CO_2-Emissionen und flexiblen Fahrweise zunehmend eingesetzt. Sie harmonieren ideal mit den volatilen Erneuerbaren Wind und PV.

- Der globale Erzeugungsmix wird einen zunehmenden Anteil an erneuerbarer und verteilter Erzeugung haben. Jede Region hat hierbei eigene Ausprägungen, z. B. starke dezentrale Windenergieerzeugung und Kraft-Wärme-Kopplung in Dänemark, viel Wasserkraft in Kanada und Brasilien oder einen großen Anteil von

...

...Kernaussagen

- Kohlekraftwerken in China. Zur CO_2-Emmissionsreduktion insbesondere von Kohlekraftwerken ist der Einsatz von Carbon Capture und Storage Technologien notwendig.

- In Regionen wie Indien, Afrika und Lateinamerika werden sich aus wirtschaftlichen Gründen verstärkt sogenannte Mikrogrids ausbilden, d. h. Energie-autarke Inselnetze, die nicht an das Verbundnetz angeschlossen sind. In diesen Regionen geht es zudem um eine Basis-Elektrifizierung.

- Verschiedene Arten von Energiespeichern werden neben den bekannten Pumpspeicher-Kraftwerken auf allen Spannungsebenen und sowohl bei Erzeugung, im Netz und auf der Lastseite eingesetzt werden, um das zunehmende Ungleichgewicht zwischen Erzeugung und Last auszugleichen.

- Wahrscheinlich wird es eine verstärkte Interaktion zwischen Strom- und Gasnetzen über Elektrolyseure (Wasserstoff-Erzeugung und dann Einspeisung in das Gasnetz, evtl auch vorher Methanisierung) einerseits und Gasturbinen zur Stromerzeugung anderseits geben. Gasnetze werden zukünftig helfen volatile Strommengen abzupuffern, die ansonsten aufgrund von Überlastung des Stromnetzes oder negativer Restlast nicht in die Anwendung geleitet werden können.

- Informations- und Kommunikationstechnologie (IKT) sorgen einerseits für die Sicherstellung der physikalischen Energieflüsse. Es wird sich eine End-to-End Intelligenz vom Kraftwerk über das Netz bis hin zu den Lasten ausbilden („Smart Grids" bzw. „Internet of Things"). Andererseits ermöglicht IKT auch für ganz neue Geschäftsmodelle z. B. rund um Energiehandel, Lastmanagement etc.

- Endkonsumenten werden verstärkt zu Produzenten von elektrischer Energie z. B. durch die PV-Anlage auf dem Dach. Sie werden zu sogenannten „Prosumers". Die entstehende Komplexität erfordert Smart Grid-Lösungen und Energiespeicher.

13 Verfügbarkeit von Rohstoffen mit Blick auf Zukunftstechnologien

Volker Steinbach, Peter Buchholz, Harald Elsner, und Hildegard Wilken

Die weltweite Rohstoffsituation ändert sich seit Beginn des 21. Jahrhunderts zunehmend. Einerseits steigt der Rohstoffbedarf der Schwellenländer drastisch und andererseits werden für neue Technologien neue Rohstoffe benötigt. Die Bundesanstalt für Geowissenschaften und Rohstoffe (BGR) beobachtet und analysiert in den Bereichen Rohstoff- und Wirtschaftsgeologie laufend die internationalen Rohstoffmärkte. Sie untersucht im Vorfeld industrieller Aktivitäten Rohstoffpotenziale und entwickelt Szenarien zur Versorgungssituation. Die sichere und nachhaltige Rohstoffversorgung der deutschen Wirtschaft ist eine entscheidende Grundlage sowohl für Schlüsseltechnologien, wie der Automobilindustrie und dem Maschinenbau als auch für Zukunftstechnologien, wie der Energie-, der Elektronik- und der IT-Industrie. Die Rohstoffversorgung ist für die Zukunftsfähigkeit der deutschen Wirtschaft und dem Erhalt von Arbeitsplätzen von höchster Bedeutung (▶ Kap. 1 und Kap. 4).

Dieser Tatsache Rechnung tragend, wurde unter Federführung des Bundesministeriums für Wirtschaft und Technologie (BMWi) im Oktober 2010 die „Rohstoffstrategie der Bundesregierung" erarbeitet. Als eine strukturelle Maßnahme im Rahmen der Rohstoffstrategie hat das BMWi am 4. Oktober 2010 die Deutsche Rohstoffagentur (DERA) in der Bundesanstalt für Geowissenschaften und Rohstoffe gegründet. Sie dient als Schnittstelle und fungiert für Politik und Wirtschaft als zentrale Informations- und Beratungsplattform.

Ausgehend von einer Analyse der weltweiten Rohstoffsituation und ihrer Bedeutung für Deutschland gibt der vorliegende Beitrag einen Ausblick auf den Rohstoffbedarf für Zukunftstechnologien. Dabei werden insbesondere die Elektronikmetalle Gallium (Ga), Indium (In), Scandium (Sc), Germanium (Ge), Neodym (Nd) und Tantal (Ta) betrachtet, die in Zukunftstechnologien, wie z. B. Photovoltaik, Windkraftanlagen oder Elektromobilität Verwendung finden.

13.1 Die weltweite Rohstoffsituation

Infolge des rasanten Wirtschaftswachstums der Schwellenländer, wie Brasilien, Russland, Indien und China (BRIC) ist der Rohstoffbedarf in diesen Ländern deutlich gestiegen. Während beispielsweise China in den 1980er und 1990er Jahren ein großer Rohstoffexporteur war, ist das Land heute bei vielen Rohstoffen der größte Verbraucher und importiert diese in beträchtlichem Maße. So hat China im Jahr 2000 bei den NE-Metallen Aluminium (Al), Kupfer (Cu), Blei (Pb), Nickel (Ni), Zink (Zn) und Zinn (Sn) zwischen 10 und 15%, im Jahr 2005 zwischen 20 und 25% und im Jahr 2009 zwischen

35 und 45% der weltweiten Produktion verbraucht. Hervorzuheben ist auch, dass seit 2005 ebenfalls Indien bei einigen Rohstoffen zu den Top-5 Verbrauchern aufgestiegen ist (Abb. 13.1). Diese Entwicklung wird sich in den nächsten Jahren voraussichtlich weiter fortsetzen. Dementsprechend haben mittlerweile auch wichtige rohstoffverbrauchende Schwellenländer ihre Rohstoffpolitik strategisch ausgerichtet und entsprechende rohstoffwirtschaftliche Maßnahmen ergriffen.

Auch Wettbewerbsverzerrungen, wie z. B. chinesische Exportzölle und -quoten auf Seltene Erden (SEE), behindern den freien Zugang zu Rohstoffen (▶ Kap. 4). Darüber hinaus sind im globalen Maßstab einige wichtige Rohstoffe auf wenige Firmen und Länder konzentriert. Einige dieser Länder sind politisch instabil und somit für eine kontinuierliche Rohstoffversorgung riskant (Abb. 13.2). Ein besonderes Lieferrisiko besteht entsprechend der hohen Länderkonzentration der Rohstoffproduktion (berechnet aus dem Herfindahl-Hirschman-Index) und dem Länderrisiko-Rating insbesondere für SEE, Wolfram (W), Antimon (Sb), Niob (Nb), Graphit (C), Kobalt (Co), Platin-Gruppen-Metalle (PGE), Flussspat (CaF_2) und Magnesium (Mg). Diese und fünf weitere Rohstoffe, Tantal (Ta), Ga, Ge, In und Beryllium (Be) gehören zu den von der EU-Kommission im Jahr 2010 bezeichneten kritischen Rohstoffen.

Die weltweit steigende Rohstoffnachfrage führte und führt zu einer rasanten Rohstoff-Preisentwicklung. Seit Anfang 2003 bis Anfang 2008 war die längste und größte Rohstoff-Hausse nach dem zweiten Weltkrieg zu verzeichnen; über einen Zeitraum von 62 Monaten und einem nie zuvor erreichtem Anstieg auf das 5- bis 8-fache. Aufgrund der weltweiten Finanz- und Wirtschaftskrise sind 2008 die Rohstoffpreise signifikant um 43–69% eingebrochen. Die aufgelegten staatlichen Konjunkturprogramme der G20-Staaten führten seit Anfang 2009 weltweit zu Nachfrageimpulsen und somit zur Stabili-

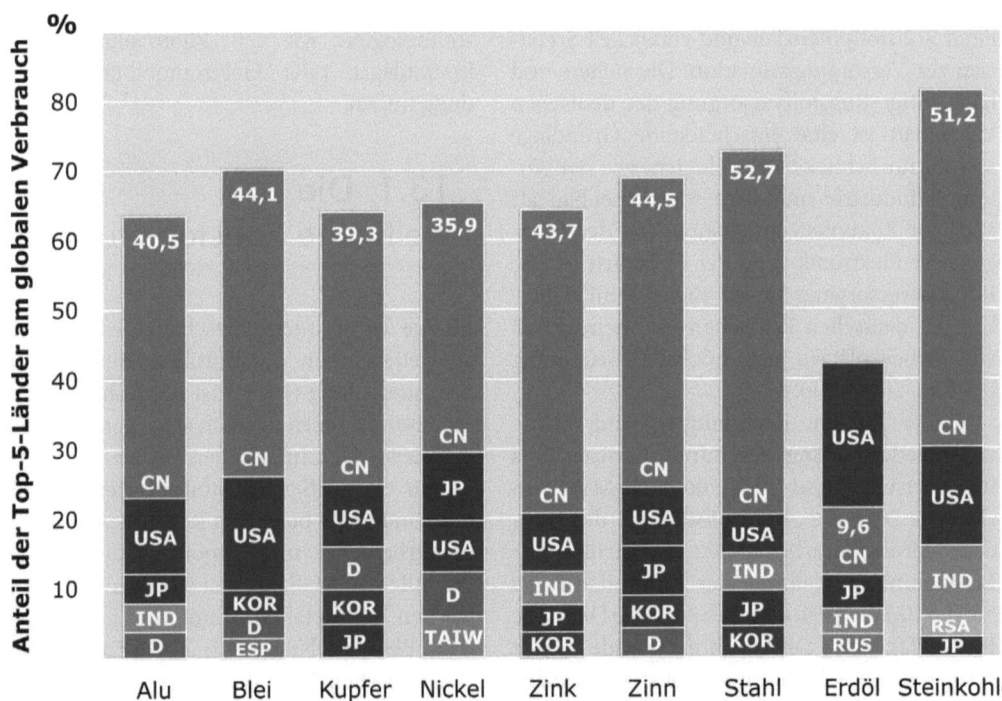

Abb. 13.1 Globaler Verbrauch wichtiger Rohstoffe (2009)

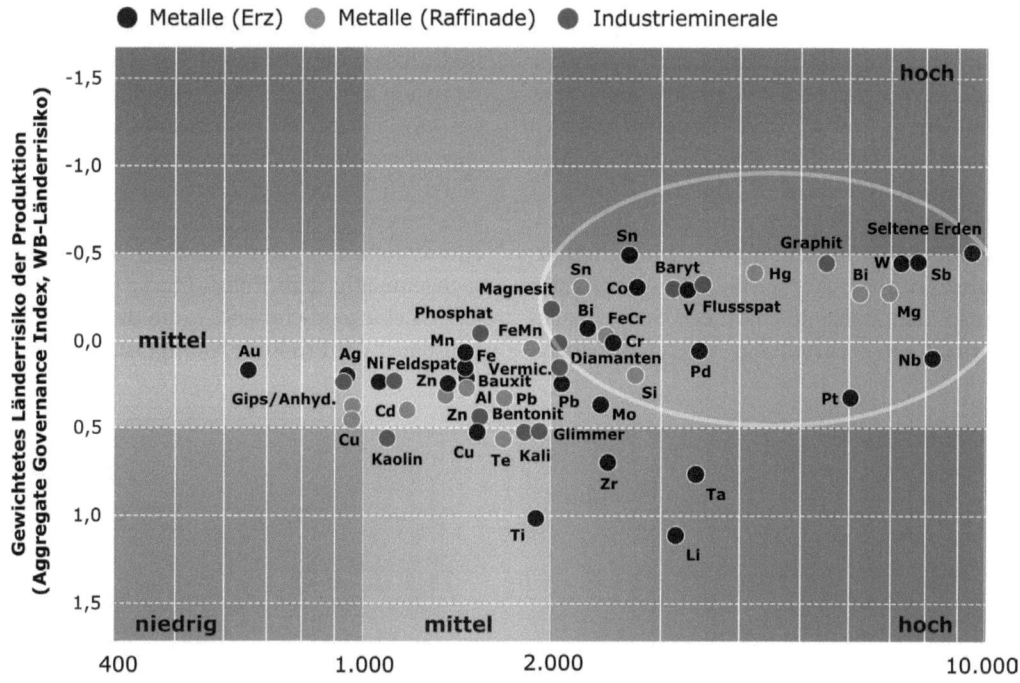

Abb. 13.2 Länderkonzentration und gewichtetes Länderrisiko der globalen Rohstoffproduktion 2008/2009 berechnet aus den World Development Indicators 2006–2008 der Weltbank (WB) und der Raffinade- und Bergwerksproduktion; Wertebereich −2,5 bis +2,5. Quelle: BGR (2010)

sierung des Weltmarktes. Ein maßgeblicher Konjunkturmotor war die chinesische Volkswirtschaft, die in der Rezessionsphase die Inlandnachfrage, einschließlich großer Infrastrukturprojekte, stark ankurbelte. Seit Mitte 2009 steigen die Rohstoffnachfrage und die Rohstoffpreise weltweit deutlich an und haben fast das Niveau von 2007/2008 erreicht (Abb. 13.3).

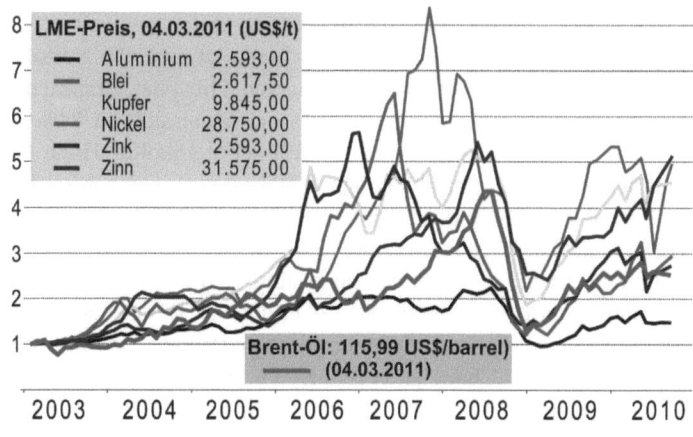

Abb. 13.3 Relative Preisentwicklung der LME-Metalle (London Metal Exchange); (Monatsdurchschnitt, Januar 2003 = 1)

Geschlossene Stoffkreisläufe, bei denen die Nachfrage vollständig aus Recyclingmaterial gedeckt wird, sind nach überwiegender Expertenmeinung in absehbarer Zukunft global nicht erreichbar. Die idealisierte Wachstumskurve des Rohstoffverbrauches zeigt die Grenzen für die möglichen Recyclingmengen (Abb. 13.4). Fallbeispiel 1: In Zeiträumen des wachsenden Rohstoffverbrauches — derzeit insbesondere durch den Rohstoffbedarf der Schwellenländer bedingt — besteht ein deutliches mengenmäßiges Defizit verfügbarer Sekundärrohstoffe. Bildlich dargestellt bedeutet dies, dass beispielsweise in China beim Recyceln eines Fahrrads aus den entsprechenden Sekundärrohstoffen allein mengenmäßig kein Auto produziert werden kann. Fallbeispiel 2: In Zeiträumen eines konstanten Rohstoffverbrauches — Sekundärrohstoffe aus dem Recycling entsprechen mengenmäßig dem Rohstoffbedarf — besteht jedoch eine zeitliche Lücke, die durch die Lebensdauer der Produkte bedingt ist.

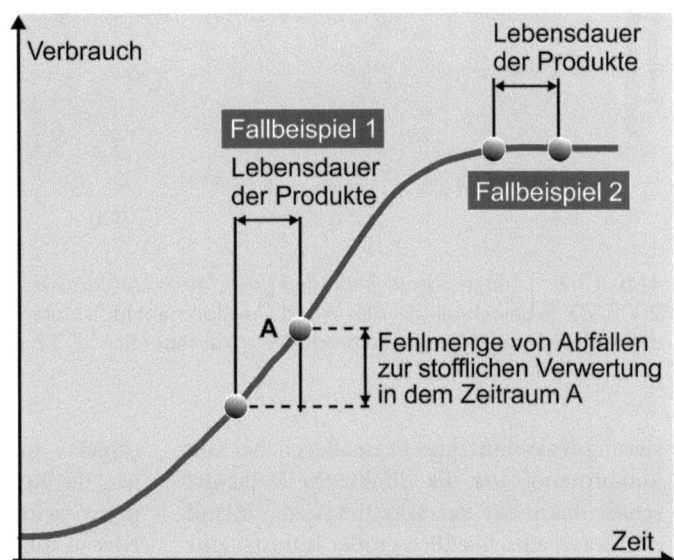

Abb. 13.4 Idealisierter Verlauf des Rohstoffverbrauchs

13.2 Rohstoffsituation Deutschlands

Bezogen auf Baurohstoffe, Industrieminerale, Stein- und Kalisalz sowie Braunkohle ist Deutschland ein rohstoffreiches Land. Deutschland ist jedoch bei Energierohstoffen zu einem sehr hohen Anteil und bei Metallrohstoffen zu 100% von Importen abhängig.

Deutschland deckt bei Baurohstoffen und Braunkohle den Eigenbedarf vollständig und ist bei Braunkohle sogar der weltweit größte Produzent. Deutschland ist zu 100% Nettoimporteur bei Metallerzen, Phosphat, Graphit und Magnesit, zu 97% bei Mineralöl, zu 84% bei Erdgas und zu 72% bei Steinkohle. Hohe Importabhängigkeiten bestehen bei zahlreichen Industriemineralen und Metallraffinadeprodukten (Abb. 13.5).

Bei den Recyclingraten der Raffinadeprodukte Pb, Cu, Al und Zn ist Deutschland weltweit führend und kann dadurch die Importabhängigkeit reduzieren. Bei anderen Rohstoffen wie Kalisalz, Schwefel (S), Gips ($CaSO_4 \cdot 2H_2O$)

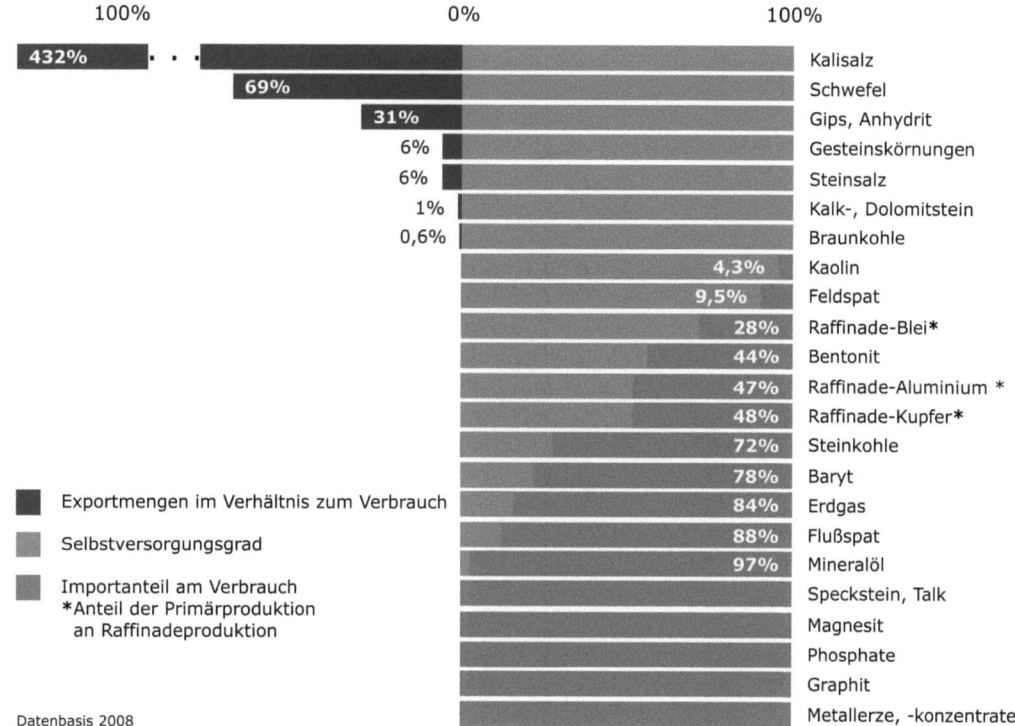

Abb. 13.5 Importabhängigkeit und Selbstversorgungsgrad Deutschlands

und Anhydrit (CaSO$_4$) ist Deutschland sogar Nettoexporteur.

Die Rohstoffversorgung ist sozusagen das „Nadelöhr" für die deutsche Wirtschaft, insbesondere für Schlüsseltechnologien und Hightechtechnologien. Im Zeitraum von 2003 bis 2008 hat sich der Wert der Rohstoffimporte für Energierohstoffe und Metalle (Erze und Metalle der ersten Verarbeitungsstufe) von 54 Mrd. € auf 127 Mrd. € mehr als verdoppelt. Während im Jahr 2009, dem Jahr der Wirtschafts- und Finanzkrise, die Rohstoffimporte auf 86 Mrd. € sanken, ist für 2010 mit einem deutlichen Anstieg zu rechnen. Zweidrittel der Rohstoffimporte entfallen auf die Energierohstoffe, Erdöl, Erdgas und Kohle, das andere Drittel auf mineralische Rohstoffe, insbesondere auf Metalle (Abb. 13.6a und 13.6b).

Im Vergleich zu den Rohstoffimporten produzierte Deutschland 2009 Rohstoffe im Wert von 17,5 Mrd. € und das Rohstoffrecycling belief sich im gleichen Zeitraum auf ca. 10 Mrd. €. Dieses Verhältnis von Import, Eigenproduktion und Recycling zeigt deutlich, dass:

a) Deutschland in hohem Maße vom weltweiten Rohstoffmarkt abhängig ist und somit faire globale Handels- und Wettbewerbsverhältnisse benötigt,

b) das Eigenpotenzial an Rohstoffen, insbesondere Baurohstoffen, Kali- und Steinsalz und Braunkohle für eine nachhaltige Rohstoffversorgung einen wesentlichen Beitrag leistet und für die Deckung des Rohstoffbedarfs für den Bau- und Infrastrukturbereich grundlegend ist und

c) die im weltweiten Vergleich hohen Recyclingkapazitäten weiter ausgebaut werden müssen.

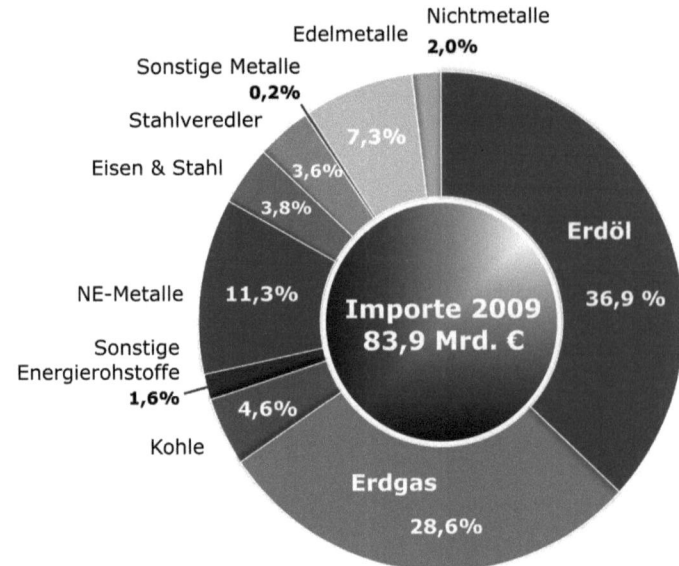

Abb. 13.6a Wert der importierten Rohstoffe Deutschlands 2009. Anteile am Gesamteinfuhrwert in %. Quelle: BGR (2010)

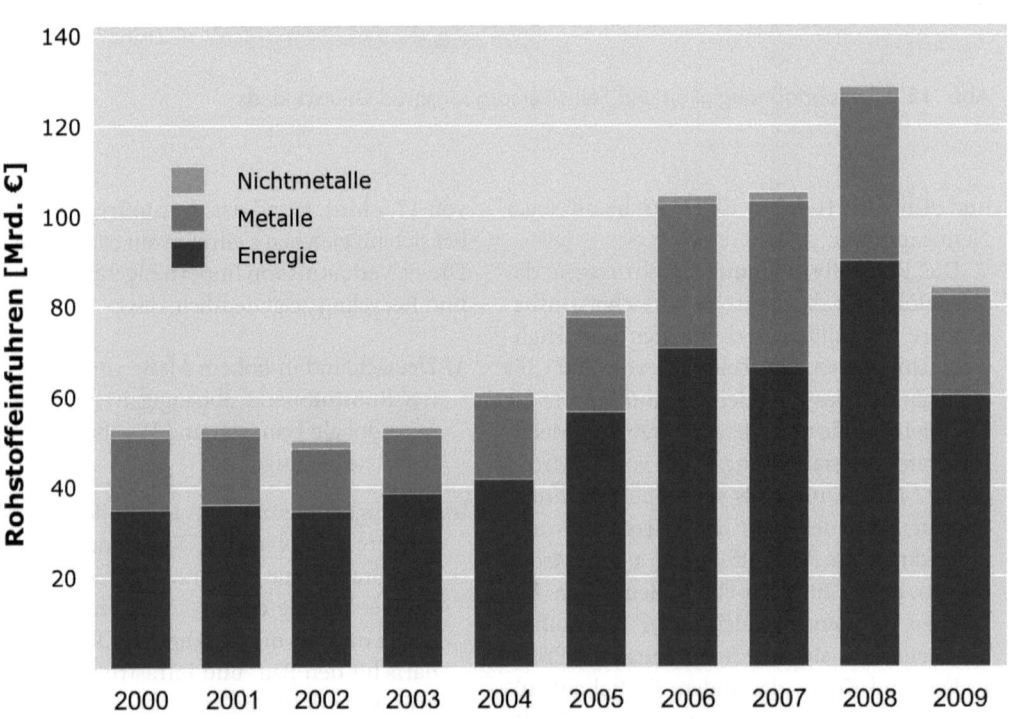

Abb. 13.6b Wert der importierten Rohstoffe Deutschlands 2000–2009

Auch im Hinblick auf neue Technologieentwicklungen, vor allem beim Ausbau der erneuerbaren Energien und der Elektromobilität ist in den nächsten Jahren mit einem steigenden Bedarf an Metallrohstoffen, insbesondere an sogenannten Hightechrohstoffen, wie SEE, Lithium (Li), Ta, In, Ge etc. zu rechnen. Diese Gesamtsituation kann mittelfristig Auswirkungen für deutsche und europäische Unternehmen beim Zugang zu Rohstoffen haben.

Ordnungspolitisch gilt in Deutschland, dass es grundsätzlich Aufgabe der Wirtschaft ist, ihre Rohstoffversorgung sicherzustellen. Aufgabe des Staates ist es, die politischen, rechtlichen und institutionellen Rahmenbedingungen für eine international wettbewerbsfähige Rohstoffversorgung zu schaffen (▶ Kap. 1 und Kap. 4). Diese Maßnahmen betreffen vor allem die Unterstützung der Wirtschaft durch rohstoffpolitische Förderinstrumente, Forschungsförderung sowie die außen- und entwicklungspolitische Begleitung von Rohstoffinteressen im Ausland. Ein wichtiger Aspekt für die nachhaltige Sicherung der Rohstoffversorgung ist die gesellschaftliche Akzeptanz (Abb. 13.7). Einerseits bilden Rohstoffe eine wichtige Voraussetzung für die Verbesserung unserer Lebensbedingungen. So werden Düngemittel wie Kali und Phosphor (P) für die Nahrungsmittelproduktion, Metalle wie Cu, Eisen (Fe) oder Ta für die Mobilität, Kommunikation und die Medizintechnik sowie Baurohstoffe, wie Sand und Kies für Wohnungsbau und Infrastruktur benötigt. Andererseits ist die Gewinnung von Rohstoffen im Zeitraum der Förderung ein Eingriff in die Natur, der soweit wie möglich zu minimieren und ökologisch vertretbar zu gestalten ist.

13.3 Hightech-Rohstoffe und zukünftige Rohstoffpotenziale

Vielschichtige globale gesellschaftliche Veränderungsprozesse, bedingt einerseits durch den ständig zunehmenden Bedarf an Mobilität und den enorm wachsenden Drang nach uneingeschränkter globaler Kommunikation und andererseits durch das wachsende Bewusstsein zum Klima- und Umweltschutz, führen derzeit zu regelrechten Technologiesprüngen und Innovationsschüben. Die Entwicklung, Einführung und Umsetzung der sogenannten Zukunftstechnologien, wie z. B. Dünnschichtphotovoltaik, Lasertechnik, Brennstoffzellen, Infrarot

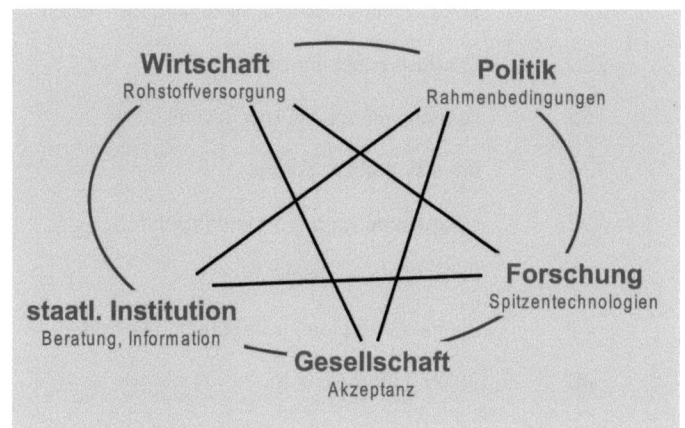

Abb. 13.7 Wechselspiel der verschiedenen Akteure für eine nachhaltige Rohstoffversorgung

optische Technologien, Permanentmagneten für Windkraftanlagen, solarthermische Kraftwerke oder Hochleistungselektrizitätsspeicher erfordern spezifische Rohstoffe wie In, Ga, Ge, SEE etc. (Tabelle 13.1).

Diese sogenannten Elektronikmetalle sind meist Koppelprodukte des Kupfer-, Blei-Zink- oder Bauxitbergbaus etc., so dass es nicht möglich ist, die Produktion dieser Metalle beliebig zu erhöhen. Weiterhin ist bisher kaum ein Recycling dieser Metalle technologisch möglich, da sie meist nur in kleinsten Konzentrationen in verschiedensten Metalllegierungen und Produkten verwendet werden. Ein Potenzial besteht derzeit bei der Gewinnung dieser Metalle als Beiprodukt der verschiedenen Hütten- und Aufbereitungsprozesse. Im Bereich Recycling ist ein zielgerichtetes und rohstoffspezifisches Forschungs- und Entwicklungsengagement erforderlich.

Die 2009 gemeinsam vom Fraunhofer-Institut für System- und Innovationsforschung und dem Institut für Zukunftsstudien und Technologiebewertung im Auftrag des Bundesministeriums für Wirtschaft und Technologie erarbeitete Studie „Rohstoffbedarf für Zukunftstechnologien" gibt wertvolle Hinweise auf mögliche Bedarfsentwicklungen bei mineralischen Rohstoffen. Besonders hohe Nachfragezuwächse wurden in dieser Studie

Tabelle 13.1 Globaler Rohstoffbedarf für Zukunftstechnologien im Jahr 2006 und 2030; Verhältnis des Rohstoffbedarfs für Zukunftstechnologien zur gesamten heutigen Weltproduktionsmenge des jeweiligen Rohstoffs. Quelle: nach Angerer et al. (2009); * Von BGR aufgrund neuerer Daten neu berechneter Wert. Abk.: *IC* Integrierter Schaltkreis (Integrated Circuit); *WLED* weiße Leuchtdioden (engl. White Light Emitting Diode); *SOFC* Festoxidbrennstoffzelle (engl. Solid Oxide Fuel Cell); *RFID* Radiofrequenz Identifikation (engl. Radio Frequency Identification); *XtL* Sammelbegriff für *GtL* (gas to liquid), *CtL* (coal to liquid), und *BtL* (biomass to liquid) Verfahren

Rohstoff	2006* in %	2030* in %	Zukunftstechnologien (Treiber)
Gallium (Ga)	18	397	Dünnschicht-Photovoltaik, IC, WLED
Indium (In)	40	329	Displays, Dünnschicht-Photovoltaik
Scandium (Sc)	gering	231	SOFC Brennstoffzellen, Al-Legierungselement
Germanium	28	220	Glasfaserkabel, infrarot
Neodym (Nd)	23	166	Permanentmagnete, Lasertechnik
Platin (Pt)	gering	135	Brennstoffzellen, Katalyse
Tantal (Ta)	40	102	Mikrokondensatoren, Medizintechnik
Silber (Ag)	28	83	RFID, Bleifreie Weichlote
Zinn (Sn)	57	71	Bleifreie Weichlote, transparente Elektroden
Kobalt (Co)	21	43	Lithium-Ionen-Akku, XtL
Palladium (Pd)	9	29	Katalyse, Meerwasserentsalzung

von Angerer et al. (2009) für Ga, In, Sc, Ge, Nd und Ta ermittelt. In Tabelle 13.1 ist dargestellt, zu welchem Prozentsatz die Jahresproduktion des jeweiligen Rohstoffes im Jahr 2006 für Zukunftstechnologien eingesetzt wurde und wie hoch der Rohstoffbedarf für die Zukunftstechnologien im Jahr 2030, gemessen an der Weltproduktion 2006, ausfallen könnte.

- bei Ga wurden 2006 ca. 18% der Jahresproduktion für Zukunftstechnologien (Leuchtdioden, Wafer für Hochfrequenzbauteile, hocheffiziente Solarzellen, optoelektronische Bauelemente) eingesetzt; im Jahr 2030 werden es fast 400% der Jahresproduktion 2006 sein,
- bei In wird der Anteil von 40% (2006) auf ca. 330% (2030) für den Einsatz in Zukunftstechnologien (Dünnschicht-Photovoltaik und Displays) steigen,
- Sc wurde 2006 nur in geringen Mengen für Zukunftstechnologien (Brennstoffzellen und Leichtmetalllegierung) eingesetzt; 2030 wird der Anteil bei ca. 230% liegen,
- bei Ge wird der Anteil von knapp 30% (2006) auf ca. 220% (2030) für den Einsatz in Glasfaserkabeln sowie für Infrarot optische Technologien steigen,
- Nd wurde 2006 zu etwa 23% in Permanentmagneten und in der Lasertechnik eingesetzt; 2030 wird dieser Anteil bei ca. 170% liegen (in Abhängigkeit des weltweiten Ausbaus der Windkraftanlagen könnte dieser Anteil noch höher sein),
- Ta wurde 2006 zu 40% für Mikrokondensatoren und in der Medizintechnik eingesetzt; dieser Anteil wird bis 2030 auf über 100% steigen.

Für diese Elektronikmetalle legte die BGR eine erste Einschätzung des Lagerstättenpotenzials und der Verfügbarkeit bis 2030 vor (Elsner et al. 2010). Das Ergebnis der Untersuchungen legt nahe, dass für In, Sc und Ta auch bei stark zunehmender Nachfrage keine Versorgungsengpässe zu erwarten sind. Dies setzt jedoch voraus, dass: a) die entsprechenden technologischen Potenziale bei der Gewinnung als Begleitrohstoffe bzw. Reststoffe durch den Ausbau der Aufbereitungs-, Aufschluss- und Hüttenprozesse ausgeschöpft werden und b) keine unvorhergesehenen Ereignisse, wie beispielsweise Lieferunterbrechungen infolge geopolitischer Konflikte, eintreten.

Für eine auch zukünftig ausreichende Versorgung mit Ga müssten die Raffinadekapazitäten für die bereits heute etablierte Galliumgewinnung aus der bestehenden Bauxitaufbereitung erhöht werden. Auch das Ausbringen könnte durch Innovationen im Bereich Forschung und Entwicklung verbessert werden.

Für Ge besteht nach derzeitigem Kenntnisstand ein erhöhtes Versorgungsrisiko, verstärkt durch ein erhöhtes Länderrisiko der Produktion, das vermutlich auch bei Umsetzung aller derzeitigen alternativen Versorgungsansätze bestehen bleiben wird. Eine Untersuchung des Recyclingpotenzials sowie des Potenzials an Germanium und evtl. anderer seltener Spurenelemente in Rohstoffvorkommen weltweit erscheint daher sinnvoll. Hierbei sind für Deutschland besonders die Potenziale in heimischen und Importkohlen von Interesse.

Für Nd und weitere SEE, speziell Dysprosium (Dy), Terbium (Tb) und Europium (Eu) wird selbst dann bis zum Jahr 2030 ein Versorgungsengpass eintreten, wenn die Projekte Mt. Weld in Australien, Mountain Pass in den Vereinigten Staaten oder Kvanefjeld in Grönland in Produktion gehen werden. Wie die sich entwickelnde Angebotslücke geschlossen werden kann, ist derzeit nicht absehbar.

Deutsche Unternehmen sollten sich bezüglich Ge und SEE frühzeitig alternative Lieferquellen aufbauen, um die Versorgung innerhalb der Lieferkette zu sichern und Preisrisiken bei Rohstoff- und Produktionseinkäufen abzufedern. Auch die Beteiligung an internationalen Bergbauprojekten ist eine wichtige Option für die Sicherung der Rohstoffversorgung.

Quellenverzeichnis

Angerer G, Marscheider-Weidemann F, Lüllmann A, Erdmann L, Scharp M, Handke V, Marwede M (2009) Rohstoffe für Zukunftstechnologien — Studie des Fraunhofer-Institut für System- und Innovationsforschung ISI und des Institut für Zukunftsstudien und Technologiebewertung IZT gGmbH im Auftrag des Bundesministeriums für Wirtschaft und Technologie: 383 S., 89 Abb., 163 Tab.; Karlsruhe, Berlin.

BGR (2010) Rohstoffwirtschaftliche Länderstudien, Band XXXIX, Bundesrepublik Deutschland: Rohstoffsituation 2009: 205 S., 43 Abb. 83 Tab.; Hannover.

Elsner H, Melcher F, Schwarz-Schampera U, Buchholz P (2010) Elektronikmetalle — zukünftig steigender Bedarf bei unzureichender Versorgungslage; BGR Commodity Top News 33: 6 S.; Hannover.

Elsner H, Liedtke M (2009) Seltene Erden; BGR Commodity Top News 31: 13 S.; Hannover.

Steinbach V, Wellmer F-W (2010) Consumption and Use of Non-Renewable Mineral and Energy Raw Materials from an Economic Geology Point of View, Sustainability, 2, 1408–1430; Basel.

Kernaussagen

- Zukunftstechnologien erfordern sogenannte Hightech-Rohstoffe, wie Seltene Erden, Indium, Germanium, Gallium etc.. Zur Versorgungssicherung müssen entsprechende Bergbau- und Aufbereitungskapazitäten in den kommenden Jahren stark ausgebaut und Recyclingtechnologien entwickelt werden.

- Deutschland ist ein rohstoffreiches Land — in Bezug auf Baurohstoffe, viele Industrieminerale, Stein- und Kalisalz sowie Braunkohle.

- Bei Energierohstoffen ist Deutschland in hohem Maße und bei Metallen fast ausschließlich von Importen abhängig.

- Die weltweite Rohstoffsituation hat sich seit dem Beginn des 21. Jahrhunderts wesentlich geändert. Der Rohstoffbedarf der Schwellenländer, insbesondere der BRIC-Staaten steigt stark an.

- Beim Recycling ist Deutschland bereits bei vielen Rohstoffen führend. Insbesondere für Hightech-Rohstoffe besteht jedoch ein großer Entwicklungsbedarf von Recyclingtechnologien.

- Zur langfristigen Sicherung der Rohstoffversorgung Deutschlands hat die Bundesregierung im Oktober 2010 die Rohstoffstrategie vorgelegt. Die Wirtschaft ist für die Rohstoffversorgung verantwortlich, die Politik für die entsprechenden Rahmenbedingungen.

- Im Oktober 2010 wurde die Deutsche Rohstoffagentur (DERA) in der Bundesanstalt für Geowissenschaften und Rohstoffe als Schnittstelle und Informationsplattform für die deutsche Wirtschaft und Politik gegründet.

Fazit

Die Beiträge machten deutlich, dass es nur von Vorteil ist, die gegenwärtigen Herausforderungen als Chance für die Zukunft zu betrachten, die es zu ergreifen gilt. Als wesentliche Aussagen möchten wir zusammenfassen:

1. Alle Anstrengungen sind darauf zu richten, durch die Erhaltung des Energiemixes eine ausreichende Energie- und Ressourcenversorgung der Welt zu sichern.

2. Ein Aufgeben des einen oder anderen Energieträgers ist erst möglich, wenn ein entsprechender realistischer Ersatz vorhanden ist. Der Weg zu erneuerbaren Energien, den alle gehen wollen, entspricht einer Energierevolution. Diese muss sauber durchgerechnet und dann ausgeführt werden. Zurzeit sind wir global noch nicht so weit, es uns leisten zu können, auf einen Energieträger zu verzichten. Für die weitere Entwicklung sind Zeit und Geld notwendig, um ausgereifte Systeme zu entwickeln.

3. Es besteht Einigkeit, die Kernenergie als Übergangsenergie zu betrachten, obwohl sie weltweit stark ausgebaut wird. Warum wird dann nicht der Weg zu neuen Energiesystemen viel intensiver verfolgt, wie z. B. die Erzeugung von Energie und chemischen Grundstoffen mit Kugelbettöfen oder die Wasserstofferzeugung? Gerade aus der Sicht des Umweltschutzes muss diese Energieform sehr ernsthaft geprüft werden.

4. Die Chancen und Investitionskosten der Energieeffizienz sind sehr groß und zeitnah nutzbar. Große Einsparpotentiale sind hier zu realisieren, sie sind allerdings mit erheblichen, aber sehr sinnvollen Investitionen verbunden.

5. Sinnvolle Investitionen, gepaart mit Innovationen können den nachhaltigen Umgang mit dem Rohstoff Kohlenstoff zu einem lohnenden Geschäft machen. Allerdings ist die Offenheit zu neuen technischen Lösungen eine zwingende Voraussetzung, gepaart mit innovativen oder auch unkonventionellen Lösungen. CO_2, der Rohstoff, aus dem das Leben kam, derzeit als Unheilsbringer gegeißelt, kann in Form von Methanol die Tür in das nach-fossile Zeitalter aufstoßen.

6. Es gibt genug nicht-energetische Rohstoffe auf der Welt, allerdings muss die Bereitstellung der Rohstoffe auf der Zeitachse betrachtet werden. Dabei kann es zu erheblichen, allerdings vorübergehenden Engpässen kommen. Die notwendige Vorlaufzeit für den Aufschluss neuer Gruben dauert zehn Jahre und mehr, die Nachfrage nach unterschiedlichen Rohstoffen schwankt stark, und die Zeitachse des Bedarfwechsels schwankt zunehmend in Richtung kürzerer Zeiteinheiten (1–2 Jahre). Hier müssen Lösungen gefunden werden. Vor Aufnahme der Produktion eines neuen

Produktes muss die Frage geklärt sein, ob die notwendigen Rohstoffe in den gewünschten Mengen und in der Zeiteinheit überhaupt zur Verfügung stehen.

Diese und viele weitere Perspektiven zeigen die vorliegenden Beiträge auf. Um unsere Zukunft muss uns nicht bange sein, wenn wir sie nur anpacken.

Freiberg, im Juni 2011

Jörg Matschullat, Martin Bertau, Jens Gutzmer und Peter Kausch

Sachverzeichnis

A

Aachen 114, 117
Abbrand(raten) 89, 144
Abfall 6, 54f, 57, 89, 91, 94, 102, 115, 143f
Abhängigkeit 7, 29, 33f, 42f, 68, 50f, 81f, 90f, 96, 101, 106f, 114, 116, 121, 135, 137, 145, 147, 174f, 179
Abs, Hermann Josef 113
Abu Dhabi 111, 114
Acrylsäure 146
Adenauer, Konrad 109ff
Afrika 4, 14, 33, 36, 48, 55, 102f, 114, 156, 158, 165, 170
Agrar(fläche/n) 132f
Akkumulator(en) 82f, 141
▶ Speicher
Aktinide (Elemente) 91, 94
Akzeptanz 67, 91, 93, 177
Al ▶ Aluminium
Algen (Phytoplankton) 16
▶ Biomasse
Alkohol ▶ Kohlenwasserstoff(e) 117, 119, 125, 147
Altauto(s) 6, 55
Altholz 6, 143 ▶ Holz
Aluminium (Al; Element) 6, 42f, 51, 79, 170ff
Ammoniak (NH_3) 95
Amortisation 9, 67, 165
Anästhesie(gas) 100

Anhydrit ($CaSO_4$) 42f, 173, 175
Angola 15
Antimon (Sb; Element) 172
Aquifergas 31f ▶ Gas
Arabische Halbinsel 85
Arbeitsplatz, Arbeitsplätze 5, 64, 67f, 71, 115, 121, 135, 142, 151, 171
Argon (Ar; Element) 99f, 107
Asien 14, 16, 34, 70, 161, 166
– Asien-Pazifik 16f
Asinger, Friedrich 138
Atmosphäre (Geowissenschaften) 74, 78, 136f, 144, 148f
Atom(kraft) 111 ▶ Kernenergie
– Atomkraftwerk(e) ▶ Kraftwerk(e)
Aufforstung 66 ▶ Holz, Wald
Aufzug = Fahrstuhl (Transport) 153
Auslegung (Tech.) 92f, 95
Austral-Asien 34
Australien 15, 34f, 48, 179
Automobil 46, 64, 83, 171
▶ Kraftfahrzeug, Transport
Azetylen (HC_2H; Gas) 99, 107

B

Barnett Shale 17, 19
Baryt ($BaSO_4$) = Schwerspat 43, 173

Bauindustrie 42 ▶ Industrie
Bauwirtschaft 67f ▶ Wirtschaft
Bauxit (Mineral) 178f
Bayern 158, 166
Batterie(n) 6, 70, 161
▶ Akkumulator, Speicher
Bentonit 43, 173
Benzin 64, 67, 111, 120ff, 140f
▶ Brennstoff(e)
Bergbau 3, 5, 52, 110, 113, 118, 120, 138, 142, 178, 180f
Berlin 44, 114, 120
Berrenrath 113
Beryllium (Be; Element) 172
Betriebszuverlässigkeit 91
Biblis A 116 ▶ Kernreaktor
Bildgebung 14 ▶ Seismik
Bilkenroth, Klaus-Dieter 110
Bioabfälle = Biomüll 6
Biobrennstoffe = Biokraftstoff(e) 14, 16, 100, 102, 104, 121, 123
Bioenergie 104, 121f, 126, 131ff
▶ Energie
Bioethanol 64, 104, 106, 123, 125, 131 ▶ Biokraftstoff(e)
Biogas 12, 83, 128ff
Biokraftstoff(e) 12, 16, 123f, 131
Biomasse(anlage) 12f, 14, 27f, 74, 85, 100ff, 124f, 128, 133, 136f, 142ff, 148f, 152
Biorohstoffe 16, 102
Bioschlamm = Bioslurry 104

Biotreibstoff(e) = Biokraftstoff(e) 64, 82, 133
Bitterfeld (Sachsen-Anhalt) 110
Bitumen 30, 103
Blei (Pb) 6, 42f, 83, 91, 170ff
Blockheizkraftwerk (BHKW)
  ▶ Kraftwerk(e) 129, 146
Bonaparte, Napoleon 111, 116
Bor (B; Element) 79
Bornholm 166f
Brandt, Leo 117
Brasilien 14f, 21, 35, 48, 112, 117, 119, 122, 125, 146, 165, 169, 171
Braunkohle ▶ Kohle 5, 28f, 33f, 36ff, 109ff, 147, 174f, 181
Breitband-Internet 166
Brennelement(e) (BE) 92
  ▶ Kernenergie
Brennstoff(e) = Kraftstoff(e) 92
– Brennstoffzelle(n) 178
– synthetische Brennstoff(e) 89, 103, 124, 140f, 146
Brüderle, Rainer 4
Brüssel 114
Bruttoinlandsprodukt (BIP) 11f, 22, 43, 68f
Bruttosozialprodukt (BSP) 11, 21
BtL, Biomass to Liquid (Technologie) 104, 107, 120, 124, 178
Building-Integrated Photovoltaics (BIPV) 82 ▶ Photovoltaik
Bundesanstalt für Geowissenschaften und Rohstoffe (BGR) 5, 27, 171, 181
Bundesministerium für Forschung und Technologie (BMFT) = Bundesministerium für Bildung und Forschung (BMBF) 115
Bundesministerium für Wirtschaft und Technologie (BMWi) 3, 6, 171, 178
Bundesregierung 4ff, 54f, 83f, 160, 171, 181
Bundesverband der Deutschen Industrie (BDI) 4
Butanol 117

C
Cadarache (Frankreich) 114
Cadmium (Cd; Element) 46
Cambridge Energy Research Associates (CERA) 18
Canada 90 ▶ Kanada
Carbon Capture and Storage (CCS) 22f, 34, 64, 170
Carter, Jimmy 117
Cassava (Pflanze) 120
  ▶ Biomasse
Cativa Prozess 145
  ▶ Prozess(e)
Cer (Ce; Element) 44f
Chance(n) vii f, 14, 64, 70f, 95, 123, 125, 133, 135, 138, 181
Charakter (psych.) 111ff
Chile 2
China 3, 21, 34f, 48, 51f, 54, 91, 101, 114, 146, 155, 159, 161f, 164f, 169f, 171, 174
Chlor (Cl; Element 78
– Chlorwasserstoff (HCl) 78
Chongming (China) 162
Chromit (Mineral) 49
Chuxiong (China) 165
CIS-Solarzelle 46
  ▶ Photovoltaik, Solar
Cloud computing 160
Co 172, 178 ▶ Kobalt (Element)
CO 99, 101, 107
  ▶ Kohlenmonoxid
CO-Shift 101, 106 ▶ Technologie
CO_2 20, 65, 74f, 82, 84, 107, 137, 141, 151 ▶ Kohlendioxid
– CO_2-Neutralität 106
– CO_2-Vermeidungskosten 131ff
Coal Bed Methan (CBM) = Kohleflözgas 17f, 31f ▶ Methan
Colorado (USA) 19
Computer(monitore) 54
CRB Metallpreisindex 42, 44
Cu 5f, 42, 46, 51, 171, 178
  ▶ Kupfer (Element)

D
Dänemark 126, 159, 163ff

Dampf(motor) 92, 99, 109, 112, 116, 148, 169
Da Vinci, Leonardo 111
Demokratie 111f, 114f
Desertec (Projekt) 156, 158
  ▶ Solarenergie
Destillat (Technologie) 78, 139
Deutsche Rohstoffagentur (DERA) 171, 181
Deutschland viii, 3ff, 14f, 21, 27ff, 34, 38, 41ff, 50, 54, 56, 68f, 77, 83ff, 93f, 106, 109, 111f, 114ff, 123ff, 157ff, 171, 174ff, 181
Diesel 64, 92, 106, 124, 131, 140, 153, 166 ▶ Brennstoff(e)
– Dieselgenerator(en) 92, 166
Dogger-Bank 163 ▶ Nordsee
Dolomit(stein) 43, 173
Downstream 9
Druckluft(speicher) 66, 83
Duisburger Appell 3
Dung (Dünger) 12, 101, 177
  ▶ Biomasse
Düngemittelindustrie 101, 107
  ▶ Industrie
Düsseldorf 117
Dysprosium (Dy; Element) 45, 179

E
Echtzeit(Monitoring) 84, 159
Eco-City/ies
Eco Grid Bornholm 166f
  ▶ Bornholm
Edelmetalle 42, 174 ▶ Metalle
Edison, Thomas A. 153, 166
EEG = Erneuerbare Energien Gesetz 79, 84, 128, 145, 157
  ▶ Erneuerbare Energie(n)
EEX Leipzig 132
Einstein, Albert 73
Eisen (Fe) 42, 48, 50, 174, 177
  ▶ Stahl
– Eisenbahn 153
– Eisenerz 48ff
Effizienz 6

Sachverzeichnis

Elektrizität 22, 89, 148, 169, 178
Elektro
- Elektroaltgeräte 6
- Elektroauto 153, 161
  ▶ Transport
- Elektrofahrrad 161 ▶ Transport
- Elektrofracken 16
- Elektolyse 145
- Elektrolyseur 147, 170
- Elektromobilität 44, 46, 83, 156f, 160, 166, 171, 177
  ▶ Mobilität, Transport
- Elektromobilitätsgipfel 44
- Elektroschrott 55 ▶ Schrott
Elektronik 51, 57, 158, 171, 178f
- Mikroelektronik 80
Emission(en) 21f, 24, 63, 74, 82, 94, 100, 121, 125, 133, 138, 146
- CO_2-Emission(en) = Treibhausgasemissionen 14, 20, 35, 63ff, 89, 94, 121, 125, 127, 129, 135, 145ff, 154, 165
  ▶ Treibhausgas(e)
- Pro-Kopf-Emission(en) 21f
Endlager(ung) 115, 117
Energie
- Bioenergie 104, 121, 125f, 131f, 135
- Energieangebot 13
- Energieäquivalente 10
- Energiebedarf 20, 22, 27, 35, 37, 63f, 71, 74f, 77f, 84, 169
- Energieeinheit 14, 22
- Energieeinsparung 14, 133
- Energiekosten 69
- Energiemarkt 10, 25, 94, 166
- Energiemix 9, 12f, 38, 76, 160, 166ff, 181
- Energienachfrage 10ff
- EnergiePlus-Haus/häuser 162
- Energiepreise 10, 89
- Energieprognose 9ff, 16f, 20ff
- Energierohstoff(e) 27, 42, 75
  ▶ Rohstoffe
- Energiespeicher 85, 140, 145, 148, 157, 160, 167, 170

- Energieträger 9f, 12ff, 20, 22, 24f, 27ff, 36ff, 73, 75, 82, 85, 91, 94, 100, 104, 107, 121ff, 128ff, 137, 140, 147, 153ff, 162, 166ff, 181
- Energieverbrauch 10, 27ff, 34, 38, 69, 76, 159
- Energiewirtschaft viii, 73, 85, 91 ▶ Wirtschaft
- Energiewirtschaftsgesetz (EWG) 157
- grüne Energie 114, 121
- Solarenergie = Sonnenenergie 12, 73, 76f, 87, 141, 144, 147, 155
Energy Information Administration (EIA) 18
Entwicklung v, 3f, 11ff, 15ff, 19ff, 30, 37, 42, 44, 46, 50f, 54ff, 63, 70, 73, 75f, 79f, 84, 89ff, 94ff, 99ff, 106f, 121, 125f, 130f, 146ff, 154, 156, 158f, 162, 168f, 172f, 177ff, 181
- Entwicklungspolitik 4, 55, 57
  ▶ Politik
Epizentrum 92
Erderwärmung 74
  ▶ Klimawandel
Erdgas 10ff, 23, 27ff, 34, 36ff, 73ff, 101ff, 130, 137ff, 142, 145f, 152, 157, 173ff ▶ Gas, Methan
Erdkruste (Geowissenschaften) 75, 100, 138
Erdöl 9ff, 27ff, 36ff, 68, 73ff, 100, 106, 115, 125, 137ff, 152ff, 162, 170ff ▶ Öl
- Erdölkrise 73
Erdsonde 67 ▶ Geothermie
Erdwärme 27 ▶ Geothermie
Erhard, Ludwig 111f
Erkundung 5, 14 ▶ Exploration
Erlangen 166
Erneuerbare Energie(n) 14, 27f, 34, 37f, 64, 68, 79, 84, 111, 114, 121f, 155ff, 160 162, 167ff, 177, 181 ▶ Energie

- Erneuerbare Energien Gesetz (EEG) 79, 84, 128, 145, 157
Erz(e) v, 3, 5, 42, 48, 50, 173ff
- Kupfererz 5
Erzgebirge v, vii f
Essen (Stadt) 109f
Essigsäure 83, 139, 144, 146ff
Estland 126
Ethanol 104, 106, 111, 114, 117, 120ff, 125, 131
- Bio-Ethanol 104, 106, 131
Etha-Sprit E85 111
EURATOM 94
Euro-Kraftstoff(e) 111ff
Europa 4ff, 16ff, 22f, 33, 41, 48, 65, 81f, 89ff, 100, 111ff, 122, 156ff
Europäische Kommission (EC) 52
Europäische Union (EU) 54f
Europäischer Windverband (EWEA) 155
Europium (Eu; Element) 179
Exploration 2, 5, 9, 14f, 36, 51, 100, 154, 162f ▶ Erkundung
Export 5, 42f, 44, 51, 53ff, 64, 70f, 133, 151, 171ff

F

Fahrrad 159, 172
  ▶ Elektrofahrrad, Transport
Fast Neutron Reactor (FNR) 89
  ▶ Kernreaktor
Fe ▶ Eisen, Stahl
Feldspat 43, 173
Ferrochrom 49
Finnland 35, 89, 112
Fischer-Tropsch Verfahren 100, 104
Flächenverbrauch 16, 119f, 156
  ▶ Verbrauch
Flözgas = Kohleflözgas = CBM 31f
  ▶ Gas
Flüssiggas 97 ▶ Gas, LNG
Flusskraftwerk(e) = Wasserkraftwerk(e) ▶ Kraftwerk(e)
Flussspat (CaF_2) 43, 170, 173

Förderung v, 5, 9, 15, 126, 128, 130f, 133, 137, 140, 160, 175, 193
- Gasförderung 15f, 140
- Ölförderung 15f, 28ff, 137
Forschung v, viii, 4ff, 71, 77, 89, 92, 97f, 101ff, 113, 146f, 158, 165f, 175ff,
Forschungsverbund Erneuerbare Energien (FVEE) 166
Fort Worth 19
Frankreich 41, 89, 97, 102, 109, 112, 126
Freiberg (Sachsen) v, vii f, 3, 5, 10, 41, 60, 101f, 104f, 114, 145f, 166, 182
Frieden (politisch) 74
Friedrich August, der III. 107
Fukushima vii, 90f

G

G8, G20 57
Gärtner, Erwin 108, 111
Gallium (Ga; Element) 46, 52, 169, 176f, 179
Gas(e) ▶ Erdgas
- Biogas 12, 81, 126f, 129f
- Gashydrat(e) 31f
Gebäude 62ff, 80, 154f, 160
 ▶ Haus
Genehmigungsverfahren 55, 87f, 91
Generation II, III, IV 87ff, 109ff, 145, 157 ▶ Kernkraftwerk(e)
Geothermie = Erdwärme 74, 145
Germanium (Ge; Element) viii, 169, 176f, 179
Gerstenmaier, Eugen 110
Gesetz(e) 6, 77, 83f, 89, 91, 93, 143, 155, 193
- Abfallgesetz 6
- Erneuerbare Energien Gesetz (EEG) 79, 84, 128, 145, 157
- Kreislaufwirtschaftsgesetz 6
Getreide (Pflanzen) 120ff
 ▶ Biomasse
Gibraltar 156

Gips ($CaSO_4$ 2 H_2O; Mineral) 42f, 47, 172f
Glas (Material) 46, 51, 77f, 98, 176f
- Glasfaserkabel 51, 176f
Global vii, 10, 12, 14, 20ff, 27ff, 47f, 56, 61f, 68f, 73ff, 83, 87, 113, 131, 140, 143, 154, 156, 167, 170ff, 181
Glühbirne(n) ▶ LED
Goethe, Johann Wolfgang von 109
Gold (Au; Element) ii; 7, 47, 135
Golf von Mexiko 14
Golf-Region = Arabisch-Persischer Golf 30
Graphit (C; Mineral) 43, 115, 170ff
Griechenland 126
Grönland 177
Großbritannien (UK) 41, 54, 155, 157, 161
Grundlast 22f
Guangdong (China) 153, 162
Gülle 124, 126, 129ff
 ▶ Biomasse, Düngemittel
GUS-Länder 33f, 48 ▶ Russland

H

Hahn, Otto 71, 114
Halbleiter(industrie) 44f, 77, 97f
 ▶ Industrie
Halske, Georg 151
Hamburg 44, 54
Hart(braun)kohle 33ff ▶ Kohle
Haus, Häuser 42, 54, 64ff, 80ff, 112, 127, 141, 147, 151, 158, 160, 164f ▶ Gebäude
Haute Marne 102
H/C-Verhältnis 135
Heißdampf-Technik 107
Heizöl 64ff, 122, 127f ▶ Öl
Helium (He; Element und Gas) 89, 91, 97, 105
Hellberg, Franz 108, 111
Herfindahl-Hirschman-Index 47ff, 170

Hessen 5
HIF 5 ▶ Helmholtz Institut für Ressourcentechnologie Freiberg
Hiroshima 112f
Hitler, Adolf 109
Hochofen, Hochöfen 98, 115
Hochtechnologie(n) 72, 163
 ▶ Technologie(n)
Holland = Niederlande (NL) 126
Holz 6, 9f, 12, 71, 73, 122ff, 135, 141, 146 ▶ Biomasse, Wald
- Altholz 6, 141
- Holz-Hackschnitzel 127ff
Horizontalbohrverfahren 19
HP POX, High Pressure Partial Oxidation (Technologie) 101
HWWI-Rohstoffpreisindex 42, 44
Hybrid(antrieb) 44ff, 51, 65, 68f
Hydrierung (Technologie) 93, 137, 139ff, 144f
Hydrocracker (Technologie) 100
Hygiene 98

I

IEA, Internationale EnergieAgentur 27, 30, 36f, 61, 73, 153
Import 4, 16, 27ff, 33, 41ff, 65f, 112, 121, 123, 131, 159, 169, 172ff, 177
- Importabhängigkeit 4, 27ff, 43, 172f, 179
Indien 3, 21, 34f, 48, 54, 109, 144, 162f, 167ff
Indium (In; Element) viii, 46, 52, 169, 176, 179
Indonesien 15, 123
Industrie v, vii, 3f, 7, 9, 22, 39, 41ff, 50ff, 62ff, 77ff, 82f, 87, 89ff, 97ff, 105, 108f, 111ff, 137, 141, 143f, 152, 154, 160, 164f, 169, 172, 179
- Bauindustrie 42
- chemische Industrie 92, 99, 160
- Düngemittelindustrie 99, 105
- Halbleiterindustrie 44f

Sachverzeichnis

- Industrierohstoff(e) 7, 42
  ▶ Rohstoff(e)
- Photovoltaikindustrie 73, 77, 97f

Innovation(en) v, vii, 3, 6, 62, 87, 97, 113f, 131, 157, 166, 175ff, 181

Interministerieller Ausschuss Rohstoffe (IMA Rohstoffe) 4, 55

International Energy Agency (IEA) 27f, 36, 61

Internet-of-Things 158

Investition(en) 4, 9, 11, 22, 43, 64, 66f, 82, 91, 127f, 145, 154f, 181

IP-Adresse 158, 164

Iran 75, 109, 112

IRENA 109

Irland 126

Island 90, 163

Isolation (Bau, Konstruktion) 20, 65, 68, 160

Italien 41, 60, 126, 156

J

Japan 2, 35, 68, 80, 90f, 112, 118, 144f

Johannesburg 101

Jülich 108, 112ff

Junkers, Hugo 114

K

Kalifornien (USA) 158

Kalisalz(e) 5, 42f, 172f, 179
  ▶ Salz(e)

Kalk(stein) 43, 173

Kalkar 115

Kanada = Canada 15, 30, 115, 163, 167

Kaolin 43, 173

Kapital 21, 110ff, 146
- Kapitalbedarf 25

Kartell 50, 56, 111

Kasachstan 35

Katalysator (Technologie) 137, 146

Kernbrennstoff(e) = Nuklearbrennstoffe 29, 35, 38f, 73, 87
  ▶ Thorium, Uran

Kernenergie = Kernkraft 14, 28, 35, 38, 71, 74f, 87ff, 114, 145, 154, 181

Kerngeometrie 93f ▶ Kernreaktor

Kernkraft = Kernenergie 10ff, 23, 27, 35, 62ff, 90, 113ff, 145, 151f
  ▶ Atomkraft, Atomenergie

Kernkühlung 90f

Kernspaltung 71, 75
  ▶ Atomenergie

Kies 175

Klima 21, 27, 34, 61f, 64, 71f, 74, 83, 85, 87, 92, 119f, 123, 129ff, 152, 175
- Klimakonvention 87
- Klimapolitik 21, 130 ▶ Politik
- Klimaschutz 34, 74, 119, 123, 129ff
- Klimawandel 61f, 71ff, 83, 85, 152

Know-How v, 33, 61

Kobalt (Co; Element) 168, 174

Köln 108f, 112f

Kohle 5, 9ff, 22f, 27ff, 36ff, 42, 62ff, 71ff, 93, 98ff, 107ff, 118, 135ff, 152, 162, 168, 172ff
- Anthrazit 40
- Braunkohle 14, 35f, 40f, 43ff, 108ff, 144, 170ff
- Hart(braun)kohle 40f
- Kohleflözgas = CBM ▶ Gas
- Steinkohle 35f, 38, 40, 42, 45, 135, 170
- Kohleveredlung 109
- Kohleverflüssigung 135
- Kohlevergasung 134, 137
- Weichbraunkohle 40ff

Kohlendioxid (CO_2; Gas) 16, 20, 63, 72f, 79, 82, 105, 135, 139, 149 ▶ Treibhausgas(e)
- Kohlendioxidemissionen 14, 20, 35, 62ff, 87, 131, 144f, 163
- Kohlendioxidsenke 142

Kohlenhydrate ($C_n(H_2)_n$)
  ▶ Kohlenwasserstoffe

Kohlenmonoxid (CO; Gas) 97, 99, 105

Kohlenstoff (C; Element) viii, 93, 98, 104, 135ff, 181
- Kohlenstoffbindung 23, 135f
- Kohlenstofflagerstätte(n) 136f
- Kohlenstoffspeicherung 22f, 34, 62 ▶ CCS
- organischer Kohlenstoff 135
  ▶ Kohlenwasserstoff(e)

Kohlenwasserstoff(e) 12, 14, 97ff, 149

Koks 99, 104, 109, 141

Kondensat 30

Konflikt(e) 12, 74f, 177
- Soziale Konflikte 12

Konkurrenz 16, 25, 83, 112, 123, 130ff, 137, 144

Konsum(güter) 42f, 65, 68, 99, 168

Konverter (Technologie) 118, 141, 144f

Kopenhagen 73, 155

Kosten (wirtschaftlich) 3, 6f, 11, 20, 22, 23, 35, 51, 61ff, 77ff, 82f, 89, 98, 119, 121, 123, 126ff, 137, 139f, 143f, 161, 165, 181

Kraftfahrzeug(e) 98, 105
  ▶ Automobil(e)

Kraftstoff(e) 12, 16, 89, 101, 107ff, 121ff, 129, 138f, 143
  ▶ Brennstoff(e)

Kraft-Wärme-Kopplung (KWK) 92f, 129, 141f, 146, 160, 167

Kraftwerk(e) 2, 12, 14, 22f, 35, 65, 77, 80ff, 89f, 94, 101, 112ff, 127, 129, 140, 144f, 151, 153ff, 161, 164ff, 176
- Atomkraftwerk(e) 109
- Blockheizkraftwerk(e) (BHKW) 127, 144
- Flusskraftwerk(e) 64
- Grundlast-Kraftwerk(e) 22f
- Kombi-Kraftwerk(e), regenerative K. 80ff

- Photovoltaik-Kraftwerk(e) 77
- Pumpspeicher(kraft)werk(e) 81, 161, 168
- Wasserkraftwerk(e) 153, 161,
Krankenhaus 98
Kreativität 114, 164
Krieg (politisch) 71, 74f, 107, 170
Kühlmittel 89ff
Kühlwasserpumpe(n) 90
Kugelbettofen 112f, 115, 181
 ▶ Kerntechnik
Kunststoff 79, 143f
Kupfer (Cu; Element) 5f, 42f, 46, 49ff, 169ff
- Kupfer-Indium-Selenid 46
 ▶ CIS-Solarzelle(n)
Kurzumtriebsplantagen 122, 129
 ▶ Biomasse
Kvanefjeld (Grönland) 177
Kyoto 73

L

Lagerbecken 90 ▶ Atomenergie
Lagerstätten 5, 33, 37, 39, 48, 55ff, 74, 137, 177 ▶ Reserven, Ressourcen
Lanthan = Lanthanum (La; Element) 45
Lärm (physikalisch) 72, 80
Laser-Technik 51, 175ff
Lastwechsel 165
Lead cooled Fast Reactor (LFR)
 ▶ Kernreaktor 89
Lebensmittel 102 ▶ Nahrung
Lebensstandard viii, 99, 137
Leipzig v, 130
Leitlinie(n) 21, 55, 57
Leuchtdiode(n) 176f
 ▶ LED (light emitting diode)
Libyen 14f
Licht (physikalisch) viii, 16, 71f, 75, 79, 147, 151, 159
Lillgrund Windpark 155, 163
 ▶ Windenergie
Litauen 126
Lithium (Li; Element) viii, 49, 52, 81, 139, 155, 159, 175f

Lithosphäre (Geowissenschaften) 135
LNG (Liquified Natural Gas) 16ff, 30 ▶ Flüssiggas
London (Array) 155
London Metal Exchange (LME) 171
Luftzerlegungsanlage 99f
Luxemburg 126

M

Macchiavelli 110
Magnesit (Mineral) 43, 172f
Magnesium (Mg; Element) 49f
Mais (Pflanze) 16, 120, 122, 129f
 ▶ Biomasse
Malmö (Schweden) 155
Mangan (Mn; Element) 52
Mao tse Dong 109
Markt 3, 5, 10, 20, 25, 30, 35, 41f, 48, 50ff, 62, 68f, 82f, 87, 89, 91f, 97, 99, 102, 107ff, 121, 123, 126, 133, 143ff, 164, 169ff
- Energiemarkt 10, 25, 92, 164
- Marktwirtschaft, soziale 3, 83, 107ff
Materialeffizienz 6f ▶ Effizienz
Mechatronik 109
Medizin(Technik) 105, 175ff
Mensch, Menschheit 11f, 21, 54, 71ff, 80, 83, 109ff, 151, 153, 160
Merkel, Angela 4, 44
Metall(e) vii, 4, 42, 44, 46ff, 76, 97, 105, 141, 169ff
- Metallerz(e) 42f, 172 ▶ Erz(e)
- Metallpreisindex 42, 44
 ▶ Rohstoff(e)
Methan (CH_4; Gas) 18, 31f, 97, 131, 133, 138, 168 ▶ CBM
Methanol 81, 100f, 104, 108f, 115, 137ff, 181
- Methanolsynthese 100, 144
Meyers, Franz 108
Mexiko 14
Mikroelektronik 78 ▶ Elektronik
Mikrogrid(s) 168
 ▶ Netz(e), Smart Grids

Mikroorganismen 136f
 ▶ Biomasse
Militär 35, 71, 112
Miller, Oskar von 151
Mineralöl 28f, 38, 43, 65, 121, 172f ▶ Erdöl
Mittal, Lakshmi 109
Mittelmeer 83
Mittlerer Osten 33, 104, 154
Mobilität 42, 44, 46, 81, 175
- Elektromobilität 44, 46, 81, 154ff, 169, 175
Molybdän (Mo; Element) 41, 46
Monsanto Prozess (Technologie) 143
Morschenich 107
MTA, Methanol to aromatics (Technologie) 139
MTG, Methanol to gasoline (Technologie) 138f
Mountain Pass (USA) 48, 177
Mount Weld (Australien) 177
Müllverbrennung/sanlage(n) (MVA) 142
München 111, 115

N

Nabucco-Projekt ▶ Pipeline
Nachhaltig(keit) v, vii f, 3f, 24, 35, 72, 74, 82, 87ff, 114, 129, 133, 136f, 146, 151ff, 169, 173, 175, 181
Nachzerfallswärme 90ff
Nagasaki 113
Nahrung 16, 71, 98, 102, 105, 121, 123, 133, 175 ▶ Lebensmittel
Naphtol 104
National Research Council (NRC) 52
Natrium (Na; Element) 81
- Natriumbrüter 89, 110, 115
 ▶ Reaktor
- Natrium-Schwefel (NaS) 81
Natura 2000 57
Natururan ▶ Uran (U; Element) 35, 87, 90

Sachverzeichnis

NE-Metalle = Nichteisenmetalle 42, 169, 174 ▶ Metalle
Neodym = Neodymium (Nd; Element) 44, 169, 176
Netz(e) (technisch) 6, 81ff, 110, 151, 153ff
- Netzparität 82f
- UCTE-Netz 155
- Übertragungsnetz 154f, 161, 163, 167
- Verbundnetz viii, 151, 155ff, 168
- Verteilnetze 154, 167
Neuss am Rhein viii, 107
New Policy Scenario 27, 36
New York 151
Nichtmetalle 42, 174 ▶ Metall(e)
Nickel (Ni; Element) 49, 81, 169ff
- Nickelhydrid (NiH) 81
Niedersachsen 5
Nigeria 15
Niob = Niobium (Nb; Element) 47, 49ff, 170
Nordafrika 14, 154, 156 ▶ Afrika
Nordamerika 14, 29, 31, 34 ▶ Amerika
Nord-Korea 109
Nordsee 154f, 158, 161
NorNed-Interconnector (Tech.) 161
Norwegen 101, 160f
Notbespeisung 90 ▶ Kernreaktor
Nürnberg 163f
Nuklearenergie ▶ Kernenergie
Null-Energiehaus 64 ▶ Gebäude

O

OECD 12, 21, 27, 57, 88
Öl ▶ Erdöl, Rohöl
- Heizöl 64ff, 122, 127f
- Ölpreis(e) 9ff, 31, 99, 112, 119ff, 137, 144
- Ölproduktion 123
- Ölsand(e) 30, 101
- Ölschiefer 16, 87
- Palmöl 123
- Schwer(st)öl 30f, 100

Öresund-Brücke 155, 163
Österreich 126
Offshore 14, 98, 155f, 160f
Olah, Georg 136
Olefin(e) 139
▶ Kohlenwasserstoffe
Onshore
Open Innovation 166

P

Pacioli, Fra Luca 109
Palladium (Pd; Element) 49, 52, 176
Palmöl 120, 123 ▶ Biomasse, Öl
Panzerkörner 111ff
▶ Kernenergie
Papier 6, 111, 141f, 147
- Altpapier 6, 143f, 148
- Papiergeld 113
Pappel (Pflanze) 122
▶ Biomasse, Holz
Parabolspiegel 156
▶ Solarthermie
Paradigma, Paradigmenwechsel 152, 165
Pazifik, pazifischer Ozean 16, 90
Pb 6, 42, 81, 89, 169, 176
▶ Blei
Peak-Oil 73, 138
Permanentmagnet(e) 176f
Persischer Golf 112 ▶ Arabisch-Persischer Golf
Petrokoks 104 ▶ Koks
Pflanze(n) 71, 121ff
Philippinen 15
Phosphor (P; Element) 77, 175
- Phosphat(e) (PO_4; Mineral) 36, 43, 172f
- Phosphoremitter 77
Photosynthese 71, 73, 137ff ▶ Synthese (Technologie)
Photovoltaik 27, 60, 71ff, 97f, 126f, 142, 145f, 154ff, 164, 169, 175ff
- Building-Integrated Photovoltaics (BIPV) 80
- Photovoltaik-Kraftwerk(e) 77

▶ Kraftwerk(e)
Piceance Becken 19
Piltz, Klaus 113
Pipeline 16f, 18, 20
Planung(en) 9, 88, 111, 147, 154, 156, 160, 162
Platin = Platinum (Pt; Element) 49ff, 170, 176
- Platingruppenelemente (PGE) 50, 52, 170
Platon 110
Plattform (Öl, Gas) 9
Plutonium (Pt; Element) 92, 112ff
Polen 14f
Politik v, vii, 3ff, 21, 27, 41, 44, 48, 51, 55, 57, 72f, 109ff, 126, 129ff, 136f, 146, 169f, 179
- Agrarpolitik 129
- Außenwirtschaftspolitik 4
- Bioenergiepolitik 126, 129ff
- Energiepolitik 27, 109ff, 126
- Entwicklungspolitik 4, 55, 57
- Europapolitik 4
- Förderpolitik 130
- Forschungspolitik 4
- Handelspolitik 4f
- Industriepolitik 51
- Klima(schutz)politik 21, 27, 129f
- Rohstoffpolitik = Ressourcenpolitik 3ff, 41, 170
- Technologiepolitik 4, 6
- Steuerpolitik 51
- Umweltpolitik 4
- Wettbewerbspolitik 48
- Wirtschaftspolitik 4,
Polycarbonat(e) 143
Polymer(e) 97
Portugal 126
Praseodym = Praseodymium (Pr; Element) 45
Primärenergie 27, 29, 34, 38, 68, 74ff, 98, 152 ▶ Energie
- Primärenergiebedarf 75f
- Primärenergieverbrauch 27, 29, 34, 38, 74

Produkt(e) 6f, 9, 16, 29, 38, 42, 44, 46, 54f, 57, 64, 68, 77, 89f, 94, 97ff, 107, 113, 115, 123, 130, 136ff, 172, 176, 182
- Energieeffiziente Produkte 68
Produktion 3, 7, 9ff, 18ff, 31ff, 41, 44, 46ff, 62, 68, 77ff, 89, 91ff, 99ff, 120, 123, 130ff, 142ff, 159, 164, 170ff, 181
- Gasproduktion 9ff, 130
- Jahresproduktion 29, 145, 177
- Ölproduktion 9ff, 38, 89, 123
Prognose 9ff, 73, 137, 155
  ▶ Vorhersage
- Energieprognose 9ff
Proliferation 89, 92
Propylen (Material) 101
Prozess(e) (Technologie) 77f, 87, 89ff, 97ff, 137ff, 176f
- Cativa Prozess 143
- Lurgi-Prozess 104
- Monsanto Prozess 143
- Prozesswärme ▶ Wärme
- Rectisol-Prozess 104
Pull-Szenario 160
Push-Szenario 160
Pumpspeicherwerk(e) 81, 161, 168 ▶ Kraftwerk(e)
Pyrolyse (Prozess) 102ff

R
Radbod (Stadt) 107
Radioaktivität, radioaktiv 89f, 115
Radionuklide (Elemente) 89, 95
Raffinerie(n) 9, 16, 93ff, 105
Rakete(n) 89, 109, 113
  ▶ Raumfahrt
Raps (Pflanze) 122 ▶ Biomasse
Rau, Johannes 112, 115
Raumfahrt 71f
- Raumstation(en) 71
Reaktor 36, 71, 87ff, 110ff, 145
  ▶ Kernreaktor
- Druckwasserreaktor 88, 110
- Reaktordruckbehälter (RDB) 90

- Reaktorkern 90, 93
- Reaktorkühlung 94
- Reaktorschnellabschaltung (RESA) 90
- Siedewasserreaktor 88, 90
Rectisol 99, 104 ▶ Prozess, Technologie
Recycling = Wiederverwertung 6f, 42, 54, 138ff, 172f, 176ff
Redox(systeme) 81
Reinstsilizium 76ff ▶ Silizium
Reserve(n) 14, 16, 27ff, 51, 73f, 87, 89, 92, 99, 135f
Ressource(n) v, vii, 3ff, 14ff, 24ff, 73, 87ff, 97, 99, 104, 129, 135, 152, 181 ▶ Rohstoff(e)
- Ressourcenbedarf 3, 7
Rheinland 107f
Rhodium (Rh; Element) 49, 52
Rhöndorf 107, 112
Riesa (Sachsen) 107
Rio de Janeiro 73
Risiko, Risiken vii, 4, 29, 41, 47, 49, 51f, 65, 91, 112ff, 121, 123, 137, 159, 170f, 177f
Röttgen, Norbert 112f
Rohöl 30, 98ff, 119ff, 135, 137, 144 ▶ Öl
Rohrzucker, Zuckerrohr 120, 123 ▶ Biomasse
Rohstoff(e) v, vii f; ansonsten keine weiteren Einträge, da dies der Schwerpunkt des Buches ist ▶ Ressourcen
- EU-Rohstoffinitiative 5f
- IMA Rohstoffe 4, 55
Russland viii, 34f, 44, 169

S
Sachsen v, viii, 5, 10, 101, 107
Sachsen-Anhalt 5
Sahara 60, 75f
Salz(e) 42, 92, 172f, 176, 179
  ▶ Kalisalz(e)
Sand 30, 87, 101, 175
Sanierung 64ff, 160
Sarkozy, Nicolas 109

Satellit(en) 2, 71 ▶ Raumfahrt
Saudi-Arabien 109
Sauerstoff (0; Element und Gas O_2) 16, 97, 100ff, 136, 139
Scandium (Sc; Element) 169, 176
Schacht, Hjalmar 111, 114
Schachtbau 107
Schaufelradbagger 107
Schiefergas 31f ▶ Gas
Schiff(e) 19f
- Q-Flex-Schiff(e) 20
- Q-Max-Schiff(e) 20
- Tankschiff(e) 20
Schmierstoff(e) 100
Schrott 55f
  ▶ Abfall, Sekundärrohstoff
- Elektroschrott 55
Schulten, Rudolf 112ff
Schutzgebiet(e) 55, 57
Schwarzes Meer 14
Schweden 161, 163, 165
Schwefel (S) 42f, 81, 99, 109, 141, 172f
Schweißen (Prozess) 97, 105
Schweiz 62ff, 107
Schwellenland/länder 50, 99, 169ff
Schwer(st)öl 30f, 100 ▶ Öl
Schwungmasse(n) 81 ▶ Speicher
Seebeben 90f
Seismik 14
Sekundärrohstoffe 6, 43, 55ff, 172
  ▶ Rohstoff(e)
Selbstversorger 29, 42f, 173
- Selbstversorgungsgrad 42f, 173
Selen = Selenium (Se; Element) 46
Seltene Erden = Seltenerdelemente (SEE) 36, 44ff, 170, 179
Sensor(technik) 158, 165
Shale gas = Schiefergas 19, 31ff
  ▶ Gas
Shanghai (China) 159ff
Siamant 115 ▶ Kerntechnik
Sicherheit 3, 7, 33, 61, 87ff, 99, 104, 135, 152, 156
  ▶ Versorgungssicherheit

Sachverzeichnis

- Sicherheitseigenschaften 87
- Sicherheitsstandards 92
Siedewasserreaktor 88, 90
  ▶ Reaktor
Siemens, Werner von 151, 164
Silan(e) (Si_nH_{2n+2}) 76, 97f, 105
Silber (Ag; Element) viii, 46, 110, 176
Silicon Valley (USA) 158
Silizium (Si; Element) 60, 74, 76ff, 115
- monokristallines Silizium 76
- multikristallines = polykristallines Silizium 76
- Reinstsilizium 76ff
- Siliziumcarbid (SiC) 115
- Siliziumnitrid (Si_3N_4) 77
- Siliziumwafer 76ff
- Solarsilizium = Solar Grade Silizium 60, 76ff
Singapur 144f
Sizilien 156
Slowenien 126
Slumdog Millionaire 54
Smart Grid(s) 157ff, 168
Smart Metering 81, 83
Sodium Cooled Fast Reactor (SFR) 89 ▶ Kernreaktor
Soja(schrot) 16, 125
Solar viii, 12, 14, 22f, 27, 46, 60, 71, 73, 76ff, 140, 143, 153ff, 160, 167, 184
- Solarenergie = Sonnenenergie 12, 14, 16, 81, 153, 167
  ▶ Energie
- Solarheizung = Solarthermie 27, 65
- Solarmodul(e) 73, 76ff, 142, 145
- Solarpark 81
- Solarthermie 74, 156, 176
- Solarzeitalter = Sonnenstrom-Zeitalter 73
- Solarzelle(n) 46, 71, 76ff, 177
Sonne ▶ Solar
- Sonnenlicht viii, 16, 72, 75, 79, 147

- Sonnenstrom = Solarstrom 73ff, 184 ▶ Photovoltaik
- Sonnenstunden 75, 83, 145
Sowjetunion 109 ▶ GUS, Russland
Spaltstoff(e) 87
Spanien 126, 161
Spannung (elektrisch) 151ff, 162ff
- Drehspannung 162
- Gleichspannung 151, 154ff, 162
- Hochspannung 153ff, 162, 167
- Niederspannung 154
- Wechselspannung 151, 162
Speckstein 43, 173
Speer, Albert 110, 114
Speicher 23, 62, 71, 81, 83, 85, 138f, 143, 146, 155, 158ff, 165, 168, 176 ▶ Akkumulator(en)
- Druckluftspeicher 81
- Energiespeicher 138, 143, 146, 155, 158, 165, 168, 176
- (Latent)wärmespeicher 160
Spoiler 64f
Spremberg 5
Stabilität 89, 153, 156ff
  ▶ Sicherheit
Stadtwerk(e) 110ff
Stahl 6, 20, 42, 46, 51, 93, 107ff, 170, 174 ▶ Eisen
- Stahlveredler 42, 174
Stalin (Wladimir Iljitsch Uljanov) 109
Station blackout 90
  ▶ Atomenergie
Staumauer 64
  ▶ Wasserkraftwerk(e)
Steinkohle 28ff, 43, 136, 170ff
  ▶ Kohle
- Steinkohle-Einheiten (SKE) 28ff
Steinsalz (NaCl; Mineral) 43, 173
Stickstoff (N; Element und Gas N_2) 97f, 105
Stirling Motor 110
Stoffstrom, Stoffströme 6, 140, 142

Straßenbahn 151 ▶ Verkehr
Strategie(n), strategisch 4f, 9, 51, 55, 93, 113, 129, 131, 137f, 145, 147, 153, 156, 167, 169f
Stroh 102, 124f, 129 ▶ Biomasse
Strom (elektrisch) viii, 14, 22f, 33, 39, 65, 71ff, 80ff, 91ff, 104, 110, 115, 118, 126ff, 140ff, 151ff, 162ff, 184
- Strombörse 155 ▶ EEX, Leipzig
- Stromspeicher 81, 85
  ▶ Speicher
- Stromzähler 165
  ▶ smart metering
Substitution 75, 120, 141
Südafrika (RSA) 36, 100f, 112
Südkorea 35, 112
Sunfuel 120 ▶ Biomasse
Synfuel 120 ▶ Brennstoff(e)
Synthese (Technologie) 93, 100, 105, 108f, 115, 135, 137ff
- Photosynthese 71, 73, 137, 139f, 143

T

Talk (Mineral) 43, 173
Tantal (Ta; Element) 41, 49f, 52, 169f, 176
Techno bricks 99
Technologie(n) v, viii, 3ff, 24f, 44ff, 62, 64, 68, 72ff, 88ff, 93, 95, 97ff, 113, 131, 136ff, 149, 152, 158f, 163, 166, 168ff, 179
- Technologieentwicklung 7, 98, 131, 144f, 166, 175
Teer 87, 93
- Teersand(e) 87
Terbium (Tb; Element) 45, 177
Tesla, Nikola 151
Themse (England) 155
Thorium (Th; Element) 36f, 89, 92, 111ff
Three Mile Island 90
Thüringen 5
Tiefbau 107 ▶ Bergbau
Tiefkühlkost 98 ▶ Nahrung

Tight gas 18, 31f ▶ Gas
Titan = Titanium (Ti; Element) 46, 49ff
Ton(e) 5
- Spezialtone 5
Transmutation 95
  ▶ Kernenergie
Transport 7, 10, 14, 16, 19f, 33, 39, 56, 62ff, 93, 102, 123, 142, 151, 158, 162, 167
- Transportsektor 39, 62
Treibhausgas(e) 125, 143, 152
  ▶ CO_2, Kohlendioxid
Treibstoff(e) 62, 65, 80, 120, 131, 135, 146f
  ▶ Brennstoff(e)
--Benzin 65, 109, 120ff, 138f
--Biotreibstoffe 62, 80, 131
--Diesel 90, 104, 122, 129, 138, 151, 164
Trichlorsilan ($HSiCl_3$) 76
  ▶ Silan(e)
Trinkwasser ▶ Wasser
Troll-Brikett(s) 107
Tschechische Republik 126
Tschernobyl 71, 90, 112
Tsunami 90f
Türkei 15, 34
TU Bergakademie Freiberg v, viif, 5, 101ff, 144, 146, 166
Tunesien 156
Turbine 114, 153, 155, 161, 167f
- Windturbine 153, 155, 161

U

Ukraine 5, 54
Umwelt... 4, 6f, 14, 24, 54, 73, 89, 91, 98, 104, 112, 136f, 142, 152, 175, 181
Ungarn 126
Upstream 9, 15
Uran (U; Element) 35ff, 87ff, 115
USA (Vereinigte Staaten von Amerika) 16, 18, 30ff, 48, 52, 54, 80, 123, 159

V

Vanadium (V; Element) 52, 81
Venezuela 31
Verarbeitung 7, 9, 136, 173
Verbrauch 5, 10, 16, 21, 27ff, 42, 64ff, 73ff, 89, 99, 113, 135, 143, 151, 154ff, 164ff
- Verbraucher 82, 99, 158, 164, 169f
Veredlung 9, 108
Verfügbarkeit 27, 39, 46ff, 61, 75f, 81, 129, 135, 137ff, 149, 169ff
Verkehr 71, 92, 93, 152
  ▶ Transport
Verkokung 135
  ▶ Koks
Vermeidung(skosten) 35, 129ff
Verpackungsverordnung 6
Verschleiß (physikalisch) 72
Versorgung viii, 3ff, 10, 18, 20, 24, 28f, 30, 33f, 38, 41ff, 61, 71ff, 82ff, 87, 91ff, 115, 129, 133, 135, 138, 144ff, 151ff, 164f, 167, 169ff, 181
- Versorgungsrisiken 29, 177
- Versorgungssicherheit 3ff, 33, 61, 87, 99, 104, 135, 152, 156
Very High Temperature Reactor (VHTR) 89 ▶ Kernreaktor
Vieh(haltung) 130 ▶ Biomasse
Vietnam 15
Volkswirtschaft ▶ Wirtschaft
Vorbild(funktion) 99, 114, 131
Vorhersage 11, 16 ▶ Prognose
Vorrat(ssituation) 29f, 34ff

W

Wachstum 3, 12, 14, 19, 25, 62, 68, 82, 85, 107, 114, 143, 172
- Bevölkerungswachstum 11f, 85, 151 ▶ Demographie
- Wirtschaftswachstum 12, 25, 62, 68, 82, 114, 169
  ▶ Wirtschaft

Wärme 27, 39, 71, 87, 90ff, 112ff, 129ff, 141f, 145, 152, 154, 158, 167
- Erdwärme 27, 65
  ▶ Geothermie
- Nachzerfallswärme 90f, 112
- Niedertemperaturwärme 145, 160,
- Prozesswärme 87, 89, 91ff
- Wärmebedarf 39, 92
- Wärmedämmung 131, 160
- Wärmepumpe 65, 154, 158, 167
- Wärmespeicher 160
  ▶ Speicher
Wafer (tech.) 76ff, 177
Wald 64, 123f
  ▶ Aufforstung, Biomasse, Holz
- Waldrodung 123
- Waldwirtschaft 64
  ▶ Wirtschaft
- Wankel, Felix 114
- Wankel Motor 110
Warschau 112
Washington 10, 112
Wasser v, 12, 16, 32f, 80, 88, 90, 110, 137, 140, 142, 146, 154, 161, 176
- Brackwasser 16
- Süßwasser
- Trinkwasser 16, 92
- Wasserenergie 12, 14
  ▶ Energie
- Wasserkraft 10ff, 28, 71, 74, 145, 152f, 161, 167
Wasserstoff (H; Element und Gas H2) 76, 81, 87, 89ff, 97ff, 109, 112, 115, 135, 137ff, 145, 149, 155, 160, 168, 181
Wein 98 ▶ Nahrung
Weizen (Pflanze) 121ff
  ▶ Biomasse, Getreide
Wellen 14, 90
- akustische Wellen 14
- elektromagnetische Wellen 14

Sachverzeichnis

Weltbank 47, 171
Weltbevölkerung 71ff, 83, 152
▶ Demographie
Welthandelsorganisation 5, 54, 57 ▶ WTO
Weltkartellamt 50
▶ Kartellbehörde
Werhahn, Peter 107
Werhahn, Wilhelm 107f
Wertschöpfung 3, 41, 50, 55, 65f, 76, 100
- Wertschöpfungskette(n) 41, 52, 76, 144, 146
Westafrika 14 ▶ Afrika
Westinghouse, George 151
Wettbewerb 4, 11, 42, 48, 52f, 56f, 82f, 87, 89, 92f, 102, 119ff, 130, 170, 173, 175
- Wettbewerbsvorteil 41, 64
Wiederverwertung 6
▶ Recycling
Wind 12, 22f, 27, 74, 112, 145, 153ff
- Windenergie = Windkraft 12, 14, 27, 60, 71, 81, 145, 154ff, 169, 176f ▶ Energie

- Windpark 81, 155ff
Wirkungsgrad 7, 77ff, 89, 137, 140, 142ff, 152, 165
Wirtschaft v, viii, 3ff, 175
- Bauwirtschaft 65f
- Deutsche Wirtschaft 4, 173, 179
- Energiewirtschaft viii, 71ff, 89
- Forstwirtschaft
  ▶ Waldwirtschaft
- Kreislaufwirtschaft viii, 3ff, 136, 140, 143, 149
- Landwirtschaft 63, 102, 131
- Ressourcenwirtschaft 7
- Rohstoffwirtschaft 3, 7, 170, 175
- Volkswirtschaft 3ff, 62, 65f, 135, 140, 144f, 149, 158f, 167, 171
- Waldwirtschaft 63f
- Wirtschaftlichkeit 4, 16, 19, 89, 94, 102, 104, 143f, 146, 152
- Wirtschaftsgeologie 169
- Wirtschaftswachstum 3, 12, 25, 62, 68, 82, 87, 107, 114, 169

W-LAN 158, 164
Wohnung, Wohnungsbau 71, 114, 175
Wolf, Bodo 108
Wolfram (W; Element) 47, 170
World Development Indicator 47, 171
World Energy Outlook 30
World Trade Organisation (WTO) 5, 54, 57
▶ Welthandelsorganisation

XYZ

Xenon (Xe; Element) 97f, 105
Yunnan (China) 153, 162
Zink (Zn; Element) 42, 46, 169ff
Zinn (Sn; Element) 49, 169ff
Zirkon = Zirkonium (Zr; Element) 45, 49
Zucker (Zuckerrohr, -rübe; Pflanzen), Rohrzucker 120ff
▶ Biomasse
Zwischenwärmetauscher 93
▶ Kernenergie
Zypern 126

Wo Zukunft wächst.

Die Sonne schenkt täglich unendlich viel Energie. Gewinnen Sie Ihren eigenen Strom: Mit einer Solarstromanlage von SolarWorld machen Sie sich unabhängig und profitieren von der gesetzlichen Förderung für erneuerbare Energien. **Informieren Sie sich jetzt!**

www.solarworld.de

Mit uns wird Sonne Strom.

SOLARWORLD

MIX
Papier aus verantwortungsvollen Quellen
Paper from responsible sources
FSC® C105338

If you have any concerns about our products,
you can contact us on
ProductSafety@springernature.com

In case Publisher is established outside the EU,
the EU authorized representative is:
**Springer Nature Customer Service Center GmbH
Europaplatz 3, 69115 Heidelberg, Germany**

Printed by Libri Plureos GmbH
in Hamburg, Germany